U0802015

周蓓 主編

『民國專題史』叢書

(日)三浦藤作 著 謝晋青 譯

河南人民出版社

西洋倫理學史

論述從古代至19世紀末歐洲及美國倫理學發展的歷史。作者認爲歐洲的倫理思想是哲學的一部分，因而將哲學思想和倫理思想混合論述

圖書在版編目(CIP)數據

西洋倫理學史 / (日)三浦藤作著; 謝晋青譯. —鄭州 : 河南人民出版社, 2016.4(2017.1重印)
(民國專題史叢書 / 周蓓主編)
ISBN 978-7-215-10048-0

Ⅰ. ①西… Ⅱ. ①三… ②謝… Ⅲ. ①倫理學-思想史-西方國家 Ⅳ. ①B82-091.956

中國版本圖書館CIP數據核字(2016)第079708號

河南人民出版社出版發行
(地址：鄭州市經五路66號 郵政編碼：450002 電話：65788063)
新華書店經銷 河南新華印刷集團有限公司印刷
開本 710毫米×1000毫米 1/16 印張 28
字數 400千字
2016年4月第1版 2017年1月第3次印刷

定價：178.00圓

出版前言

中國現代學術體系是在晚清西學東漸的大潮中逐步形成的。至民國初建，中央政治權威進一步分散和削弱，加之新文化運動帶給國人思想上的空前解放，新學的啓蒙，新知識分子的産生，民國學術如草長鶯飛，進入一個自由而蓬勃的時代。中國傳統學科乃中國學術之根基與菁華所在，民國學人采用『取今復古，别立新宗』之方法，引入西方的學術觀念，積極改造，使史學、文學等學科向現代學術方向轉型。此外，大力推介西方社會科學的新學科和自然科學，在學習、借鑒乃至移植西方現代學術話語和研究範式的過程中，逐漸建立中國現代學科，使中國的學科門類迅速擴展。一時間，新舊更迭，中西交流，百花齊放，萬壑争流，開創了中國現代學術的源頭。

伴隨知識轉型和研究範式轉换而來的，還有學術著作撰寫方式的創新。中國古代的著作向來以單篇流傳，經後人整理匯編後，方以成册成集的面目出現并持續傳播。直到十九世紀末，東西方的歷史編撰體裁不外乎多卷本的編年體、紀傳體和紀事本末體等，章節體的出現標志着近代西方學術規範的産生和新史學的興起。章節體具有依時間順序，按章節編排；因事立題，分篇綜論；既分門别類，又綜合通貫的特點。以章、節搭建起論述之框架，結構分明，邏輯清晰，較傳統的撰寫體裁容量大、系統性强。它的傳入，使中國現代學術體系從内容到形式被納入了全球化的軌道。民國時期專題史的研究、譯介、編纂、出版恰恰是在這樣的背景下欣欣而發，是學術的實驗場，也是歷史的記録儀。編選『民國專題史』叢書的初衷正是爲了從一個側面展示中國學術從傳統向現代過渡的歷史進程。

專題史是對一個學科歷史的總結，是學科入門的必備和學科研究的基礎，也是對一個時代艱深新鋭問題的解答，是學術研究的高點。民國專題史著作中，既包含通論某一學科全部或一時代（區域、國别）的變化過程的，又囊括對一時代或一問題作特殊研究的，還有少部分是對某一專題的史料進行收集的。原創與翻譯并重，翻譯的底本大多選擇該學科的代表著作或歐美大學普及教本，兼顧權威性和流行性，其中日本學者的論著占據了相當比重。日本與中國同屬東亞儒家文化圈，他們在接納西方學術思想和研究模式時，已作了某種消化與調適，從思維轉換的角度看，更便于中國借鑒和利用，他們的著作因而被時人廣泛引進。

與當代學術研究日趨專業化、專門化、專家化的『窄化』道路迴乎不同的是，中國傳統學術崇尚『學問主通不主專，貴通人不尚專家』的通識型治學門徑，處于過渡轉型期的民國學術在不同程度上保留了這種特徵。民國學術大師諸學科貫通一脉、上千年縱横捭闔之功力自不待冗言，外交家著倫理政治史、文學家著哲學史、化學家著戰争史等亦不乏其人，民國專題史研究呈現出開放、融通、跨界撰述的特點。與此同時必須看到，自晚清以來，中國的命運就在外侮屢犯、内亂頻仍的窘境中跌宕彷徨，民族存亡仿若命懸一綫。這股以創建學科、總結經驗、解決問題爲指歸的專題史出版風潮背後，包裹着民國學人企望以西學爲工具拯民族于衰微的探索精神，及以學術救亡的愛國之心。梁任公曾言：『史學者，學問之最博大而最切要者也，國民之明鏡也，愛國心之源泉也。』這種位卑未敢忘憂國的歷史使命感和國民意識是今人無法漠視和遺忘的。

『民國專題史』叢書收録的範圍包括現代各個學科，不僅限于人文社會科學，學科分類以《民國總書目》的分科爲標準，計有哲學、宗教、社會、政治、法律、軍事、經濟、文化、藝術、教育、語言文字、中國文學、外國文學、中國歷史、西方史、自然科學、醫學、工業、交通共19個學科門類。本叢書分輯整理出版，内不分科，單本發行，方便讀者按需索驥。既可作爲大專院校圖書館、學術研究機構館藏之必備資源，也可滿足個人研讀或興趣之收藏。

與目前市場已有的一些專題史叢書相比，『民國專題史』叢書具有規模大、學科全、選本精、原版影印的特點。本叢書選目首重作者的首創、權威和著作影響力，尤其注重選本的稀見性。所謂稀見，即建國後没有再版，且多數圖書館没有收藏，或即便有收藏，也是歸于非公開的珍本之列予以保存，普通讀者難以借閲。部分圖書雖有電子版，但作爲學術研究的經典原著讀本，紙質版本更利于記憶和研究之用。本叢書精揀版本最早、品相最佳的原版圖書作爲底本，因而還具有很高的版本收藏價值。

『民國專題史』的著作是民國學者對于那個時代諸問題之探究，往往有獨到之處，無論其資料、觀點短長得失如何，要之在中國現代學術史的構建與發展進程中，自有其開宗立論之地位。

弁言

我於民國九年正月重到東京時，遇着一位不坐電車，背着書包在馬路上且走且看書報的瘦而長的學生；後來問了一位友人，纔知道他是以販賣書報自給，兼以向各報館投稿自給的謝晉青。那時中國的出版界算是正在發達的時期，國內出版物稍有價值的如新青年、新潮、創造……等，在東京都沒有代賣所。晉青來商議我，教我給他介紹這幾種雜誌，於是他便在神田中國青年會中組織一個『東方書報販賣社。』又約集一二友人，另行組織一個『東方通信社，』專向國內報界供給日本方面的有統系的新聞。這兩個社，不久都被日本警察廳禁止了，所存的書報也都被日本政府沒收去了。於是晉青不但白勞，並且還虧了許多本！

晉青回國後將近一年，一方面在徐州自己經營一個助仁木工場，一方面又把徐州中學校組織完成，自己並在師範學校裏兼課。但他除掉這些工作之外，還做了一本日本民族性的研究，及以一年的工夫翻譯出來這大本西洋倫理學史；此外更翻譯一本安那其主義。

晉青回國後，除常與我通信外，並沒有見過一面。此書剛譯成，就得了肺病，到南京去就醫。病中還來信教我替他校正這本書，并叮嚀囑咐的教我替他做一篇序。不料去年暑假中，我回南去之後，竟接到他的兄弟來信，說晉青死了！晉青工作過度，我早料到他必傷身體，但沒有料到當我沒有校完他這本書之前就去世了。所以我校正這本書時，幾幾乎是一字一淚！

晉青因貧而讀書也因貧而躭誤了讀書。他這部書譯得雖然精心着意，但直譯太過，往往令人看不下去。又兼文法上間有錯誤，而原著中又有許多地方語欠明瞭。以讀書略觀大義，不求甚解的我，來校正他這本書，眞可算是「盲人騎瞎馬，夜半臨深池」了！

這本書，我費了整整一個月的工夫，纔把他校正完，把晉青的錯處改正了十分之八九；但仍有幾分不妥當處，實在是很難修正了。不過這是晉青一生最後的工作，知晉青者讀他這本書，憐他因翻譯是書積勞而死，或者亦不忍去過事吹求了！

十三年七月二十四日　　高一涵

譯例

這本書是一九二一年七月東京中興館初版發行的。出版的當時，我正由東京束裝歸國，所以到歸國兩三個月後，纔得把彼細讀一遍。著者三浦先生，是倫理學專家；他這部書的內容，比他以前著的倫理學大成，尤爲重要。因此，我就從一九二二年一月起，開始翻譯了。原定的計畫，每日抽出三小時，從事翻譯，約五個月可竣工。不料因教課的忙碌和個人事務的紛繁，又兼我中間病了兩次，就擱兩個多月；一直到一九二二年十二月，始把全書譯成。這是我翻譯這本書的經過。

本書的內容，是把哲學思想和倫理思想混融，而爲關聯的敍述的。在著者以爲：歐洲的倫理思想，是育成於哲學思想之中的；倫理學本是哲學的一部分。所以如將哲學思想除外，而欲談倫理思想的變遷，這是辦不到的事。是書著時，雖也參考東西洋專門家的著述，但著者的學術主張，總算是一種獨創之見。

學術史，在今日的中國，本甚缺乏；而西洋倫理學史，更不多見。依譯者所知，北京大學出版部曾有楊昌濟先生用文言譯成的一本；然而那本書，只是學校講義的記錄，並且剛譯到斯賓塞，楊先生就病故了，所以至今仍無完備之本。

本書譯成，總算是第一部比較完全的書了；但因直譯過求忠實的原故，致其中多有不盡流暢的地方，這是譯者自知不免的。只好等到再版時，再加修正了。

一九二三年一月一日譯者

西洋倫理學史目次

第二篇　中世……一〇六

西洋倫理學史

第一篇　古代

第一章　緒論

歐洲的哲學，是發源於希臘，而流傳於羅馬的。雖然，羅馬的思想，實不過是希臘思想的補充，或通俗化，所以歐洲古代哲學史，差不多就是希臘的哲學史。

在希臘哲學發生，成了學問的系統，不能不以紀元前六百年的密勒圖斯（Miletos）學派爲嚆矢。然而哲學的思想，早已在神話或詩中表現過了。在未開化的人類間，有荒唐無稽的神話和傳說的流布，這是東西同軌的事實。在擁抱着明媚的風光，長於優美的性情，和豐富的想像的希臘民族中間，神話和傳說早已普及於民間，而爲一般詩人所歌詠，至今還是殘留着。如荷馬（Homeros，約 850 B. C.）的依里阿（Ilias），奧德塞（Odysseys），如赫斯奧德（Hesiodos 紀元前八世紀時）的『諸神發生論』（Theogouy）『工作與曆』（Works and Days），如安格尼斯（Theognis 前七世紀時）的『哀歌』（Elegy），如道奧尼索（Dionysos）奧爾菲斯（Orpheus）的神祕教，都是特別著名的。而在這些詩中，哲學思想與倫理思想的萌芽，都已表現得很鮮明。在荷馬的依里阿上，關於希臘民族的運命，和神的思想，尊自由重秩序，富於共同心，及寶貴現世活動的倫理思想的特色，很能表示出來。至於奧德塞，更是富於道德思想的。奧德塞的性格，也算是希臘四主德即節制·智慧·勇氣·正義的象徵的學者。

荷馬的詩中，關於神的說話，雖然很多，但於世界的起原還沒有系統的說明。至赫斯奧德，就從神話進而敍述天地開闢說了。荷馬是以俗間所傳的傳說作為詩歌的；但赫斯奧德卻不以俗間傳說的原來的樣子為滿足，并要把他組織統合起來。依赫斯奧德的天地開闢說，在太初有『考沃斯』，（考沃斯原是從『深淵』意味的語源而來，為空漠無限際的空間）由此先產出『迦伊亞』（地），次生出『愛羅斯』（生產力），更漸漸纔有諸神發生。自赫斯奧德的天地開闢說出來以後，種種學說，相繼而起。在紀元前六世紀時，生出了筏伊勒克德斯的開闢說，是最有組織而且是很進步的學說。當時的開闢說，都以男女的婚媾出產為例，說明從某一物發生宇宙萬物的狀態。依這類天地開闢說，可以顯明看見俗間的傳說，漸次將要組成統一的形跡了。

在荷馬與赫斯奧德的詩中，雖包含着不久就要發達的自然哲學的思想的萌芽；然而還不能就稱這個為哲學。到密勒圖斯學派，希臘哲學，才發生了呱呱的聲音。

關於希臘哲學史，有種種的區分說：有把他分為（一）創始時代，（二）組成時代，（三）倫理時代，（四）宗教時代四期的；有分為（一）物質研究時代，（二）人事研究時代，（三）組織的時代，（四）倫理研究時代，（五）希臘東邦的時代五期的；有以亞里士多德（Aristotle）為中心，而分成前後二期的；有以蘇格拉底（Socrates）為中心，而分成前後二期的。本書從第一說，把希臘哲學分爲四期。

第一章　創始時代

從紀元前六世紀密勒圖斯學派起，至第五世紀時，稱作希臘哲學的創始時代。這時代的哲學，是以說明天地萬物的現象爲主眼的。在這當中，也可區別爲三派學說：就是(一)密勒圖斯學派，(二)愛勒亞學派，(三)庇塔高爾斯學派。

第一節　密勒圖斯學派

密勒圖斯學派，也稱作埃阿尼亞(Ionia)學派。因爲起於小亞細亞的密勒圖斯市，所以才有密勒圖斯學派的名稱；又因爲是由埃阿尼亞種族倡導出來的，所以又有埃阿尼亞學派的名稱。當時希臘本土雖還在未開化的境界，然而在小亞細亞海岸殖民的埃阿尼亞種族，因和各國通商，而生活比較的富裕，所以文化的曙光，就先在這埃阿尼亞諸市中，從那光彩奪目的密勒圖斯市開始放出光輝。

密勒圖斯學派，指定那爲萬物本原的一物素；就以這物素的變化，說明萬象的生起。起於塔勒斯，經安那克斯曼德，和安那克美奈斯，到赫拉克里托斯，大加發展。又依愛謨伯特克勒斯·安那克薩高拉斯，和羅易克坡斯，成就了更大的發展。

塔勒斯(Thales)是紀元前六百年時候的人，他是拿水當作萬物的原質的。爲什麽拿水當作萬物的原質呢？

這是不明白的。亞里士多德說：『諸物的種子和營業全都是含着水氣的，所以塔勒斯就拿水當作萬物原質立說。』又有人以水的變化有流動無極的性質作理由的；然而這也都不過是臆測罷了。塔勒斯究竟以什麼理由拿水當作萬物的原質？現在實難確知。塔勒斯也並沒有說明關於由水發生萬物的方法。然而有的學者不把動力放在原質之外，祇認定原質自身具有活力。果然，那塔勒斯的學說就是物活論（Hylozoismus）了。

塔勒斯雖是希臘哲學的鼻祖，然他並不是專以哲學家爲職業的，對於星學·數學方面造詣亦深；在商業上·政治上也很活動；因而很受世間深厚的尊敬。他在倫理學上也沒有什麼可觀的學說，單不過是希臘七大賢人之一，而遺留下來『知己難』『戒人易』『成功最快樂』等格言罷了。

所謂希臘七大賢人，就是塔勒斯（Thales），比阿斯（Bias），皮榻考斯（Pittakos），索倫（Solon），派利安特羅斯（Periandoros），夏倫（Chilon），克勒奧鮑羅士（Kleobulos）等七人。〔對於後三人，說法不一，有列舉彌遜（Myson），安那夏爾士（Anacharsis），愛皮邁尼岱（Epimenides）三人的。〕有些人也不是學者，也不是賢人，祇是通達世故人情的實務家，遺留下許多精妙的格言。

安那克斯曼德（Anaximandros, 611－547 B. C.），有說他是學於塔勒斯的，可是這話並不確實。他長於天文·地理的知識，創始作地圖，實在是希臘學術上不可忘記的學者。他曾著一本關於萬物生起原理的書，叫作『裴里菲藻斯』，可是現在已經失傳了。

安那克斯曼德以萬物的原質爲『道·阿妣伊倫』，『道·阿妣伊倫』就是無限際的意思。原質並不在生萬物時就完了，無論在時間上和空間上，都是無限際的。凡可經驗的物質（例如水）都是有限際的，雖說是萬物的原質。無限際的東西（即『道·阿妃伊倫』）乃是萬物的原質。不生不滅的性，雖亦存在於塔勒斯的原質之中，但安那克斯曼德的原質裏更加上空間的無限際。塔勒斯對於『道·阿妃伊倫』究竟是怎麼樣思考，不能明白知道；在學者中間，也有很多的異說。然而他總是充實於空間的物體，這是確然無疑的。

萬物雖是由『道·阿妃伊倫』發生的，可是關於怎麼樣從這種原質發生萬物的話，並沒有詳細的說明。單說反對的東西是分開的，就是在先寒和暖，乾和溼的氣，是分離的，他們相互動作，就發生萬物。萬物雖是由『道·阿妃伊倫』發生的，可是依着必然的法則，而仍還爲『道·阿妃伊倫』；這樣往而復還，還而復往，循環不已，世界才演成成毀出沒無窮盡的東西。

安那克美奈斯（Anaximenes）的生死年月不詳，大約是生在紀元前五八八年至五二四年中間的人。有人說他是安那克斯曼德的弟子，然而並不確實。但是受了他的學說影響，那是很顯然的。

安那克美奈斯是以空氣爲萬物原質的。空氣是無限際的，是容易變化，容易流動的。安那克美奈斯承認安那克斯曼德所假定的『道·阿妃伊倫』的要求，是可拿那爲經驗的物質之空氣來充滿的。安那克美奈斯有句話說：『全世界依着氣息，依着空氣保養，恰和空氣爲吾人的生氣而保養吾人一樣』。他好像承認空氣有一種生氣，吾人呼吸他可以生存，世界也依賴他而得存在。塔勒斯和安那克斯曼德的物活論，到了安那克美奈斯，更覺得明瞭了。

安那克美奈斯把由原質生成萬物的原因說得比較安那克斯曼德更加明瞭。他以爲萬物的生成，是基於空氣的厚薄而然的：空氣稀薄就成火，濃厚就成風，風更凝而成雲，而成雨·水·地石；這些單純的物質混合起來，就生一切的萬物。

第二節　塞撓夫耐斯

塞撓夫耐斯（Xenophanes, 570－480, B. C.）是愛勒亞學派的先驅者。生於小亞細亞的柯羅富温，生死年月，有種種說法，而都不詳明。導夫拉斯托說塞撓夫耐斯是安那克斯曼德的弟子。可是他的思想，和密勒圖斯學派是顯然不同的。和庇塔高爾斯大略時代相同，似乎是流浪四方，吟誦詩歌以餬口。在他殘遺的詩裏邊，有『二十五歲出故鄉，六十七年客他邦』等名句。

密勒圖斯是以萬物的生成歸於唯一的原質的，認他這種一元的世界觀為和希臘多神教的宗教絕不相容的，就是塞撓夫耐斯。塞撓夫耐斯是反對當時多神教的，而且很痛罵荷馬和赫斯奧德等描寫衆神的喧嘩，爭論，詐偽，盜竊，把神當人看的那樣思想。神是唯一不類於人類的，是由無窮而存在於無窮的常住不動，不是在世界之外創造世界的，世界就是神。他的思想，為一神教，是屬於萬有神教的。密勒圖斯學派之一元的世界觀，到了塞撓夫耐斯，就和宗教思想相結合了。

塞撓夫耐斯是以唯一，不生不滅，不變不動為神的特性的，以世界為一體，而稱他為神；神的性質如果是不變不動，那麽對於現世界的運動變化又當怎麽樣解釋呢？他並沒有把這個說得明白。後起的赫拉克里托斯，不承認常住的實體，衹以變化為世界的眞相；愛勒亞學派，更把世界中一切變化都否定了。

第三節　赫拉克里托斯

赫拉克里托斯（Herakleitos, 535—475, B. C.）雖也受密勒圖斯學派的影響，但是年代頗在後邊。他出世較晚於後述的庇塔高爾斯，並塞撓夫耐斯，而生於小亞細亞沿岸埃阿尼亞的一城市。他自尊心甚大，常痛罵許多學者不止。

赫拉克里托斯是以變化爲萬物實相的。他的根本思想可以『萬物流轉不止』一個命題表現出來。密勒圖斯學派，是想拿一原質的變動，說明萬物生起的。塞撓夫耐斯以密勒圖斯學派所探求的萬有原質爲唯一而不生不滅，不變不動的神。以唯一本源若是不變不動，那麼又當怎麼樣說明現世界的變動呢？赫拉克里托斯在這裏，想把萬物所以變化不止的原由加以說明。他已經不像密勒圖斯學派只是單純的自然研究家，而早入於思辨哲學家的境域的。

流轉是萬物的實相，萬物是新陳代謝而沒有窮盡的東西。看起來好像萬物都有同一不變的自體，如同一道流水河一樣，時時刻刻有流水存在，這是因爲變化的時候，出去和進來的量都是平均的。所以他說：『再入同一流水，已非前水，因爲新水常常流來的原故。』

赫拉克里托斯以爲萬物既是這樣的變化不已，就因爲各物都有反對的傾向，常常不絕的爭鬬。所以萬物總都有相反對相爭鬬的二力對立，互相矛盾的兩個規定同時並有。因此就傳留下『爭爲萬物之父』的名言。

一切事物，都是變化不絕的。然而變化自身是有常住的格律的。這格律，與理想的認識相對照。赫拉克里托斯就稱他爲『羅高斯』(Logos)；『羅高斯』是希臘語，爲理性的意義。在『羅高斯』以外，遍全世界，是沒有常住的存在的，單不過有永遠的流轉罷了。波多野博士說：『赫拉克里托斯以反對爲一切生成的眞相，』又說：『世界以神的理性發表而爭鬬不調和，畢竟是歸於調和的。在這一點上，我們就不得不把他當作赫格爾(Hegel)的先驅者了。』(西洋哲學史要一二頁)

凡一切物質中，並沒有比火再能明示變化生成的。火能把無論什麼東西化爲烟飛去。火是萬物變化的根本能力。『世界也不是神造的，也不是人造的，常常是已經有過的，或常常是將要有的，即是永久活着的火，而從一定的量，不絕的燃燒，又不絕的消滅的。』火失熱就成水，水失熱更成地，地增熱就成水，水增熱更成火。火的成水成地，是下行的；地的成水成火，是上行的。火不得不爲水，水不得不爲地；地不得不爲水，水不得不爲火；在變化當中，也可說有這種變化的規律，是不變的。赫拉克里托斯說以火爲萬物本原的話，和安那克美奈斯的空氣意味，是不同的。他並未以火作爲存在於變化流轉中的實體。總之，他是把那爲經驗物質的火，當作所謂變化流轉的抽象原理的標號，可是結果把兩者混同起來了。

赫拉克里托斯的人生觀，是樂天觀的，他的倫理說，是屬於合理說的。他以變化流轉爲事物的眞相，以矛盾爭鬬爲一切的父；所以不得不歸於拿現實的世界爲最美的世界之樂天思想了。(在倡世界爭鬬不調和的那一點上，史家也有以他爲厭世論者的。)『羅高斯』(卽理性)是存於變化流轉中的恆常的法則，萬物盡受他的支配，人類也是被支配於『羅高斯』的法則的。合於『羅高斯』法則的，就是正義；從理性的命令，便合乎『羅高斯』的法則。所以所謂正義，就是服從理性命令。惑亂理性的，就是感性。所以赫拉克里托斯說耳和目爲最惡的證人。以服從理性爲善的赫拉克里托斯的倫理說，就是司托亞派克己說的先驅；在樂天觀和克己說中間，是和司托亞派一樣的陷於自相矛盾。

第四節　愛勒亞學派

愛勒亞學派承受塞撓夫耐斯的思想，經巴邁尼代（Parmenides），至柔諾而發展的。因起於南部義大利的愛勒亞市，所以稱他爲『愛勒亞學派』。塞撓夫耐斯說萬物是一體而不動的，然而沒有把不動的一體和萬物變化的關係說得詳明。赫拉克里托斯以爲變化流轉是萬物的眞相，說萬物是一而變化的。他說明萬物的一體，並不和變化矛盾。然而愛勒亞學派卻不是這樣，他以爲萬物的一體和變化，決不相合，並不承認變化複雜。如果唯一原質變化，而生其他一物，那麼所生的他物，乃是具備自己性質而爲實在的東西了。原質變成他物，是原質滅，而他物發生。他物再度還爲原質時，是他物滅，而原質發生。要不過是實有的東西互相交代罷了。萬物由原質發生，萬物的原質若不變化他的自性自體，那就不能把何故從一原質發生千差萬別的個物的事解釋出來了。所謂變化差別，不是物的實相的話，就是愛勒亞學派學說的要點。因而愛勒亞學派，卻不研究萬物發生的原質是什麼，祇研究實有的東西是什麼。

巴邁尼代（Parmenides）是愛勒亞學派的建設者，爲義大利愛勒亞人。生年月日不詳，但有人說是生於紀元前五二〇年的時候的。他的思想，受塞撓夫耐斯和庇塔高爾斯學徒的影響。他是爲舉世所尊敬的碩學。他使世界是一體而不動的，塞撓夫耐斯的思想發展，而以唯一不變平等的實體爲眞有，此外一切皆無。

巴邁尼代是以「有」的觀念爲出發點。『單有「有」，沒有「非有」或不能思議』的話，就是他的根本思想。有是恆常不變的實體，是無始無終的現在有，無過去無未來，單只有現在。有不是發生的東西，倘若有是發生的東西，那就不能沒有生這東西的東西了。由非有生有的事，是不合理的，所以生有的就是有。有又是不滅的，凡滅的就是非有了。有是有，不是非有；有又是分割不得的。若是能分割，那便不得不有分他的東西了。有又是不能變動的，沒有厚薄的。有又是絕對獨立而自足的。因絕對獨立，所以沒有欲望。有是不生不滅，無始無終，唯一不二，不變不動，平等如一的絕對的實體。

巴邁尼代的思想，雖然明明是抽象的，但不能叫做純理說。他所說的有，並不像赫格爾所說的『純有』，乃是從個個物體中把差別相除去了的平等不變的東西，又不像安那克斯曼德的『道·阿妃伊倫』那樣無限際的，祇是充實於空間的東西。他說：『有是從一中心點向八方平均擴展的圓滿的球』。然而他又說，有是物質的同時也是精神的。怎麽說呢？只有有是可以思維的，非有卻是不能思維的，所以有和思維是不能區別的。

巴邁尼代把理性和感官嚴爲區別，知道唯一平等的有的是理性；把幾許變化生滅（卽非有）當作有那樣去看的，是感官，感官就是謬誤的淵源。

巴邁尼代單以有爲恒常不變的實體，以萬物的生滅變化爲迷妄，而否定經驗世界。可是在他的教訓詩第二篇裏，以俗見說明萬物的變化，大概是不能把當時學者所盛倡的萬物生成論完全置之度外。照他說，萬物都是由

『明』『暗』二元而成的，明是暖、輕、稀；暗是寒、重、濃。明是有；暗是非有。人類把明的東西和暗的東西一齊看作有，所以生出所謂變化雜多的世界。他又敍述世界構造說，謂宇宙是由相重的球層成功的，中央有可以叫做核形的球（這球大概就是我們所住的地球。）這球和宇宙外皮的極端球層，是由重而無光的暗質而成的；在這外皮的兩側，和這核的外側，是有火層圍繞着的。在這兩火層中間，有火質和暗質相混的幾層球。（大西博士西洋哲學史六二頁）

柔諾（Zenon, 490—430 B. C.）是巴邁尼代的高弟，與他老師同鄉，是愛勒亞人。照柏拉圖的記述，他的年齡較他老師小二十五歲。因爲把他的城邑從專政家手中救奪出來，就傳下勇敢的名聲。他並沒有把師說的根本思想變更了，祇是使他加倍的發展。然而巴邁尼代依直接的說明，以主張其說，柔諾卻用間接的證明，以打破反對說，而補充師說的缺點。他假定反對實有的多的存在，和空間運動的存在，把這個分析研究，而使他陷入自相矛盾的境地，然後再說破那不合理的事。所以亞里士多德稱他是辨證法的發明者；可是辨證法的端緒，還應該說是啓於巴邁尼代才對呢。

柔諾的學說，分爲『問難雜多』和『問難運動』二部。他的問難雜多論是說：（一）若有雜多的東西，那麼無限小，同時便不能不是無限大。所謂無限小，是什麼呢？就是相集而成雜多的單元，必定要是無分量的合一體。若是有分量而可分，那就不是一個，而爲數個所集合的了。無論怎樣把無分量而不可分的東西積聚起來，也不能成爲有分量的東西。所以雜多是由有無限小那東西成功的。所謂無限大是什麼呢？就是在雜多的各部分間，不能不有若干的距離；若是沒有距離，各部分就合而爲一了，就不能把各部分分開了。然分開這兩部分的距離，在兩部分中間，也不能沒有某種大。因爲這樣一來，毫無止極，故聚集大的東西而成爲無限大。事物多的時候，是必然的無限小，同時也不能不是無限大。說無限小爲無限大，這是矛盾的。雜多是在量的上面而有自相矛盾的觀念的。(二)雜多在數的上面是有限，而同時也是無限的。若集合了多的東西，那麼就所集的數說，仍是有限的。然而在物和物的中間，常又不能無他物。若是沒有他物，那麼物和物就成爲一個，沒有什麼區別了。而把這物和物分開的其他的物，既一同是物，那麼在這物和前二者中間，更不能沒有其他的物；所以雜多是包含無限多的個個物的，他的數，不能不說是無限的。說有限爲無限，又是矛盾的。雜多雖在數的上面，也陷入自相矛盾的境地。

他的問難運動論說：(一)物體要由甲點達到乙點，不能不先達到甲點和乙點的中央點。要達到中央點，更不能不達到甲點和中央點的中央點。這樣一來，就不得不經過無限的中央點，所以物體就不得由甲點向乙點運動了。(二)若是龜先走一步時，雖以亞克來斯(荷馬詩中的勇士)的疾走，也是追趕不上的。龜如果先在A點，那麼，亞克來斯達到A點時，龜又到了B點；亞克來斯達到B點時，龜又到了C點；所以亞克來斯無論到什麼時候，也是追趕不到龜的。(三)飛矢是靜止的。人把飛矢看作動的，然而在那一刹那間，是靜止於一點的，是在同場所的。在那一刹那間而靜止的矢，在其次一刹那間，也是靜止的了。因爲無論怎樣把靜聚集起來，也不能算是動，所以飛矢就是不動的。以這個爲動的去看，這是俗眼的幻見罷了。(四)甲物向乙物出動時，祇要乙不是靜止，而是向甲出動，那麼，甲就早達到乙了。不能說以同速度爲同距離的運動，是可於同時間達到的。

後世哲學家對於柔諾的辨證，曾加以種種批評。亞里士多德對於第一證明，指摘他把量的無限和點的無限數混同。第四證明是什麽理由？雖然不甚明瞭，然而多數史家的解釋，以爲這種論法也不過單是把物體運動關係的事指示出來能了。

柔諾又辨難物是存在於虛空的話。說：有是在於虛空當中的，若虛空是有，那就可說虛空也在於虛空之中了。虛空是以虛空爲要，而生出無所終極的非理的結果。在有以外，便沒有再有虛空的理。有以外，只可謂之無。

柔諾的說法，是疑難時間和空間的分割，而確定巴邁尼代所說的實有是不動不分割的一體的。有說排斥時間和空間的分割，就是對於庇塔高爾斯的學說加以攻擊的。巴邁尼代關於萬物生起，尙有所論列，然而柔諾對於這個，就完全沒有說到。

墨利索斯（Melissos, about, 450 B. C.）是薩莫士人，是在埃阿尼亞的愛勒亞派的代表者。他好像巴邁尼代，固執着有的永遠不變；然而他卻排斥巴邁尼代的學說，而和安那克斯曼德相接近。他說感覺的迷妄，凡依感官所認的萬物的變化生成，都不是眞的存在，他這樣見解，和其他愛勒亞學派諸家，還是一樣的。

第五節　庇塔高爾斯和他的學派

當密勒圖斯學派對於萬物原質而爲醉心於理智的考察時，另有一些人組織一種講社，或像教會似的用禮拜儀式，企圖宗教信念的振作和道德思想的向上。屬於這一派的，有庇塔高爾斯，愛皮邁尼岱，和阿奴麻克利托等。從庇塔高爾斯社裏，後又生出庇塔高爾斯哲學，占了希臘思想上很可注目的地位。

庇塔高爾斯(Pythagoras)在紀元前五七〇年乃至八〇年時，生於愛迦海的薩莫士島。父名謨奈薩爾柯。紀元前五百三十年時，移居南部義大利的克魯頓，在這里結哲學的盟社，一時勢力大振；但他那政治上的貴族主義，和民主思想相衝突，而發現不穩的徵兆，所以以後就避難於墨塔朋地溫托而終歿了。歿的年月不詳。有人說庇塔高爾斯曾以筏伊勒克德斯和安那克斯曼德爲師，這話或不足深信。然而他於密勒圖斯學派有幾分親近，卻是毫無可疑的。從年代上說，他和安那克美奈斯大畧是同時的。

庇塔高爾斯當時的博識的聲聞，是很高的，但他的功績，祇在爲宗教改革家，而給與世人以多大的感化之一點。後出的新庇塔高爾斯派，把他當作神聖崇拜，而許多荒誕無稽的傳說，也就揑造出了。庇塔高爾斯派的哲學，是在學徒們中間發達的，而庇塔高爾斯自己所提倡的是什麽要點，卻不詳明。他在宗教的見解裏，最著名的就是『輪迴轉生說』。所謂輪迴轉生說，就是說靈魂在肉體間，不過爲知覺之具；然若是脫離了肉體，就能升赴上界，而享那至福的生活。若是在現世作過惡，那麽，不是再謫降到世上來生活，便要墜入『塲爾太羅斯』(陰府)受刑罰了。然而這輪迴轉生說，並不是他的創見，祇是把最早行於希臘人中間的思想整理起來，作他宗教說的要點。

所謂庇塔高爾斯學派，就是繼承庇塔高爾斯說而使他發展的一團學徒。庇塔高爾斯在克魯頓所創的盟社，是拿宗教的信念爲中心，而守着一定的戒律，以過特別的生活爲目的的；一時在政治界上發生了一種很大的勢力。但常常和正在勃興的民主思想相衝突，被反對者把他的會所焚燒掉，而社友也就流散於四方。逃至希臘本部(亥爾拉斯)者之中，名爲非勞斯(克魯頓人)和劉伊士(泰拉斯人)諸人。非勞斯是把向來口傳的學說最初用文字記載的他在庇塔高爾斯學派的學者中，是最可注目的一個人。大略和恩披鐸克黎（Empedokles）是同年輩，較蘇格拉底還要稍年長些。劉伊士是名將耶巴美農達（Epaminondas）的老師，庇塔高爾斯學派後來又以勒格温為中心重行把勢力恢復，但是不久又形離散。至將軍亞爾球衣泰（泰拉斯人是這派哲學家）歿後，頓形衰頹。

庇塔高爾斯學派以數為萬物的本質，如同愛勒亞學派以有為萬物本質一樣。萬物是由數而成的話，是這派的根本思想。庇塔高爾斯學徒，多是數學者，所以他的數論就成了哲學上的根本思想。彼等所說的數，不像今日所說抽象的數，而是有空間大的東西。萬物由數成立，數是萬物的原型。數有奇數和偶數，奇數是有限的，偶數是無限的。這奇和偶對峙，因而生成萬物。因奇和偶的反對，是貫通萬物的，所以世界以這反對為根本而生出幾多的對峙。他們把那對峙的舉出如下：（一）定和不定，（二）奇和偶，（三）一和衆，（四）左和右，（五）男和女，（六）靜和動，（七）直和曲，（八）明和暗，（九）善和惡，（十）方形和長方形，一共十種。二元對峙的思想，和安那克斯曼德的寒熱，安那克美奈斯的厚薄，巴邁尼代的明暗，恩披鐸克黎的愛憎，蕾克浦的原子和虛空等等，互相對峙，很有相似之點。這派學者，以由一至十的數，為特別重要，就中一·二·三·四的數，是合而成十的，故尤為注重。他們說點是一，線是二，平面是三，立體是四，故由點·線·面·體而成諸種形體。

庇塔高爾斯學派是應用他的數論來說明諸般現象的。他的世界構造論是說：『在世界的太初有太一，「道·阿妃伊倫」（無限際）把這個圍繞着。太一把「道·阿妃伊倫」的範圍蠶食了，附與以定形，而生成有形的世界萬物』。

他的天文說，是說：宇宙為球形，在中央有太一即中央火，而在中央火的周圍，有由西迴東的十個天體（恆星天·五遊星·日·月·地球·對面地球）。地球是對中央火而向同一側面（西半面）迴轉的，所以棲息於其他半面的人類，看不見中央火，並看不見中央火和地球中間的『對面地球』的。地球和太陽位於同一方角時，就是晝；位於反對方角時，就是夜。月挾在太陽和地球中間時，生日蝕；地球挾在月和太陽中間時，生月蝕。地球是一日，月是一月，太陽是一年，在中央火的周圍為迴轉的；在空中迅速飛行的物體，是發音的，所以天球也發音而運行。他的音，是相和而成『天球音曲』的；但是人們從生來就不斷的聽慣了這聲音，所以也就不能聽得見這音曲了。庇塔高爾斯學派，以為地球和其他天體，一齊都是以中央火為中心而迴轉着的，在天文學上，實為不朽的卓見。

庇塔高爾斯學派對於所有的事物都適用數論，像正義和友情等道德上的概念，也以數關係為本質。加上，彼等又說：『由一至四，是形體之數，五是有形體的性質之數，六是生氣之數，七是健康理解之數，八是仁愛，友誼，智慧，發明之數，九是正義之數，十是保着宇宙調和之數』。因彼太過極端應用數論的結果，所以見出顯著的牽強附會之點。

庇塔高爾斯學派的學說，是在彼學徒中間漸次發達的，所以很散漫的，前後缺乏聯絡。然而這個學派曾及顯著的影響於柏拉圖，而在希臘思想上占着很重要的地位。

第六節　恩披鐸克黎

愛勒亞學派以有爲恆常不變的實體，否認世界的變化生成，以爲迷妄的；然而現世有變化生成，乃是難否認的事實。赫拉克里托斯以變化爲萬物的眞相，而否定常住的實在，可是沒有有而有變化的事，這是不易思維出來的。於是就發生愛勒亞學派的有，和赫拉克里托斯的變化將要調和的傾向。恩披鐸克黎，安那克薩高拉斯，和元子論者，都是這樣的，而彼等共通的思想就是多元論（Pluralism）和機械論（Mechanism）。即是以實體爲多，依實體的機械的運動，而說明萬物的變化生成的。愛勒亞學派的有，是唯一而不運動的，所以不易說明萬物的變化。說明萬物的變化最利便的，就是多元論和機械論。這一說，到了元子論者便更進步了。

恩披鐸克黎（Empedokles, 495－435 B.C.）是西細里亞島中一市府亞克拉格斯的人。資性沈重，志氣偉大，巧辯如流，因他是宗教家和醫師，故得到市民的崇信。但晚年失了人望，逃到伯羅奔尼梭（Peloponnesos）地方而歿了。他死後，遺留下種種奇蹟的逸話。他所著的伯里・斐璪斯和坎栂爾毛伊爾籌詩，到現在還有一部分存在。

他是承繼愛勒亞學派的思想，而以有爲無，謂無中生有是不可能的；但又不像愛勒亞學派那樣完全否認差別變化。他以爲恆常不變的有，和萬物的變化相調和，原質是決沒有生滅變化增減的，但由原質的混合離散，萬物總生變化消滅。原質是『萬物的根』，沒有性質的變化，單是機械的離合。元素的概念，因彼始表現出來。彼是以元素的數作地・水・火・風四物的。元素在混合時，是一物體的微小部分，入於其他物體的空隙中的，在分離時，是由空隙中出來的，而並不因離合關係，使這個元素變成那個元素的。他固守着愛勒亞斯學派的學說，而認定元素是有永恒不變的性質的。塔勒斯是以水爲萬物原質的，因原質變化而說明萬物的生滅，他的原質，和恩披鐸克黎的四元素，性質完全不同。恩披鐸克黎並沒有詳說四元素的性質。他以爲使四元素離散的動力就是愛憎，愛是混合諸元素的，憎是離散諸元素的，而愛憎二動力並不是非物質的，乃是和地水風火四元素一同存在於空間的。以愛憎爲二動力，和赫拉克里托斯的思想是不能沒有多少的關係的。然而赫拉克里托斯只說反對傾向的相爭，和那認愛的作用爲善，認憎的作用爲不善的意味，也是不同的。恩披鐸克黎把物質混和的狀態叫作『司伐羅』(球)。愛完全支配了物質，諸元素一致結合了，那就是司伐羅。

他拿上面所述的根本思想，去試作天文·生物·生理·感覺等的說明。他的天文說是說：由憎而離散的物界中央，有愛進入來，引起漩渦，吸引周圍諸物，空氣凝結而生出了外表。最初的粘泥狀態的大地，是因迴轉而將水排出，水更將空氣排出。日輪是玻璃質的，集半球的光輝而反射於四方；月是空氣所凝結的水晶質，而反映日的光明。月挾在日和地的中間，就生出了日蝕。

他論生物，說最初由地中生植物，再次生動物。動物在由地中初出時，手足等各個部分，都是各別的，結合起來纔成爲種種生物；所以從前四肢五態的結合的奇異動物，說是很多的。因植物生長，是由於吸收同類物質的，呼吸不單是從咽喉中通行，並且從身體全面的竅孔中通行。當空氣由皮膚竅孔侵入時，血液就由身體表面退入內部；當空氣出外時，血液就由內部回到表面。

他說知覺是外面的物質，在由身體表面竅孔逢着體內同種類物質的時候而生的。視覺是在由外物而來的微部分達到眼睛時，眼中的火和水，從那細竅發出到相合時而生出的。他和巴邁尼代依反對的物質接觸而說明的感覺是相反的。恩披鐸克黎的知覺說，影響於元子論者和愛辟克魯斯，由此生出物被放出而直接和感官接觸，就發生感覺之說。恩披鐸克黎不單對於動物，就是對於植物和其他物，皆認爲多少都有些知覺，不過有個程度的差別罷了。

第七節　安那克薩高拉斯

安那克薩高拉斯（Anaxagoras, 500—428 B. C.）是小亞細亞的克拉藻邁那人，和恩披鐸克黎大略是同時，并且是致力於同類問題的解釋的。波斯戰爭終了後，他來亞典市，和派里克萊斯，奧易利比戴，屠克第諸名士相交，以學術見推於同志間。但伯羅奔尼梭戰爭開始時，被派里克萊斯的政敵加以迫害，逐出亞典市，移住瑯墨薩考斯，歿時七十二歲。他所著的『伯里·斐璪斯』一書的斷片，至今還有殘留的。

安那克薩高拉斯也和恩披鐸克黎相同，是從愛勒亞學派的實有論出發，以爲世界原質是沒有生滅的，單因物質離合，萬物纔生變化。然而安那克薩高拉斯不像恩披鐸克黎，以元素的數爲地·水·火·風四種，而認有性質不同的元素存在。限定元素的數爲四種，而這四元素如果要永刼不變，那麼萬物的性質就不得出這四種以外了；然而經驗世界的事物性質，實在是千狀萬態的。說明經驗世界的事實，而免去矛盾，便不得承認事物皆有定性，事物祗要有一定的性質，就不能不承認有許多元素的存在。爲萬物原質的元素，是無數的，而安那克薩高拉斯就名這個爲『物』或『種子』。『物』無論如何分割或集合，他的性質是不變的。無數的『物』，他的形色和味是互相差異的，萬物都不能不是『物』。像那髓·肉·骨，亦是由『物』而成的。世界初闢，一切的『物』全都是相混合的，到了後來，異種相分，同種相集纔生出萬物。萬物的差別，並不是由異『物』相混合而表現的，卻是由異『物』相分而生的。現存的萬物，並不是完全分離的，所以並不是由一種『物』而成的，乃是包含着一些他『物』的，還含有可分離的可能性。他遺下一句名言，就是：『一切是包含一切部分於其中的』。

發生『物』的運動，是『奴司』的力量。奴司是精神的意義，絲毫也不和他物混合，是能動他物，而不被動於他物的獨自存在。就是說：『奴司於一切物中，是最精而最純的，對於一切物，是有一切知識和最大的力量的。』奴司是較恩披鐸克黎的愛憎更接近靈智一層，並不是全然非物質的。

安那克薩高拉斯以奴司說明天地秩序，他說：宇宙在最初是『物』的混合狀態，但是奴司一旦起了旋動，就波及於四方，以後依機械的作用，形成天地。因奴司所起的旋動而『阿伊太爾』（稀薄·乾明·暖輕的物）和空氣（濃厚·溼暗·寒重的物）相分離；前者散於外，後者集於中央，而排洩水·土·石等物。因迴轉而飛去幾多石塊，就入於『阿伊太爾』境內，熱熾的叫作日和星，以隕石等爲證，以知形成天地的物質之相等。安那克薩高拉斯關於天體而爲其他種種之說。他說：大地爲一平的圓柱形，靜在於世界中央，諸天體在大地的周圍迴轉。月是以日光反射而明的，月界上有山有谷，也有生物棲息着。星雖是自己發光，但依太陽之光而增加光輝。銀河是不被太陽光的星光之反射，而在大地挾於月和日的中間時，就生出月蝕；在月挾於日和大地的中間時，就生出日蝕。

動植物是由『阿伊太爾』界和空氣界下落而雜合泥土的『物』，被照於日光而發生的；所以全有靈魂，而能生育活動。知覺是在反對的東西相合時發生的；在暗中，那物色和映入眼中的部分之色是相同的；所以就不能看見物了。類之相同者不生激動，所以不生感覺。巴邁尼代和恩披鐸克黎說知覺是由同類東西相逢而生的話，卻和這個相反對。

第八節 元子論

元子論是蕾克浦提倡起來的，得他的弟子戴毛克里托而蔚爲大成；到了現今，已被認爲自然科學的原理了。元子論者之說，那些是蕾克浦的，那些是戴毛克里托的，沒有人能夠知道。許多哲學史裏都是把彼併合敍述的。

蕾克浦(Leukippos)生年月日不詳。說是生於埃阿尼亞族的殖民地中拓拉凱城的亞蒲岱爾，也有傳說他是密勒圖斯，或是愛勒亞人的。大約和安那克薩高拉斯同時代。著書已無殘遺。也有說他是柔諾的弟子的。

蕾克浦所創的元子論的根本思想，比恩披鐸克黎和安那克薩高拉斯更近於愛勒亞學派。所和愛勒亞學派不同的，就在承認有和非有一並存在。蕾克浦把有和實，非有和空虛，一樣看待。愛勒亞學派是以唯一的有爲原質，而排斥萬物的變化和雜多，但不能說明經驗世界的事實。蕾克浦是承認雜多和運動爲實在的；在雜多中，把有和有分開，就不能不有非有(卽虛空)了。單是充實而無虛空，那就不發生運動；所以空虛卽非有，也和充實卽有是一樣存在的了。

蕾克浦認有爲無數單元，叫他爲亞屯(元子)。元子雖無數，但元子中間卻沒有虛空。因而各個元子是分割不得的。分割是實中有虛，若實中無虛，便不能分割了。元子有充實的性質，而沒有其他性質，因而性質上是沒有差別的。在平等如一而不分割的那一點上，和愛勒亞學派的有是同性質的。愛勒亞學派的有，是唯一的，然而元子論者的元子，就是無數的了。就像把巴邁尼代的有破碎了而散於空間是一樣的。恩拔鐸克黎的四種元素(地·水·火·風)和安那克薩高拉斯的『物』，是各異其性質的，是可分爲無窮的。和元子論者的元子，性質完全不同。這就是所以說他比較恩拔鐸克黎和安那克薩高拉斯還要更近於愛勒亞學派的理由了。

蕾克浦是以運動爲物質的根本的屬性的。元子是自動而沒有他動之力的。在這一點上，也是和恩拔鐸克黎並安那克薩高拉斯不同的。

戴毛克里托 (Demokritos, 約 460—360 B. C.) 是亞布代拉人，年齡較安那克薩高拉斯少四十歲，大約和蘇格拉底是同時代的。曾漫遊埃及和波斯附近五年，歸返故鄉之後，開創學派。當時亞典是希臘文化的中心，然而戴毛克里托卻和他相隔離，所以他沒有從蘇格拉底和柏拉圖受着思想上的影響。柏拉圖也沒有在書中揭出他的名字。他是可以和蘇格拉底柏拉圖相並列而無遜色的大哲學家·大思想家，對於天文·數理·地理·物理·生理·道德·音樂·繪畫·詩歌·兵法·醫術等，都有賅博的知識。他採取溥羅塔高拉的認識論，而大成蕾克浦所發明的元子論，建設了唯物論的系統。從他的年代和學識上說，他是屬於開明時代的學者。所以文岱爾邦就把戴毛克里托列入組成時代當中，以柏拉圖代表唯心論的系統，因而以此派代表唯物論的系統。但本書做通常的例子，以他爲元子論者，把他的學說敍述於蕾克浦的後邊。

戴毛克里托是以元子論爲形而上學的基礎的。元子的數，是無限的。元子小到肉眼不可看見的程度，但是他形狀之大卻是千差萬別的。元子自身是有運動力的，沒有一定的方向，祇在空間的上下左右飛行。元子因運動而衝突，就生出回旋運動，漸漸擴張於周圍，而生出種種事物。元子的性質，是平等如一，而無差別的，然結集了個物，就生出性質上的差別。在個物的性質中有如疏密·輕重·硬軟，是依元子怎樣集結而生的；有如色·味·寒·熱等，不過是人類對於事物所知覺的主觀的狀態。對於性質上的差別，用主觀的說明，大概總是受溥羅塔高拉的學說的影響的。

世界是依元子的回旋運動而生的。因渦旋運動而集聚類似的元子，大而重的集於中央，小而輕的寄於周圍，就因而成爲世界。空間是無限際的；因爲散布其中的元子，也是無數的，所以因元子運動而生的世界也是無數的。世界可以增減伸縮，而最終也有毀滅的時期的。

一切事物，都是由元子而成的，人體也是由元子而成的。人體的某某部分，都有種種心情作用的地盤。腦是全身的主宰，而爲思慮所存的地盤，心臟是忿怒性情所存的地盤，肝臟是欲心所存的地盤。靈魂是由最細微而最易動的火的元子而成的，而散布於全身。靈魂的元子，因爲微而易動，有離散於體外的憂虞，所以有依呼吸而把空氣中的靈智吸入體內的必要。死是靈魂的元子，完全離散，睡眠絕氣，是因爲靈魂的元子顯然減少。以元子說明靈魂，說明一切心的現象，就是他所以成爲唯物論者的原因。

知覺是由接觸外物而生的，能知道隔着空間的某物，就是因爲由某物而來的微小部分與感官相觸。知覺止是主觀的狀態，不能把事物的眞相傳出。感官的知覺是朦朧的知。至於眞知，便單是思維即理性的作用。思維也和知覺一樣，屬於靈魂元子的運動。然思維是火元子最微細的運動。因而把事物最細微的情狀顯明的映照了出來，所以能够認識事物的眞相，而與知覺純爲主觀的狀態卻卻相反。戴毛克里托關於認識論上知覺的價値的學說完全是從溥羅塔高拉的意見上來的。

戴毛克里托在元子論的基礎上敍述他的倫理說。他說：感情和欲求，都是元子的運動，而他的運動，是有精粗的區別的。人生的目的，是幸福，然依元子運動的精粗，而幸福也生出優劣(眞假)的區別。眞幸福是依火元子微細運動而起的心的靜平；而假幸福，卻是依火元子粗笨的運動而起的肉體上的快樂。眞幸福是由不論何事都守着節度，抑制劣等的欲望，避免心的激動而得的。抑制劣等的欲望，而守着節度，是眞知的活動，所以知識是幸福唯一的源泉。

戴毛克里托的倫理說，是快樂說。赫拉克里托斯的倫理說，爲司托亞學派的先驅，故戴毛克里托的倫理說，也爲愛辟克魯斯學派的先驅。但是他的快樂說，在由眞知的活動，而壓抑劣等欲望一點上，是接近於克己主義的。

第九節　創始時代希臘哲學的特色

在創始時代，希臘哲學的特色在自然的研究。就是以客觀的天地萬物爲研究的對象。雖然多少也說到關於知識方面的知覺和思維等，但祇是由於對客觀界實相的解釋而生的餘論，不能把他當作論理學看待。創始時代的希臘哲學可分爲兩期：(一)自密勒圖斯學派以後至於巴邁尼代的一元說爲前期；(二)自巴邁尼代以後至元子論的多元說爲後期。通創始時代都以自然的研究爲主眼，但是卻不能總括起來，一概加以唯物論之名。當時旣已不明心和物的對峙，故還沒有純然的唯物論。傾向於唯物論而最明瞭的，就是元子論。自然的研究，到了元子論時，可算發達到了極點。

倫理學說，至此還是沒有可觀的。不過在七大賢人的教訓以外，僅有庇塔高爾斯，赫拉克里托斯，戴毛克里托等偶然敘述一點罷了。

（附）創始時代的希臘思想（約表）

- 密勒圖斯學派（埃阿尼亞學派）
  - 塔勒斯……以萬物原質爲水。沒把爲什麼萬物原質爲水講明白。
  - 安那克斯曼德……以萬物原質爲道·阿妣伊倫（無限際）。不曾說明由原質生萬物的理，由單說反對的東西是分離。
  - 安那克美奈斯……萬物的原質是空氣。萬物是由空氣的厚薄而生的。
- 塞撓夫耐斯（愛勒亞學派的先驅）……世界卽神。神是唯一·不生不滅·不變不動的。單述神的性質，而不說明現世界的運動變化。
- 赫拉克里托斯（密勒圖斯學派系統）……萬物的實相，是變化流轉的，變化有常住的格律「羅高斯」。變化的根本動力就是火。

- 愛勒亞學派
  - 巴邁尼代……恆常不變的實體是『有』。萬物的生滅變化是迷妄（否認經驗世界）。
  - 柔諾……打破巴邁尼代的反對說，而為辯證法的元祖。
  - 墨利索斯……『有』是永遠不變的，感覺是迷妄的。
- 庇塔高爾斯學派
  - 庇塔高爾斯
  - 庇塔高爾斯學派
    - 非勞斯
    - 劉伊士
  - ……萬物本質是數。數是有空間的大的。
- 恩披鐸克黎（元子論的先驅者）……萬物是由地·水·火·風四元素離合而成。離合的動力是愛憎。
- 安那克薩高拉斯（元子論的先驅者）……萬物原質是無數的『物』，由『物』的分割集合而生萬物。『物』生運動，是由於『奴司』的力量。
- 元子論者
  - 雷克浦……萬物的原質，是無數的元子。元子是平等如一的，沒有性質上的差別，元子是自動的。
  - 戴毛克里托……大成元子論。

第三章　組成時代

埃阿尼亞的自然哲學，至元子論而發達到了極點。關於宇宙原理的新說，完全生出，而物理的思索，生一頓挫。自五世紀中葉，希臘思想界中又生出種種的新傾向。

第一是折衷說發現。創造新說的勇氣漸漸沮喪，各學派間的交通漸漸頻繁，結果就起了融合種種原理的企圖。前述的愛勒亞學派的墨利索斯說，已經就帶着幾分折衷說的意趣了。墨利索斯是祖述巴邁尼代的，以實有爲不生滅·不變化·平等如一；但雜着安那克斯曼德的道·阿妃伊倫的思想，以有爲無限際的存在於空間的時間的。亞破羅尼的笛奧該耐斯，是旗幟更加鮮明的折衷論者。把埃阿尼亞學派的物活說和安那克薩高拉斯的奴司說相攝合，以萬物原質爲活動的物質，即空氣，把他當作有知慮。當時折衷的思想，許多都是從埃阿尼亞學派而來的支流。

第二是專門的研究興盛。從來胚胎於自然哲學的諸學科，都分門別類的獨立，如數學·星學·生理學，都有顯然可見的進步。亞爾克馬溫（克魯頓）在生理上和解剖上的研究，西鮑克拉太在醫學上的功績等，雖在現在看來，也是很偉大的。

第三是把學理的研究結果，應用於實際生活，這種傾向也是顯然可見的。因波斯戰爭，博得了可驚的勝利，所以希臘的社會面目一新，而學術·文藝·美術，就呈露出燦然的盛觀，政治機關也大大的發達，增加許多活氣。故史家就稱這時代爲開明時代或者是啓蒙時代（Aufklärungszeit alter）。因政治機關發達的結果，於政治舞臺上活動，是最有名譽的事。做政治活動，當然有通曉理財·政治和兵事等各種學藝的必要，適應這種需要，而以教授學藝爲職業的，也就相繼輩出了。這一派就是哲人派（Sophists），希臘自哲人派以來，思想界生出很可注目的轉機。在向來自然哲學之外，發現出來人事研究的曙光，研究組成時代的思想，先不可不從哲人派述起。

第一節　蘇菲斯托

哲人派即蘇菲斯托（Sophist），是學者或是博識家的意思。就是對於在開明時代遍歷文化中心地亞泰奈和其附近市府，以教授知識・技能爲職業的一團學徒的總稱。蘇菲斯托並不是傳播新學說的學派，祇折衷補綴從來的知識，而單教政治社會中人以處世立身的道理，並講求收攬人心的方法。但當時自然研究的結果是紛亂的，在這種新說沒有產出餘地的時候，祇得對於從來諸說發生懷疑的傾向。他們不單對於自然現象懷疑，就是對於習慣法律宗教等社會現象也一律懷疑，懷疑之後，只管以破壞爲事，故雖到現在，還稱他們爲詭辯學派。在蘇菲斯托中最有名的，是普魯撻高拉（Protagoras, 480—411 B. C.），高爾迦斯（Gorgias），蒲羅地柯（Prodikos），細疋亞斯（Hippias）等。

普魯撻高拉是亞布代拉人，遊歷諸方以後，來亞典府下帷教授，大博名譽。但因他否定諸神存在的理由，而於紀元前四一一年被亞典府放逐，當船渡西細里時，遭難溺死。

大有影響於以後哲學的，就是普魯撻高拉的認識論，他的認識論是以赫拉克里托斯萬物流轉說爲基礎的。認識的客觀的對象，和主觀的人類，都是常常流轉不止的。知覺雖是對象觸於感官而生的狀態；但因知覺者和對象一齊都是變化無極的，所以認識祇不過是感官作用的一時關係，並不是昭示事物眞相的，並不能稱作普徧不易的眞理。因觸於感官者爲知識，故時異人異，知識也不得不異。因此便以知識爲主觀的。他有幾句名言說：『人是這萬物的尺度。』普魯撻高拉還沒有把這懷疑說應用到道德方面，但關於宗教，是明明在他著作上說道：『我不能知諸神的眞實存在與否。』

高而哀和普魯撻高拉大略是同時代的人。生於西細里一市府來溫蒂內，於紀元前四二七年到亞典府。他用愛勒亞學派的辯證法，比較普魯撻高拉還更徹底的倡導懷疑說。他的論證第一說：『什麼東西，都是沒有的。』若是有什麼東西，那就不能不把有或非有及有和非有合併起來。然而若是有，那麼，便不得不有已生和未生，不得不有一和多。未生的東西是無始的，無窮無限的。然而無窮無限的東西，無論何處，也是不能有的。物的所在處，不能不比自己大，因爲再沒有比無窮無限更大的東西。又有若是生的東西，那麼，到底是由有生的呢？由無生的呢？由無生有，是沒有的，由有生有，亦是沒有的。因爲有是無生滅而不變爲他物的東西。再有若是一個，那就應當是不可分的東西了，不可分便沒有大，沒有大便不是物了。有若是多的，那就不能不是集一而成的了。沒有一，便沒有可多的理由了。那麼，物便或是非有，但非有是沒有的東西。因爲有和非有，是不能相合的東西，所以有同時不能爲非有。故結果祇得到一個什麼都沒有的結論。

第二論證說：『縱令物是有的，吾人也不能知道他。』存在的物和吾人的思想，並不是一物。若不是別一物，那麼吾人所思考的東西，都可和實在相契合，而思想就沒有可誤謬的理由了。以和物不同的思想去知物，是不可能的。

第三論證說：『縱令能知物，也是不能把他傳授於他人。』「傳知識於他人，是不能不依着言語等外面符號的；因爲符號和知識是兩個東西，所以不能說理會得符號，就是傳得知識。傳授知識的事，到底是不可能的。

蒲羅地柯和細疋亞斯也都是哲人派中最有名的人。細疋亞斯尤其以博識著聞，他的顯著的功績就在爲數學·天文·物理·歷史·技藝等多方面的教授，及使學術成爲通俗的事體。

哲人派的倫理說　普魯達高拉的認識說，引起後來哲人派道德上的懷疑說。他說：『法律和道德是人爲律，並不是恆常不變的，是因時因地而不同的。恆常不變的東西只有自然律。』那麼，人爲律的起原在什麼地方呢？換句話說，就是人不是被支配於恆常不變的自然律，而是被支配於人爲律的理由怎麼樣？關於這種答案各有不同。法律或道德律：（一）有的說是強者爲自己的利益而命令弱者的。（二）有的說是弱者爲自衞計，而制限強者的權力的。（三）有的說是爲使他人的生命財產安全而產生的。但是大家有一個相同之點，就是都以爲法律或道德律，是爲制定者的利益而發生的。因而說服從法律和道德律，都是愚人弱者的事，而強者賢者，卻是從心所好而生活的。因爲強者是支配弱者的，所以從心所好而生活，就是服從自然律的了。總而言之，哲人派的倫理說，是不承認道德律的普遍妥當性的，而以爲邪正善惡的判斷，不過是所謂人爲的區別的主觀主義·便宜主義罷了。

到了最後的哲人派，更傾向於破壞的方面，把古來的風俗·傳說和其他所有社會上的制度組織都搖動了。當時亞典府已過了全盛時代，人心蕩然，已表示出腐敗的預兆。哲人派的破壞的傾向，就是社會的反映，而哲人派的思想，更助長那時的腐敗。

哲人派的功績　哲人派不單流毒於希臘社會，而彼等的功績，在思想界上，也是不可不承認的。到了元子論者，發達到了極點，在差不多到了極點狀態的自然哲學至哲人派，而又一轉其方向。向來學界單是醉心於客觀世界物理的思索，而哲人派卻在主觀的人事研究方面，把未開的領域開拓了，風靡一世，而道德論和知識論的新研究，也相繼興起，更漸開言語·修辭·論理·倫理等學科獨立的端緒。哲人派代表希臘思想的變動期，反對哲人派破壞的傾向，把道德放在確實的根柢之上的，就是其次所敍述的蘇格拉底。

第二節　蘇格拉底

蘇格拉底（Socrates, 469－399 B. C.）是亞典人。他父親蘇富羅尼柯斯是彫刻師，他母親斐娜勒太是產婆。他幼年時的教育，不能詳知。有師事安那克薩高拉斯和亞爾赫勞的話，但是也不能確信。他開始從事他父親的職業，漸長和哲人派相接觸，就把他的知識開發了。然而他嫌惡彼等徒弄詭辯，單事破壞，因決然立志，獻身於青年教育，來往於亞典街市二十年如一日，不問何人，一聽彼言，略為問答，即以得意的辯舌，使人悟覺自己無知，並使人因此起了對於真知的熱望。他以真理為生命，以破人迷妄為無上天職，因不和哲人派一樣，需要報酬，所以赤貧如洗，他那粗衣粗食，實在是常人所難想像的。他的頭腦極明晰而冷靜，無論怎樣激論，論理卻一絲不亂，任誰也不能屈伏他。因為他的論法，過於犀利奇警，所以招反對者的嫉妬和誤解，到晚年被邁來妥斯，亞尼托和李考，以（一）敗壞亞典青年，（二）不奉國教而信邪神，（三）贊成貴族政治等三理由，告他有罪。他如果照當時以錢贖罪的辦法，那就很易了結；但因他固持己說，反抗法官，滔滔述其非理，所以就受了死刑宣告。其間因有三十天的猶豫，所以弟子輩都頻頻勸他逃去了。但是他卻決然不動，說：『國法是不可犯的，而唯有從神所命。』不怨天，不尤人，視死如歸，至期從容服毒。他並無著述，不過僅從他弟子克賽訥溫的『紀念錄』和柏拉圖的『對話篇』得知道他的事蹟和平素談話。

蘇格拉底的思想，是從哲人派而起，想挽救哲人派破壞的傾向，所以有半面與哲人派相同，有半面與哲人派正相反對。他同哲人派一樣，離了自然現象之物理的思索，而鑽心於人事的新研究。人事的研究，因他得更進一步。他所研究的大部分，都是關於倫理道德問題的。於此意味，可以說蘇格拉底是道德哲學的鼻祖了。

認識論　蘇格拉底和哲人派相反，相信認識是可以不變不易的。他因而說認識是觀察事物的本質的。所謂事物的本質，就是各物之間所共有的不變不易的東西。事物的本質是因言語表於概念的，所以認識就是確定事物的概念。換句話說，眞知就是概念的確定。然而人原來是沒有這樣眞知的，我們的知識，是極不確實的。我們有許多是以不知爲知的。本想求眞知，而祇得到僞知，所以不能不承認我們無知了。要想知道眞的，必先要知自己，蘇格拉底是拿揭在帶爾否伊神殿的『汝知自身』一句話戒己並戒他人的。他說哲人派是以知者自居。我們決不是知者，是愛知者。我們是什麼事都不知道的，但是比較哲人派所知更多。蘇格拉底雖然承認自己無知，可是他的承認無知，是向眞理出發的。他確信認識是可能的，所以他決不是懷疑論者。

達到眞知的方法，是各人悟到自己無知，而協力去探求。協力探求，那就一定要得到同一的結果，這個成果就是所謂普遍一切的眞理。他以對話問答爲探求眞理的手段。他的對話法有二種：第一是暫時承認對手的說法，由問答而窮追使他陷於自相矛盾，而自己覺悟自己無知，這就是所謂蘇格拉底的反詰法（The Socratic Irony）。第二是由反詰法而使人自覺無知後，再共同努力去開發知識。這個方法是可使無論何人都可產出所有眞知的方法，所以蘇格拉底就以產婆術來比他。眞知是概念的確定，概念確定，就是定義。下定義時，必定要把許多事物比較對照觀察出來那事物的普遍不易之點。把事物拿來比較對照，觀察出普遍不易之點，構成概念，作下定義，到此方才從那裏生出眞正知識。蘇格拉底的研究法，雖然取歸納法的形式，但是沒有像近世論理學者所倡的那樣精密。

倫理說　如前所述，蘇格拉底的哲學，大部分都是關於倫理道德問題的。他第一，批評希臘自來的常識倫理說，而與以學問的形式。第二表示出來合於理性要求的眞道德律，而反抗不完全的遺傳的舊道德。第三，承認道德的判斷含有普遍的妥當性，而把那被哲人派所破壞的道德律的權威抬高。在倫理學史上，他的功績，是很偉大的。

知德相關說　蘇格拉底嘗述知德相關說。他說：德是『阿來泰』（技能），要修德，不可不先認識德是什麼東西。眞知，便是眞德，不德，是全由無知而來。人類本來是希望善良事件的。沒有人知其爲不善，而猶希望他的。不德究竟還是由不知其爲不善而起的。德和知相同，是可以教得的，也是可以學得的。

至善論　吾人所求的善事，就是善。善是一切行爲的標準；故蘇格拉底就揭出善來，作爲倫理研究的根本問題。然而他所謂善的內容，是很不明瞭的。他答克賽訥溫說：『有實益的就是善』。答柏拉圖說：『助理性發達進化的就是善』。至於他的弟子，或以『增加快樂』爲善，或以『意志』爲善，解釋便各有不同。好像孔子所說的仁，因爲內容不明，所以後來就發生種種不同的解釋。蘇格拉底最顯然易見的，就是以善和利看作兩相契合的。善是吾人所認爲良的行善而不利，是決不會有的。他又把善和美看作相同，這就叫做『迦羅迦阿托斯。』他說：得到善的就是德，使德和善合爲一體，而修德者必享幸福，故善和福合而爲一。要之，善·美·利·德·福等，是常相交錯而不可分離的思想。

遵守國法的義務　蘇格拉底說明遵守國法的義務。哲人派把道德律和法律一齊否認，以爲法律依附個人能力和欲望，是可以破壞的；蘇格拉底卻不然，力說國法可貴的理由，因而以自身相殉。

宗教說　蘇格拉底的宗教說，是極穩健的。他不但承認諸神的存在，以爲因社會的習慣，而禮拜諸神爲正當，並且還說神照臨人間，而施行着善惡的賞罰。他常說從他自己心裏聞得一種特別的神聲，這就叫做『達易懋尼穩。』達易懋尼穩是什麽呢？不能詳知。有人說是一種幻覺，又有人以爲是引導實行的一種感情。他被禍的原因之一，是以否定國家的諸神爲口實，這就是由於他說這達易懋尼穩而來的。

學說的後繼者　蘇格拉底的哲學，並不是組織的·系統的學理的研究，還有很多粗笨之點。他見重於希臘思想史的理由，不在建設新學說，祇在把道德上新問題新研究法提出的那一點。所謂新研究法，就是觀察種種事實，歸納起來得到普通概念的方法。這種研究法，曾與後世學界以偉大的影響。把他學說上不盡的地方補正了的人很不少，把哲學的全體看清，對於哲人派的懷疑說，確立了知識的普遍妥當性，而建設道德的根據的，就是柏拉圖。柏拉圖是對於蘇格拉底學說的眞正繼承者。在柏拉圖以外，有些人傳其師說的片面，或者曲解師說，總稱爲小蘇格拉底學派。邁加拉學派・基來奈學派・基尼克學派，都是有名的。

第三節　小蘇格拉底學派

邁加拉學派（Megarische Sekte），是蘇格拉底的弟子維克勒戴（Eukledes）於其師歿後，在邁加拉故鄉創設的。邁加拉學派的根本思想是把蘇格拉底的學說和愛勒亞學派思想結合起來。說事物普遍不易的地方，究竟還是愛勒亞學派所謂唯一・不變・平等如一的有；而善也不外是有，眞知識就是知道有。維克勒戴用柔諾的論法，專攻擊反對說，由裏面試行立證。邁加拉學派在維克勒戴以外，有司提爾鵬（Stilpon），維布里戴（Eublides），笛奧道羅（Diodoros）等。司提爾鵬的特色點，在混合基尼克學派的學說。維布里戴因爲做亞里士多德的論敵而知名，笛奧道羅是以否定亞里士多德哲學中重要的『可能』的思想見稱的。邁加拉學派關於論理的研究，多少有點裨益，但其議論常止在同一圈內而循環，遂和哲人派的詭辯一樣。倫理學說單以唯一的有爲善，而以脫離運動和變化的靈魂的狀態爲德，卑視外物，單說自足（Autarkie）。

基尼克學派（Kynisihe Sekte），是蘇格拉底的弟子安笛斯太耐（Antisthenes, 444—369 B. C.）創立的。（安笛斯太耐師事蘇格拉底以前，有就學於高爾迦斯的事。）關於『基尼克』名稱的起源，有種種說法。有說『基尼克』是由希臘語『犬』字轉來的，因這學派的學者做像犬一般的生活，所以就起了這樣的名稱；又有說因安笛斯太耐在亞典府基撓薩爾哀斯的『額謨那計溫』（就是羣集的遊戲體操）說教，所以就生出『基尼克』的名稱。安笛斯太耐生於貧家，所以像蘇格拉底的無求於外物，力說卑視外物的一點，爲貧者建設了實踐的倫理；但關於認識論，他是反對師說的。

禁欲說　安笛斯太耐以蘇格拉底所未說明的善的內容做爲理性的生活解釋，而倡禁欲說。他以爲善是德行，惟德行可使我們享幸福。他所謂德行，就是禁抑欲望而脫外界的束縛。心若向外，單求權勢富貴，那就被他束縛，而不能得幸福了。依理性的生活，而克制自己欲望，以達到絕對自由的境地，才能得到眞正幸福，故說德就是禁欲。安笛斯太耐的學說，是由幸福說而進入禁欲說的。

這一派學徒以禁欲爲幸福(卽德)，故輕視所謂文化生活，而愛慕素野的自然狀態。說順從自然而生活，就是賢者，所謂家庭，所謂國家，好像水泡一般。法律·制度·風俗等，都是無用的廢物。財產·名譽·學問·美術，有什麽用？世界的毀譽褒貶，都不足介意，單以順從自然律而行動爲好。抱着這種思想，因捨家而過乞食生涯者，在這派學者中實在不少。如西挪拜人笛奧該耐斯，就是以不要國家爲誇，以野獸一般的生活爲天然的狀態。他在桶中浴日光，和歷山大王問答話的遺事，雖至現在，還是膾炙人口的。笛奧該耐斯的弟子克拉代斯也是安於終身乞食生活的，西巴爾克亞雖是良家子弟，也和他妻子流浪四方。基尼克學派的禁欲說，就是司托亞學派的前驅。

認識論　安笛斯太耐的認識論，是以可感覺的個物爲實在，同那把概念看作思想的產物的唯名論·感覺論相類，和柏拉圖的『伊代亞』論完全相反。凡吾人關於事物的判斷(或立言)除同一的判斷·分析的判斷以外，是不可能的。所謂同一的判斷，就是主語與客語同一，所謂分析的判斷，不過是把含於主語的東西分析起來，而以客語表現出來。要想在事物普遍不易之所立言，就不能不說那物的自身。若以非那物的自身來表現那物，卻是不可能的。我們能用概念下定義的事物，必定是可以分析的。對於不能分析的單純一物，是不能構成概念的知識的。安笛斯太耐所說的，是單以吾人的五官所能直接感覺而得的。

基尼克學派注重實行方面，不和邁加拉學派一樣努力於論理的研究，所以這派學說對於認識論不甚精細。安笛斯太耐自己也說：「吾人的德，是實行的，不要很多語言和知識。」

基來奈學派（Kyrenaische Sekte）的鼻祖，亞里斯提溥（Aristippos, 455—355 B. C.），是基來奈人。年齡比柏拉圖稍長，始就學於溥羅塔高拉，後師事蘇格拉底，解釋蘇格拉底的至善為快樂，而倡快樂說（Hedonisn, Hedonismus)。

快樂說　善是德行，而德行不外是得幸福的道路；因為幸福就是尋求快樂，所以德行究竟不過是得到快樂的方法。德行自身並沒有價值，因為能與我們以快樂，所以才有價值。求快樂的方法非所問，總要得到極大的快樂。亞里斯提溥這類的根本思想，是把溥羅塔高拉的認識論假借來，而與以形而上學的根據，提倡那最鮮明的個人的·肉體的·現在的快樂說。他說：在對於五官的外物刺戟以外，沒有所謂外物，故在給與五官的外物的圓滑運動（即肉體的快樂）以外，是沒有所謂善的。快樂又是一瞬間的東西。過去的快樂，是不能追回的，未來的快樂，是不確實的。所可求的，就是現在的快樂。現在的快樂，也有大小的差別，不可不選擇那最大的快樂。知識見解的重要，就在能選擇快樂。選擇到眞正快樂的，是賢者。哲學是開發那求得快樂的知識見解的。

學說繼承者　亞里斯提溥的女兒，叫亞勒太，他的兒子叫亞里斯提溥，都是亞里斯提溥的學說繼承者。小亞里斯提溥研究快樂苦痛發生時的生理上的狀態，想給與快樂說以學理的根據。小亞里斯提溥的弟子笛奧道羅，也是這派的學者。安尼凱利斯述肉體的快樂較精神上的快樂爲輕，是愛辟克魯斯學派的前驅。

基來奈學派以快樂爲善，說凡不爲世事所拘，而能自由求快樂的就是賢者。因而又說凡爲國家服務而犧牲生命，那就是智者所不爲的了。這種道德論，在非社會的一點上，卻和與這派學說完全相反的基尼克學派一樣。

其他學派　邁加拉·基尼克·基來奈三學派以外，愛里斯·愛勒托利亞二學派，也可算入小蘇格拉底學派中。愛里斯學派是蘇格拉底的弟子斐頓在他故鄉愛里斯所創的一派；而愛勒托利亞學派，就是汲着這派源流的邁耐玳瑁斯（前三五二年至二七八年時代）在愛勒托利亞傳佈的，但是不能具得其詳了。

第四節　柏拉圖

柏拉圖（Plato, 427–347 B. C.）是古代希臘的大哲學家。祖述蘇格拉底的哲學，咀嚼融合自然哲學家的諸說，而在哲學史上建一大偉觀的理想哲學大系統。

柏拉圖生於亞典貴族家，父名亞里斯東。柏拉圖始繼承他祖父的名字，叫亞里斯托克勒。他的幼年事跡，不能詳知，但是受了與貴族相當的教育，這是毫無可疑的。天資聰明，酷愛音樂美術，耽於詩歌。他的著作，富於詞藻，思想帶着詩的趣味，這是因他素養而成的。有人說他少時就克拉泰學習赫拉克里托斯的學說，但是沒有確實的證據。因他生長名門，雖然很容易在政治方面活動，但當時他觀察亞典府的日漸衰頹，便絕意仕進，而專心爲哲學的研究。二十歲時，入蘇格拉底門下，直到師死，八年之間，未離師傍，被師說啓發，就連品性也都被感化了。師死後，和學友維克勒戴（邁加拉學派開祖）一齊赴邁加拉，在那裏爲辯論的練習，再次遊基來奈　埃及・南部義大利和西細里亞等處。在南部義大利時，研究庇塔高爾斯派的學說，在西細里亞赴西拉庫薩朝廷，和主權者笛奧尼曉的義弟笛穩相識，因而謁見笛奧尼曉，陳述政見。但因他的直言，觸了笛奧尼曉的怒，遂交給司巴達的公使，把他賣於阿伊哀那市場爲奴隸，倖而又被基來奈人安尼凱利斯贖去了。歷遊十餘年後，歸亞典，在郊外大學院中，聚集同志而講學。這是紀元前三百八十七年時的事。西拉庫薩的笛奧尼曉歿後，他的兒子小笛奧尼薩即位，他又從友人笛穩的慫慂，爲輔佐國政而再渡西細里亞，然而事與願違，仍舊空回亞典。其後又爲調停笛奧尼曉和笛穩間的不和而赴西細里亞，幾乎身陷危地，但得庇塔高爾斯學徒的援助，得倖而免難。其後不顧他事，專以教人著書爲生，於三百四十七年，以八十歲的高齡而終。

柏拉圖的遺著是很浩繁的，但有些是否是他的眞作，尙有疑問。依史家考證，現在認爲眞作的，是『渤羅塔高拉，』『高爾哀，』『地亞太托斯，』『菲亞道魯斯，』『西謨泡計溫，』『菲亞頓，』『國家論，』『諦厤易奥斯』等。而『耶破魯額』（辯護）『克里通，』『菲來鮑斯，』『撓毛伊』（法律）等可視爲眞作。『蘇菲斯托，』『坡里提高斯，』『巴爾邁尼代，』『克魯地羅斯，』『邁農，』『維地代謨斯，』『克利提亞斯，』『小西匹耶斯，』『維地夫倫，』『李錫斯，』『加爾米太斯，』『拉凱斯』等，是由學徒的手，把他的思想描寫出來的。對於著作的次序，也有種種說法。

柏拉圖的著作，多爲對話體（卽問答體），不以一題目爲一篇，而爲順序的敍述，知識論・實在論・倫理說等，都是混在一齊的。他的思想幽玄深遠，他的文章雄渾莊麗。對話的中心，就是蘇格拉底；但他對話篇上所表現的蘇格拉底，有些地方很難認為歷史上的事實。大有假蘇氏的口吻而敍述自說的形迹。

柏拉圖的哲學，很能看出是由(一)辯證法，(二)物理說，(三)倫理說的三部而成的，然而物理說對於其他部分，還祇占得附屬的地位。

辯證法即遞亞勒克提克(Dialektik)，是得概念的知識(眞知識)的方法。即觀察事物普遍不變的眞相，而構成概念的方法。柏拉圖和蘇格拉底相同，都想由眞認識而得到眞道德，所以反對溥羅塔高拉的認識論，說概念的認識的可能，名概念的認識的對象(即名常住不變的事物的本質)為『伊代亞』(Idea 意象)。認識的方法，用歸納·演繹兩法。遞亞勒克提克是柏拉圖的認識論·方法論，也就是他的本體論伊代亞論(本體論)是柏拉圖哲學的樞軸，而為自然哲學和人性論的根柢。

認識論 觀察事物普遍不易的眞相(即概念的認識)，是可能的。然而所謂概念的知識，究竟是什麼東西呢？感覺的知識並不是概念的知識。感官上的知覺，不過指示着在生滅變化世界的假象罷了。常住不變的事物本質，是不能依感官而知的。依感官的知覺，不是眞認識的事，是同溥羅塔高拉所說的一樣。但溥羅塔高拉是沒有看到盾的兩面的。感覺的認識非眞知識，故不能以眞認識為不可能。在感覺以外，必定可以得着眞知識的。若在感覺以外沒有眞知，那麼看見和存在，常是同一，而知識就是時時刻刻變化的主觀的·個人的性質了。善惡是非的區別，不但是全廢，而矯正謬誤的標準也失去，也就沒有叫作謬誤的東西了。還有一件，若單以感覺為知識的要素，那麼，也就不能把知覺那東西說明了。爲什麼呢?因爲知覺並不單爲五官的感覺,而是包含那決定彼此的關係的作用的。單以感覺說明知識的那一說,是不能成立的。以感覺的知識不是眞知識爲理由來否定眞知識,是不妥當的。得眞知識的,爲感覺以上的勸作,即是理知。用理知來觀察事物常住不變的本質是可能的。觀察事物眞相而構成概念的方法,必定要把蘇格拉底所用的歸納法和分類法同時並用。歸納法是由特殊而求普遍的方法;而分類法是把普遍分爲特殊的方法,就是演繹法。知識的淵源,是普遍的概念,不能符合各個的事實,所以確實的新知識單只是依演繹法而發見的。歸納法不過是顯明那潛伏而不明瞭的概念的發見的方法罷了。因演繹的思維而得新知識是由概念的先天性 (Apriority, Apriorität) 而來的。例如眞·善·美的價値概念,不是由經驗生出的,乃是先於感覺的經驗而存在的認識,由經驗而表現的。

伊代亞論　柏拉圖名事物常住不變的性質爲阿伊道斯,或伊代亞,就是『象』或『形態』的意思。伊代亞是常住不變的實在。非物質的,是不能見的形態,是無形體的形體。是概念的內容爲概念的認識的對象。

明白了伊代亞,即爲概念的知識。辯證法就是討論伊代亞爲何物,而研究觀察伊代亞的方法的。總而言之,柏拉圖的伊代亞論,是把溥羅塔高拉的知覺說和赫拉克里托斯的流轉說結合起來,於蘇格拉底的知識論上,加以愛勒亞學派實有論,使他們相對立的。柏拉圖以附與最初概念的內容以形而上的存在者,爲伊代亞;凡在下得普遍名詞的地方,都有伊代亞。但以後單只認有價値的東西(卽善美的東西)和自然物,在數學關係上有伊代亞的存在。柏拉圖的伊代亞論,就是從論理的,而發達爲目的論的。

二種世界　柏拉圖是由伊代亞論出發，而承認二種世界的存在的。就是實有界和生滅界二種。實有界是伊代亞的世界，是常住不變的世界，是理性的世界。生滅界是現象的世界，是變化流轉的世界，是感覺的世界。生滅界的個物，是不含着伊代亞的，單不過是伊代亞的模倣罷了。伊代亞是原型，而個物是影像。因爲個物是伊代亞的影像，所以在分有那伊代亞的範圍內，把事物的相表現出來。因爲伊代亞不能常住，所以常常生滅流轉而不止。若伊代亞來，就相應而現出事相；若伊代亞去，就失去事相。伊代亞是個物的目的。柏拉圖以生滅界的原因，說明實有界和生滅界的關係。

善的伊代亞　柏拉圖把對於實有界和生滅界的關係的目的論的說明，也應用到實有界中；而伊代亞的世界，是由最高而最普遍的伊代亞所支配的統一的體系。這最高的伊代亞，就是善的伊代亞。善的伊代亞，支配伊代亞的世界而在一絕對目的之下，統括其他特殊目的的。柏拉圖叫這個爲奴司（世界的理性）或神；但他所說的神，並不是具備人格的。總而言之，柏拉圖的最高伊代亞，是由倫理的見解而承認的，而不是純論理的。由純論理的見地說，那麼善的伊代亞，便不是包括一切伊代亞的最高伊代亞。怎麼說呢？善的伊代亞和惡的伊代亞相對，善的伊代亞便很難包括惡的伊代亞了。論理的見地和倫理的見地的中間，免不掉相互的矛盾。如在前面所述的，最初柏拉圖純從論理上立論，說凡在有普通名詞的地方，全有伊代亞；但在目的論上，一立最高伊代亞，那就很難維持純論理的立腳點了。

想起說　伊代亞不能依感覺而認識，祇得由理性方能認識。然則，理性何以能認識伊代亞呢？柏拉圖說：這是因為吾人的靈魂本來就是具有伊代亞的。靈魂是位於感覺世界和超感覺世界的中間的。元來棲息於伊代亞的世界，是伊代亞界裏的一種實在體但墮落而入於現世界，同時又把過去的事忘卻了。所以伊代亞是靈魂所本有的。依理性而認識伊代亞，就是使他回想本有的伊代亞，並不是得着完全的新認識。認識，畢竟還是想起的。

思慕說　靈魂一旦把忘卻的伊代亞想起時就悟到流浪於影像世界的自身如夢，而起了慕戀伊代亞故鄉的深情，這就是柏拉圖的有名的『愛羅斯』說（思慕說）。所謂『愛羅斯，』就是說思慕之情的。使吾人脫離感覺世界，而復歸到伊代亞的世界的，就是『愛羅斯。』哲學就以這『愛羅斯』為基礎。人是有『愛羅斯』的，所以想進到伊代亞的世界。不單是人，一切個物，也都想慕伊代亞，以伊代亞為目的，想朝着這個方面前進。關於『愛羅斯』，柏拉圖在其『饗宴篇』內，說得很詳細。

自然哲學　若依柏拉圖，那麼眞認識的對象，單只有伊代亞，所以自然界中的眞認識是全不可能的。他不認自然哲學為有嚴密意味的學問，在他的對話篇『諦麻易奧斯』當中，曾拿很多譬喻，敍述他的臆說。

若照柏拉圖的世界創造說，那麼，宇宙就是造物主所作的東西。造物主取萬物的模型（伊代亞）和無定相的非有，最初就創造『世界的靈魂』世界的靈魂，位於伊代亞和非有的中間，而為萬物的秩序和條理的根本，及運動和生活的泉源。靈魂是先造地水火風四元素，造天體，造所有的萬物。世界的外圍，是恆星的天，而五遊星和太陽·月亮，都在他底下，一致的迴轉。那位於世界中央的球形的地球，為秩序和條理的根本的靈魂瀰漫於宇宙中所以世界才能圓滿的迴轉。地水火風四元素，都是平面的相重而成的，依其平面的形和大及相重的數，而生出四種區別。他說火是三角形的四面體，地是正方形的六面體，空氣是等邊三角形的八面體，水是等邊三角形的二十面體。庇塔高爾斯學派的影響，都很顯著的表現出來了。

倫理說　柏拉圖的倫理學，是以心理學爲基礎的。依他的說法，那麼人間的靈魂，元來是在伊代亞世界中，而來到現世的；所以常介在想起伊代亞的世界和思慕伊代亞世界的實有界與生滅界的中間。因而靈魂也有類於伊代亞的方面，和類於非有的方面的。在類於伊代亞的方面爲理性，而在類於非有的方面爲激性（上）和欲性（下）。柏拉圖的倫理說，一總都是胚胎於這心理說和人性論的。

解脫說　靈魂元來是從伊代亞世界來的，就他的本質說，本有和伊代亞相類似者。靈魂宿於肉體，猶如繫在牢獄一般。把這靈魂由牢獄裏解放出來，而使復歸於伊代亞的世界，就是人間的職分。柏拉圖在上述的解脫觀，與輪迴轉生和善惡報應的宗教觀相結合，說積惡業，和過醜陋生活者的靈魂，到來世必定要宿於更下等的肉體，過那更賤的生活；但在現世過善美的生活，到來世便脫離肉體的苦惱而得入於神的世界。

柏拉圖的解脫觀，帶着神祕的色彩，並有厭世的傾向；但他的倫理說，卻注重在爲希臘思想特質的積極方面。就是同時說明脫離吾人肉體的形骸，而求伊代亞的方面，和不棄肉體而使現出伊代亞於吾人生活的方面。現象世界，是實有世界的影像，所以在這世界中的最高善，就在明吾人本有的伊代亞。既明吾人本有的伊代亞，即可使吾人所享得的諸能力，完全爲調和的發達。

德論　柏拉圖繼承蘇格拉底的思想，以爲幸福就是依有德的生活而得的。照他說，所謂有德的生活，就是完全吾人的靈性，不是尋求快樂。全了靈性，就是把心的諸性能引導到知識方面去，而得以圓滿的活動。

柏拉圖依他的心理說，把人性分爲理性·激性·欲性三部分，前面已經述過的了；這些性能圓滿活動，便生出諸德。他說：理性的圓滿活動，就是知，激性的圓滿活動，就是勇，欲性的圓滿活動，就是節制；而在這些性能調和的圓滿處，生出正義之德。所謂希臘四主德，即(一)智慧，(二)勇氣，(三)節制，(四)正義。這四種德就是由柏拉圖以心理說爲基礎而爲系統的說明的。這樣的四主德，如同東洋的五常或四德，至後世，就把他們作爲西洋倫理學的主要德目看待。

人性 {
理性……(智慧)
激性……(勇氣)
欲性……(節制)
} (正義)

國家論　柏拉圖又以他的心理說爲基礎而論及國家。他以爲國家也和個人一樣，是有靈魂的，像個人的靈魂，分爲三部，而國家也和這個相當而分三階級。與理性相當的最上階級是治者，掌握立法權而統治國家。與激性相當的第二階級是文武官吏，司法律的實行，而保護國家安寧。與欲性相當的第三階級是人民，從事生產，以供給社會必要的物資。以上三種階級，各各需要特殊的德。治者的德是智慧，文武官吏的德是勇氣，人民的德是節制；而正義算是國民全體的德。因治者的德是智慧，所以眞正治者，不可不爲哲學家。

國家 { 治　者(與理性相當)……(智慧)
文武官吏(與激性相當)……(勇氣) } (正義)
人　民(與欲性相當)……(節制)

國家的目的，是想使組織國家的個人爲有德的生活。欲使個人爲有德的生活，就不能不使國家有德；因此便流露出來滿腔的熱誠，說那理想的國家。當時的希臘，已萌國運衰頹的預兆，國家的紀綱廢弛，國民的道德墜地，不禁發生慷慨的情詞。在柏拉圖的理想國家中，得爲治者的，必定要是哲學家，而個人單在爲組織國家的分子時纔有意味，他的自身，卻是一點價值都沒有的；所以不但不許財產私有，就連妻子也是不許私有的。故柏拉圖的理想國家，是行極端的貴族政體和極端的共產主義的。在理想的國家中又最注重教育，兒童生時，即使離開父母的家，而入國家學校受教育，爲使國家得到有用人才，故就是婦女的教育也不輕視。

第五節　阿可帶米學派(柏拉圖學派)

祖述柏拉圖學說的學者，總稱爲柏拉圖學派，或稱爲阿可帶米學派 (Academy, Akademie)。所謂阿可帶米學派，就是因柏拉圖教授弟子額謨那計溫的所在地阿可帶麻亞(亞典府郊外)而起的名字。

通常史家照例都是把阿可帶米學派分成古·中·新的；但也有把中·新併起來，而稱新阿可帶米學派，分成古·新二分的。

古阿可帶米學派 (The Old Academy) 是柏拉圖死後約百年的柏拉圖學派。古柏拉圖學派，單只把柏拉圖的自然哲學發展了幾分，而對於爲柏拉圖哲學的精神的伊代亞論和倫理說等僅僅繼承師說，毫無變更，或者幾乎把師說忽略了。柏拉圖死後，阿可帶米的學長爲古阿可帶米學派的中心人物的有柏拉圖的甥司坡細普斯(Spensippos)，枯塞訥克拉太 (Xenokratas)，朴來孟 (Polemon)，克郎導爾 (Krantor)，克拉太斯 (Krates) 等。至柏拉圖的弟子亞里士多德，又別成一大學派。

在以自然哲學研究爲思索主要部分的古阿可帶米學派中，也發現出兩種不同的潮流，一個以司坡細普斯爲代表，一個以枯塞訥克拉太爲代表。

司坡細普斯把柏拉圖所說的實有界和生滅界的關係，爲進步的說明，由完全的東西中生不出不完全的東西，不完全的東西卻能發達而成爲完全的東西。完全並不是不完全的原因，而是不完全的成就的極致。枯塞訥克拉太與司坡細普斯相反，以爲完全的東西漸次下降而至於不完全。由萬有的靈以至個個物體，這中間有幾多靈的存在。

柏拉圖的自然哲學，和庇塔高爾斯派的學說，依古阿可帶米學派而大行混合，而促着數學和天文學著著進步。

中阿可帶米學派的始祖，是次於克拉泰而爲阿可帶米學長的亞爾凱士勞 (Arkesilaos)，爲懷疑論的主倡者。迦爾拿岱 (Karneades) 是更次於此，而倡懷疑論的(參看後邊懷疑學派)。

新阿可帶米學派是臘黎薩的菲倫 (Philon)，亞斯迦倫的安提奧柯 (Antiochos) 主倡的。對於古阿可帶米學派懷疑論爲反動而復歸於獨斷論，又漸次傾向折衷說。一說迦爾拿岱是新阿可帶米學派的始祖。對於中阿可帶米學派，和新阿可帶米學派，俟後再爲詳述。

第六節　亞里士多德

亞里士多德（Aristotle, 384—322 B. C.）是希臘哲學的大成者。他的知力發達，他的學術造詣，在人類歷史當中，是精神界上稀見的大偉人。

他生於忒拉克亞一市府司塔額拉（希臘人殖民地）。他的父親尼古馬克斯，是馬基頓王亞梅因坦斯（腓立波的父親）的侍醫官。幼而喪父，受教育於他父親的朋友卜魯克塞訥氏。十七歲時，來亞典，入柏拉圖門下，師事二十年，學識嶄然露頭角。師死後，爲其他門人所嫉妬，因學友赫爾美亞的勸，和同窗枯塞訥克拉太一齊移居至赫爾美亞所轄地小亞細亞的阿泰爾訥易，但赫爾美亞陷於波斯人詭計而滅亡以後，又逃難於米游勒奈，而和赫爾美亞的養女四提亞斯結婚。三四二年時，被召於馬基頓王腓立波，爲太子亞歷山大（當時年十四）的師傅。受太子的尊敬很厚，前後凡七年，留於馬基頓；但腓立波崩，太子卽帝位，三三五年卽首途遠征，再歸亞典，就在劉開溫的基識那計溫開設學校。他常散步於劉開溫的樹林間爲講演，所以世人稱他的學派爲逍遙學派（卽伯里巴提克學派）。在亞典十三年，專致力於著述和教授；但到了三二三年亞歷山大帝死時，因他和馬基頓朝廷親密的原故，而招政治上的憎惡，所以他就避難於加爾克斯，第二年就在那裏逝世了。他既富裕，又受馬基頓朝廷的補助，所以得到購買書籍和蒐集動植物標本等以供研究的便宜。

亞里士多德的著述很多，而大部可分爲二種。第一種是爲一般讀者，以通俗的對話體寫的，而這種書現在已完全失傳了。今日所存的，就是第二種對於學生講演的草稿，當中也許有些是他門生所補的，但論述的體裁大略一致，而用語也都正確；和柏拉圖的對話篇完全異趣，而具備科學的著作的面目。其他類別蒐集的自然科學·歷史·文學等材料可稱爲類集的也很有些，但現在差不多都失傳了。

若把他現存的著作名稱揭出來，講論學術研究方法的，卽論理上的著作，有『範疇論』『解釋論』（論命題），『安那流以提前書』（論三段論法）『安那流以提後書』（論證明法）『論題（Topic）』（論蓋然的論證法）『哲人派駁論法』等。後世就把這個合稱爲『思辯法』（Organon）。在論實在原理的純理哲學（形而上學）中有『Metaphysics（形而上學）』十四卷現還存在。關於自然哲學的，有『物理論』『天體論』『生滅論』『氣象論』等。關於生物的，有『動物彙集』和可看作屬於此類的論動物各部分·生殖·行動等。在倫理學書中有『尼柯馬凱亞倫理學』『維代米亞倫理學』『大倫理學』等三種。尼柯馬凱亞倫理學，是他兒子尼柯馬考斯公布於世的，在這三種書中最有組織的，要算是尼柯馬考倫理學，這是史家的定論。其他還有關於政治學·心理學·修辭學·詩論等斷片著作殘留於世。

學說的體系　從以上所略記的著作上看來，可知亞里士多德學問的範圍，是很廣汎的，於古代所有的學問，都網羅殆盡。亞里士多德對於他自己哲學的組織，不曾有明確的說明。他把哲學上的問題分爲（一）關於倫理的，（二）關於物理的，（三）關於論理的三種；而把一切科學分爲（一）純知上的，（二）行爲上的，（三）製作上的三種。後面的分類，是多數學者爲說明亞里士多德哲學體系的方便而採用的。所謂純知上的，以眞爲對象，窮究事物的理，卽是窮理學。亞里士多德以爲形而上學（第一哲學）·數學·物理學（廣義的物理學，包含宇宙論·天文學·氣象學·動植物學·生理學·心理學等），等爲屬於這一類。所以純理哲學和自然哲學是含在這裏的。所謂實踐上的，就是以善或有用爲對象的，揭出吾人行爲的規範，卽是實踐哲學。他以爲倫理學，政治學，經濟學，爲屬於這一類；但他又把經濟學和修辭學同附屬於政治學。所謂製作上的，就是以美，特別是藝術上的製作，爲對象的，詩學·美學等，都包列其中。他不把論理學加入在科學分類之中。論理學是論科學研究的方法的，是科學研究的豫備，自身並不能稱爲科學。這就是他的論理學書所以得『奧爾迦農』(Organon)名稱的理由。故可以把論理學加入以上三大部門，說是亞里士多德哲學的體系。試列表如下：

亞里士多德的哲學體系
- 論理學
- 窮理學
  - 形而上學　}……（純理哲學）
  - 數學　　　}
  - 物理學
    - 宇宙論
    - 天文學
    - 氣象學
    - 動植物學
    - 生理學
    - 心理學
    - （自然哲學）

實踐學：倫理學、政治學、經濟學
美學

論理學　亞里士多德在愛勒亞學派·哲人派·蘇格拉底學徒中間，把已經表現萌芽的辯證法的原理加以整理，把論理學建設起來成爲一特殊的學科。今日所謂形式論理學就是淵源於亞里士多德所說的，主要之點，就是把他的研究原樣繼承下來的。然而也不能把他的論理學，和今日的形式論理學同一看待。他的論理學，不祇是究明思考的形式，並且是以學問研究方法的確定爲目的；就在論形式的地方，也常注意於認識上的價值。在亞里士多德的論理學中，是含着判斷論·推理論·論證論和其他事項的。因和形而上學有最密切的關係，所以不先通形而上學的大體，那就有很多的地方難於理解了。在本書中因不能詳述他的論理學，所以只就其中最重要的二三事項爲簡單的敍述。

論證　論理學是確定這科學研究的方法。研究科學的目的，是爲得到學理的知識，所謂學理的知識，就是把個物作爲學理的說明。所謂學理的說明，就是由普遍性論證個性。即是由事物的普遍性去思考，而明件件事情的所以然。故學問的根本形式，就在論證。所謂論證，就是由既定的立言（卽前提）而推出新立言的。亞里士多德稱這個爲「錫爾羅額斯謨」（三段論法）。（關於論理的形式的事項從略。）

歸納法　論證是以前提爲根據，而演繹出新立言的方法；而在立言之先，須先承認前提。前提卽原理，是不可論證的東西。在普遍性和個性的關係上，若謂由普遍性論證個性，那麼普遍性就是先於論理上的個性的。論證法中的原理，卽普遍性是不經證明而自確實嗎？不經證明而自確實的普遍原理，是如何存在的呢？亞里士多德就把這個歸到由感覺的直觀而生的抽象作用。吾人的知識，是由個物的直觀出發的。直觀個個事物，依抽象的作用而發見普遍性，更考索個個事物，而確定他的普遍性。依經驗而發見普遍的原理並確定這個原理的方法，就是亞里士多德的歸納法。直觀一切事物，到底是不可能的，所以歸納就是把事物的直觀與一般所承認的意見精細的比較推考。但像這樣所得的原理，還是沒有絕對的確實性的。絕對的確實原理，必定要依理性的直觀。亞里士多德以爲理性所認的原理，就是窮極的原理。因此便使辯證論與形而上學相結合。他承認理性爲人類最高的認識力。感覺是認識感覺的事物的，故理性是有認識普遍的原理的性質的。然若不依經驗來接觸個物，那麼理性就像白紙一般，所以依理性而認識普遍的原理，一定有直觀實物的必要。亞里士多德把普遍的原理歸於由感覺直觀所發的抽象作用說，和爲人類最高認識力的理性作用說結合起來，使他們一致，以調和那認識上的先天說和經驗說。

範疇說　亞里士多德以爲吾人在判斷或立言時，皆有必由的根本概念，計有（一）實體，（二）分量，（三）性質，（四）關係，（五）處所，（六）時間，（七）位置，（八）態度，（九）能動，（十）受動的十種；因稱這個爲『範疇』（Category, Kategorie）。例如說『雪是白的，』『雪』是實體，『白』是性質。說『櫻比梅更美，』這『更』字含有比較的意義，就是關係。範疇在近世哲學上占着很重要的地位。

形而上學　亞里士多德也和柏拉圖相同，以概念的認識爲眞的認識。然而柏拉圖以爲爲概念對象的伊代亞，完全和個物分離；而亞里士多德卻以爲伊代亞就在個物之中。若把伊代亞從現象界分離出去，那便不能說明現象界。這是他對於師說所下的這樣銳利的批評。若列舉他的要點，就是：(一)柏拉圖以爲個個物的類似，都是由於類似於同一伊代亞。然則個物和伊代亞的類似，就不能不依第三者而說明了。這樣一來，就要推而至於無窮了。(二)柏拉圖雖以伊代亞爲個物的原因，但伊代亞和元來現象界沒有何等關係，而別爲一世界，所以不能成爲現象界中個物的原因。(三)若說個物都分有伊代亞，但是和個物完全分離的伊代亞便沒有影響於個物的理由了。(四)若以伊代亞爲個物的本質，但是個物的本質，不能說是離開個物而存在的了。畢竟柏拉圖的伊代亞界，是把現象界分爲二重的，就是把在感覺界中所看見的東西引進別世界，而決定常住不變的實體。不能把個物的本性，看作是和個物分離的。故亞里士多德的根本思想，就是離開個物而去求實體，爲不可能。

實體　亞里士多德的形而上學，是以實體(Ousia)的觀念爲骨髓的。他是明明白白批評師說的，他說：實體離開個物是不存在的，祇存在於個物之中。那麼，實體和個物的關係，是怎麼樣呢？亞里士多德對於這個有兩種說明：在一方面，就像那以個物爲眞實體的中世唯名論者的解釋；在他方面，又說知覺對象的個物不是實體，乃以由概念所思維出來的普遍不易的本質爲實體。後者的解釋，大概就是亞里士多德的眞意。實體不是現於感覺的個物，也不是全然離卻個物的抽象的普遍，祇是隱藏概念的普遍的個物。換句話說：不是爲個物的個物，而是以發展概念的普遍性的個物爲實體的。

亞里士多德以爲實體和事物的個性是不相離的，同時和他的生成變化，也不相離。他解釋實體是在個物生成變化中間實現自己的；而個物不過是實體的自己發展罷了。

運動的原因　亞里士多德名個物的生成變化爲運動而舉四種運動成立的原因，即（一）質料因（Causa materialis）（二）形相因（Causa formalis）（三）動力因（Causa efficiens）（四）目的因或究竟因（Causa finalis）。

試舉彫塑或房屋等的製作物爲例：（一）質料如石材·木材之類；（二）形相是製作家腦中所想的可造物的觀念，如設計意匠等；（三）動力如左右質料的手·腕·工具等；（四）目的是把石材·木材製爲彫刻或房屋，就是使可能的東西化爲實現的東西。不單是製作物，自然物的運動也是相同的。然而前列四原因，在思想方面因爲是屬於抽象的，除去質料因，而其他三者，實在都是歸於一的。建築家在建築的時候，由他腦中所描出的房屋的觀念（形相因），使他神經和筋肉動作（動力因），因而把木材製成房屋（目的因）。然則事物的運動，就說是依（一）質料因，（二）形相因的二原因而行的，也無不可了。質料向形相進行就是運動。由運動而現出實體，故所謂實體的實現，就是個物的質料向形相而進行。

形相和質料　亞里士多德所說的形相和質料，和柏拉圖的伊代亞與非有相當。但柏拉圖的伊代亞，是離開個物而存在的，而亞里士多德的形相，是在個物內的；柏拉圖的非有，是絕對虛無的，而亞里士多德的質料，卻是未有。若依亞里士多德說，那麼個物就是形相和質料的結合。雖說是結合，也不是把已分離的東西結合起來，不過是對於同一物從兩方面下考察罷了。形相是現實狀態的實體，而質料是未開狀態的實體。形相是發展完成的現勢態，而質料是將為形相並且得為形相的潛勢態。就植物說，種子對於成長的樹木說，是質料，成長的樹木，對於種子說，是形相。

亞里士多德的運動說，是把愛勒亞學派的學說，和赫拉克里托斯的學說，精妙的綜合起來。拿愛勒亞學派的有，放進赫拉克里托斯生成變化的世界之內；又欲以實體發展的觀念，脫離柏拉圖的伊代亞和非有，常住界和生滅界的二元論。但他終沒有脫出二元論。

他以為形相和質料是不能離開的，不過是把一物從兩方面考察罷了；但形相和質料在個物上有對立的關係，就是一為能動者，一為受動者，而對立的。從人工的製作物看來，原料在受動的地位，製作家的意匠，卻在能動的地位。一方必被動於他方，而製作品方能生出，所以一元的思想是不易成立的。

亞里士多德又把形相和質料的關係，適用於一切事物，就在個物和個物中間，也有形相和質料的關係。如此類推下去，萬有是由最下者到於最上者為止，漸次成形相和質料的關係的順序。最下級的東西，對於任何物，也為無形相的純粹質料，最高級的東西，對於任何物也不能不為無質料的純粹形相。亞里士多德就名這純粹質料，為第一質料；名這純粹形相，為第一形相。第一質料，是純粹的潛勢，是純粹可能態，純粹的物質。當可能態成為現實的時候，必定要享受幾分形相。故無形相的純粹質料，總不能成為現實的事物。第一形相，是絲毫不含質料的純粹形相。亞里士多德想證明純粹形相的存在，他說：「可能的東西當要成為現實的時候，必定要豫想到先此已經有現實的某東西存在。當萬物的生成變動時，必定要豫想到有更先有現勢的某東西。這個東西，在萬物的變動之先，而爲一切發展原因的純粹形相。』在承認純粹形相存在的一點上，他的話，不能不說是最顯明的二元論。

神　亞里士多德又稱純粹形相爲神。因神是最高級的形相，所以是一切運動的原因。然而運動不可不在形相以外而有質料。純粹形相的神，是不能自行運動的，是『不動的原動者。』自己不動所以能動他者，因爲他是一切事物的思慕希求的理想。如藝術或自然的美能動吾人的心，也是這樣。因爲神是純粹形相，所以就是非物質的·無形體的心靈（奴司）。因爲眞知的對象是實體，所以神的認識對象，就不能外於神的自身。神的思考，是純粹的自觀。神是圓滿自足的，因爲是純粹的形相，所以沒有在此以上的目的；因爲脫離一切欲求，所以一無所爲，而過着圓滿的幸福的生活。總而言之，亞里士多德的神，是非物質的，而爲物質界的運動原因；超越世界，而爲世界的目的。在這一點上具有柏拉圖伊代亞的特性，可是祗有精神的一點不同。然而亞里士多德的神，是沒有意志的，所以不是人格的神，是超越的神。他的哲學所以被中世紀基督教神學的歡迎，就因爲他以論證法說明神的存在。

宇宙論　亞里士多德對於自然界的敍述說：實體以神爲究極目的，向實現形相而行，所以自然界就是從目的而運動的一團體。運動有三種區別，即是（一）處所的運動（機械的運動即狹義的運動）（二）性質的變化（化學的變化）（三）分量的增減（有機體的生成）。三種運動爲形相與質料的關係，而處所的變動在最下位，性質的變化，較次於此，分量的增減，在最上位。狹義的運動是：（一）圓形運動和（二）直線運動。圓形運動，是有連續·無限·齊一性的完全運動；而直線運動，是缺乏恆常·齊一性的不完全運動。

亞里士多德以爲宇宙是最善體現神的圓滿性的球形，他承認天和地：天是由以太而成的圓形運動的所在，及圓滿恆常的住家；而地是由地·水·火·風四元素而成的直線運動的所在，及不圓滿和無常的境界。他在分開天地兩界的地方，是承認庇塔高爾斯和柏拉圖的影響的。地在宇宙的中心，四周有附着於日·月·五遊星·恆星的幾多球層，圍着迴轉。恆星所附着的球層，在宇宙的外圍，是直接依神而活動的。亞里士多德的宇宙論，就是說以地球爲中心的幾多球迴轉的球層說。

在地上四元素（地·水·火·風）中，有相反的兩個運動的傾向。地以向地心運動的向心的元素而重，火以離地心的遠心的元素而輕，水和風在他們的中間，水比較的近於地，風比較的近於火。所以地是位於世界的最中心的，水·空氣·火都依次圍繞着牠。四元素又依寒暖和乾溼的結合而生出性質上的差別。火是暖而乾，氣是暖而溼，水是寒而溼，地是寒而乾的。個物多是由一切元素的混合而成的，並不是由一元素而成的。

生理說　自然界就是做目的活動的團體。目的活動，雖在無機物，也能現其端緒；但在生物，就尤加顯著了。生物所以和無機物不同，就因爲他有靈魂。靈魂感動構成肉體的物質，而與以定形和統一的形相。靈魂有等級，最下等的靈魂，是植物的靈魂。單有營養和繁殖的作用；其次就是動物的靈魂，在植物靈魂外，另增加感覺和欲求的作用；其中有一部分，有保留感覺的記憶作用，及選擇好惡的意志活動。最高等人類，又在動植物靈魂作用以外，加以理性。三種靈魂演出形相與質料的關係，下等者是高等者的地盤，高等者是下等者的目的。靈魂完全是非形體的，但和他活動之可能體的肉體相結合，若離卻形體，就不能自主獨立了。凡無足不能行，故無身體者自不能有欲求和感覺可以存在。亞里士多德定靈魂的所在，爲『浦挪義麻，』浦挪義麻是以在血液中爲主的卽爲靈魂之主的器官就是心臟。

心理說　吾人有人類靈魂，人類靈魂，是吾人身體的形相，是活動身體的動力。人類靈魂，和動物靈魂，並不是種類不同，不過是程度不同罷了。動物靈魂的根本作用，就是感覺。感覺是由特殊的感官，應特殊的刺戟，而知覺特殊的性質而生的。把依特殊感官所生的個個感覺統合起來，成爲完全知覺而觀察諸感官所共有的事物關係（如數及運動狀態等）的中央器官；亞里士多德稱他爲共通知覺官，他的地位，在心臟之間。共通知覺官，不但知覺外物，並能知覺那知覺的活動，或到外物的刺戟去後，尙留其痕跡，認爲想念（Vorstellung）而保存着。想念是概念構成的基本。動物靈魂的根本作用，有感覺並有欲求。欲求與快·不快相結合，某觀念在適宜於我的目的時，就生快感而求他，在不適宜於我的目的時，就生不快之感而避他。如理性加於想念就成知識，加於欲求就成意志。

人類靈魂所特具有的，就是理性。亞里士多德區別理性爲(一)受動的理性，(二)能動的理性的二種。但能動的理性這個名詞，是後世亞里士多德學徒加上的，在他自身，單叫這個爲能動者。受動的理性，是不能和肉體相離的，就是那有關係於感覺機關的知覺·想念等理論的作用；能動的理性，和身體全無關係，是由外而來的純粹思維的作用。因爲理性是純非物質的而不是結合於肉體的，肉體雖死，卻有不死的永恆不滅的神性。但吾人還沒有完全實現，正在漸次開展，所以就不能不肯定質料的存在。這就是亞里士多德承認受動的理性的理由。能動的理性，是善直觀事物的本質的，而受動的理性，單不過是喚起能動理性的直觀的因緣罷了。他因此就以受動的理性爲資料，完全脫離肉體的能動的理性，是由外來的話，究竟他的意味，是由何處來的呢？徵諸他現在所存的著述，是很不易知的。然而他是以能動的理性爲純粹形相或者是純粹思考的，所以能動的理性可看作和神相等，而吾人的靈魂，可看作一時把這個分有的，照這樣解釋，大致倒很妥當。

倫理說　亞里士多德的倫理說，是他的形而上學說和心理說的論理的歸結。依他的說法，就是：萬有都是抱有目的而活動的，所以人類的行爲，也不可沒有目的。人類的行爲，個個都是有一定目的的，這個個行爲的目的，就依終極的大目的而歸於統一。他的終極目的，卽是至善；研究這是倫理學的任務。

至善論　亞里士多德是以人生的究竟目的卽至善爲幸福的。所謂幸福，是什麼東西呢？就是由善的活動而生的滿足。所謂善的活動，就是調和的活動；所謂調和的活動，就是把人性中所具有的能性實現出來。萬有的目的，就在潛在的可能性的現勢化。把人性固有的能性實現出來，乃是人生的究竟目的（卽至善），這是從他形而上學說上引出的當然歸結。所謂實現人性的能性，是怎麼樣的事情呢？關於這一點，亞里士多德的話，也覺得不大一定。就是他一方面以人性是具有植物性·動物性·理性的；卽以爲人性是倂具有獸性和神性的。道德是單在兼用獸性和神性的地方存在的，在動物是沒有道德的，因爲缺乏神性；在神也是沒有道德的，因爲缺乏獸性。道德單是人性中特有的。發揮人性固有的能性，並不是單使獸性發達，也不是單置重神性，而使人類爲神的，這就是兩性調和的擴充。在他方面又以爲人性中所特有的是理性；理性對於其他諸性能當占着指導者的地位，使其他諸性能服從理性而動作，乃是調和的活動。含這類意味的調和的運動，可以說是合理的活動。至於服從理性而活動，卽以理性的生活爲人生目的，凡關於這一點，亞里士多德的至善論，雖然很接近於解脫觀，但不像柏拉圖那樣，求之於理想，祇想居在現世中以解脫現世的。他論快樂時說：『快樂一物，並不是目的，是跟着調和的活動的結果而自然發生的。』總而言之，隨從理性使諸性能爲適宜的活動，和與此相依而來的快樂，就是亞里士多德至善的內容。

德論　依亞里士多德所說，人生的究竟目的，在得到幸福；而得到幸福的途程，就是順從理性，使人類諸性能得爲調和的發揮。隨理性的活動而生的習慣，亞里士多德就稱他爲德。

理性可爲兩樣的活動：一是眞理的認識，一是情欲的制御。德因此便分爲(一)知德，(二)行德二種。知德是跟隨理性的正當活動而來的德，更分爲(一)實踐的知德，(二)窮理的知德二種。實踐的知德，是關於實行問題的理性的活動；窮理的知德(知慧)，是跟隨純粹理性活動而來的德。

行德是在制御情欲的地方所生的德。情欲是很易走入極端的；理性在正當指導情欲時，生出無過不及的中庸習慣，卽是行德。所以德是中庸，是習慣。亞里士多德把德目揭而爲勇氣·節制·宏量·優雅·溫和·信實·機智等。勇氣是畏葸和粗暴的中庸，節制是過食和禁食的中庸，宏量是奢侈和吝嗇的中庸，優雅是卑劣和傲慢的中庸，溫和是性急和無神經的中庸，信實是踞傲和僞謙的中庸，機智是野鄙和滑稽的中庸。亞里士多德所說的德，可列表如左：

知德
- 實踐的知德
- 窮理的知德

德

- 行德
  - 勇氣（畏葸和粗暴的中庸）
  - 節制（過食和禁食的中庸）
  - 宏量（奢侈和吝嗇的中庸）
  - 優雅（卑劣和傲慢的中庸）
  - 溫和（性急和無神經的中庸）
  - 信實（踞傲和僞謙的中庸）
  - 機智（野鄙和滑稽的中庸）

亞里士多德把德看作理性活動的習慣，就是以哲人派的主意說來補充蘇格拉底的知行合一說；且在以中庸爲德的一點上很和孔子的學說相似。

亞里士多德在德的中間，也認爲是有差別的，知德較重於行德，而窮理的知德，更較實踐的知德爲重。人是依智慧（窮理的知德）而分有神的圓滿性的。他在討論形而上學時，說形相和質料的不離，同時又說純粹形相的存在；在討論心理說時說靈和肉的不離，同時又說離肉體的能動的理性；在討論倫理說時，既說神獸兩性的調和的活動，可是又與神性活動以最高的價值（參考哲學大辭書朝永博士說）。

政治說　人類是社會的動物，先自然造成家族，次村落，再次才造成國家。社會之最完全的是國家，而國家自身就是最高善的實現。國家的目的就在訓練國民的道德。亞里士多德和柏拉圖相同，都說：離開國家而道德就不存在，是把國家看爲倫理的與目的論的而提倡國家主義。但不同柏拉圖一樣，主張極端的團體本位主義，祇在和個人自由活動不相牴觸的範圍內，承認團體的權能。柏拉圖所說的是一種理想的國家，他以爲一切國家都可以他的理想國爲準則。但亞里士多德卻把現存的國家拿來比較研究，而分國家的政體爲(一)君主政體，(二)貴族政體，(三)民主政體三種。因風俗·人情·境遇·時代的不同，而政體也有適和不適的差別；單有一種國家，是不能適用於一切國一切時及一切事情的。一個優秀人物出世時，以君主政體爲宜；少數階級，比一般國民卓越時，以貴族政體爲宜而國民知識發達時，又以民主政體爲宜。他說君主政體要是腐敗了，就成專制政治；貴族政體要是腐敗了，就成寡頭政體；共和政體要是腐敗了，就成愚民政治。

藝術論　吾人是有模倣性的，是歡喜模倣的，是見模倣的事件而喜的。美術是由吾人模倣性而生的東西，雖然是不能惹起興味的實物，若一成了美術品，那就使人歡喜了。美術依模倣的方法，生出彫刻·繪畫·音樂·詩歌等類；這是亞里士多德的美術論。他又列舉美術的三要素，爲(一)適當的大，(二)區域的限定，(三)部分的統一關聯。詩之表現事物的眞相，比歷史爲優。詩有上品和下品之分別。敍事詩和悲劇，是上品的，而嘲罵的詩及喜劇，是下品的。他論劇詩的目的，說：喜劇單不過能使觀者嬉笑罷了；可是悲劇，却能引起恐怖和同情，并能洗滌去那種激烈的情感，他爲那有名的淨我說，對於後世學者間，曾提出美學上的問題。亞里士多德在古代學者中，是爲最豐富的美術論的，但他所說的，還沒有構成美學的體系。

和柏拉圖的比較　在以上已簡單的述了亞里士多德的學說大略，最後再把他和柏拉圖的異同概括的比較一下。

亞里士多德師事柏拉圖多年，既繼承師說，又同時下嚴密的批評，指摘他的缺點，使他自己的學說充量發展。所以他的學說和柏拉圖有共通點，同時也有完全相異的部分。

亞里士多德的思想，和柏拉圖的思想的類似點：第一認定概念的認識的可能；第二以目的論解世界，而倡發展說和完成說；第三揭出至善，而說可以達到至善的道路；第四把德解作心理的；第五倡導國家主義。

他兩人的異點：第一思想的傾向不同，亞里士多德是學究的，反過來柏拉圖是詩人的。第二研究的方法不同，亞里士多德重歸納法，而柏拉圖多依演繹法。第三學說不同，舉其主要的二三點：柏拉圖以爲伊代亞完全和個物相離，而亞里士多德以爲實體內藏於個物之中；柏拉圖區別實有界和生滅界，而說明二元的世界；亞里士多德卻依形相和質料之發展的解釋，爲一元的說明（實際不能脫二元已如前述。）再關於國家主義的提倡，他兩人雖然相等，但亞里士多德不像柏拉圖那樣極端傾向團體主義和共產主義，卻尙承認個人的自由等等。

第七節　亞里士多德學派

伯里巴提克學派　亞里士多德歿後，在他創設的瀏開溫的基讓拿計溫，所有繼承或研究師說的學徒，名爲『伯里巴提克學派』或『瀏開溫學派。』伯里巴提克學派（卽逍遙學派）的名稱已在前面第六節述過，玆不複述。若列舉屬於這派的有名的學者，有條夫臘斯托（Theophrastos），維代謨斯（Eudemos），司托拉頓(Straton)、笛凱爾考斯（Dikaiarchos），亞里士多克塞訥（Aristoxenos）等。

條夫職斯托（About +288 B. C.）對於植物學的研究，維代謨斯對於數學和星學的研究，都有不朽的功績。亞里士多克塞訥依亞里士多德的歸納法使庇塔高爾斯學派的音樂理論充分發展。笛凱爾考斯排斥能動的理性，以爲靈魂總是受動的理性，不離肉體；司托拉頓否定超越神的存在，既討論沒有完全無質料的純粹形相，又同時把他的師說變成徹底的一元論。在前一世紀時，安德魯尼柯（Andronikos）已經做過註釋書，所以這學派就以註釋爲唯一的事業；至第二世紀末，又出了著名的註釋家亞歷山大（Alexandoros）。

亞里士多德哲學的影響　亞里士多德哲學，在世界學術界中有很偉大的影響。後世繼承亞里士多德哲學而起的學徒，是非常多的。從紀元後第九世紀至第十二世紀中間，又在謨罕默德教徒和西班牙的猶太人中生出了很多的學徒。他承認超越的一神的哲學，對於謨罕默德的教理，有適合的地方。在謨罕默德教徒中的亞里士多德的哲學家有伊本・錫那（Ibn Sina）即愛威因那（Avicenna, 980－1038），伊本・魯西德（Ibn Roshd）即愛威盧士（Averroës, 1126－1198）等。前者生於鮑克哈拉，爲東方亞里士多德學者的代表，後者生於高爾杜窪，爲西方亞里士多德學者的代表。在猶太人中的亞里士多德學者，以毛塞・板・瑪易門（Mosesi Ben Maiman）即瑪易毛尼代（Maimonides, 1135－1204）爲巨擘。

在第十三世紀以後，就被認爲教會的正統的哲學，所以第二期的經院學派（Scholastic），很多是亞里士多德哲學的繼承者。然而彼等強以亞氏爲適合教會教義的學者，所以去眞亞里士多德很遠。至再生時代，即文藝復興時代，直接研究亞里士多德的著作，反對亞里士多德正統的學徒的，相繼而出。這個對於正統伯里巴提克學派，而稱爲自由的伯里巴提克學派。在自由派當中，又分爲愛威廬士的神學的解釋者，和亞歷山大的自然論的解釋者二派。前者的代表爲愛錫黎奴(Achillinus)，卽亞力桑德·愛錫黎尼(Alessandro Achillini, 1463—1512)，和亞威古提奴·尼夫斯(Augustinus Niphus)卽愛格斯廷·尼甫(Agostino Nifo, 1473—1546)；後者的代表爲派托爾·坡那提吳士(Petrus Pomponatius)，卽皮愛托魯·坡坡那士(Pietor Pomponazzi, 1462—1524)。還有其他有名的亞里士多德哲學家，也很不少。

對於東洋亞里士多德學派，經院哲學家中的亞里士多德學派，文藝復興時代的亞里士多德學派，俟在後面再述。現爲便於知道亞里士多德思想的影響起見，把他的大要揭出來。

附組成時代的希臘思想(約表)

- 哲人派
  - 意義……就是學者或博識家……是折衷補綴從來的知識，受報酬而教授的一團學徒。
  - 學者
    - 溥羅塔高拉…………認定普遍的認識，以人爲萬物的尺度。
    - 高而哀……懷疑說
      1. 任何物皆無。
      2. 雖有物，而吾人也不能知得。
      3. 雖能知物，也不能傳於他人。
    - 蒲羅地柯
    - 細芷亞斯

- 功罪
  - 弊害
    - 1. 末派的學徒，徒逞破壞的傾向。
    - 2. 墜落道德的權威。
  - 功績
    - 1. 挽回垂窮的希臘思想。
    - 2. 結果引起道德論知識論的研究，而言語·修辭·論理·心理等科，也漸次獨立。

- 蘇格拉底
  - 認識論
    - 認識可能論：不變不易的認識，是可能的（反對哲人派）。
    - 認識方法：知自己無知，而共同探索。對話法（伊羅尼產婆術）。
  - 倫理說
    - 特色
      - 1. 給與希臘從來常識的倫理說以學問的體系。
      - 2. 示以當從理性要求的眞道德率，而反抗不完全的習慣道德。
      - 3. 承認道德的判斷存有普遍妥當性。
    - 知德相關說：眞知所存處沒有不德，不德是由無知生出的。
    - 至善論：善是一切行爲的標準，因把善統一調整起來（善的內容不明）。
    - 國法：有遵守的義務。
  - 學派
    - 邁加拉學派（維克拉戴）＝研究論理的方面。
    - 基尼克學派（安笛斯太尉）＝以至善爲理性生活而倡禁欲說。
    - 基來奈學派（亞里斯提溥）＝以至善爲快樂，而倡快樂說（肉體的快樂，現在的快樂）。

- 愛里斯學派（斐頓）…………
- 愛勒托利亞學派（邁耐珖瑁斯）
  - 詳細不明
- 柏拉圖
  - 辯證法（得概念的知識的方法）
    - 認識論…認識
      - 感覺的認識（依感官而爲認識）非眞認識
      - 概念的認識（依理知而爲認識）眞認識…方法
        - 歸納法
        - 分類法
    - 伊代亞論
      - 伊代亞…概念的認識（眞知）對象
      - 二種世界
        - 實有界（伊代亞世界）常住不滅…用理性認識…起念…思慕
        - 生滅界（感覺世界）變化流轉…用感覺認識
      - 目的論的說明
        - 世界的目的＝伊代亞
        - 伊代亞的目的＝善的伊代亞（統一的中心）
  - 自然哲學（非嚴重意味的學問）
    - 世界創造…世界的靈魂（秩序條理的根本 運動生活的泉源）…四元素（地水火風）…天體萬物
    - 四元素（平面之相重而成者）
      - 地…正方形的六面體
      - 水…等邊三角形的二十面體
      - 火…三角形的四面體
      - 風…等邊三角形的八面體

柏拉圖

- 倫理說
  - 倫理說的基礎
    - 心理說
    - 人性論
      - 靈魂（由伊代亞來的思慕伊代亞而不止）＝
        - 和伊代亞結合…理性
        - 和肉體結合
          - 激性
          - 欲性
  - 解脫說
    - 意義…以靈魂復歸於伊代亞界
    - 方法…禁絕欲望＝理性的生活
  - 德論
    - 有德生活＝幸福（完全靈性並非是求快樂）＝（引導心的諸性能使他知見而為圓滿的活動）
    - 德
      - 知慧（理性）
      - 勇氣（激性）
      - 節制（欲性）
      - ……正義
  - 國家論＝國家主義（理想的國家）……三階級
    - 治者（理性）……智慧
    - 文武官吏（激性）…勇氣
    - 人民（欲性）……節制
    - ……正義
- 古阿可帶米學派（繼承師說而發展自然哲學說）
  - 司坡細普斯
  - 枯塞訥克拉太
  - 朴來孟
  - 克郎導爾
  - 克拉太斯

- 學派
  - 中阿可帶米學派（傾向懷疑論）
    - 亞爾凱士勞
    - 迦爾拿俗
  - 新阿可帶米學派（傾向折衷論獨斷論）
    - 斐倫
    - 安提奧柯

- 論理學
  - 論證＝（由普遍論證個性由既定立言論出新立言）＝錫爾羅額斯謨（三段論法）＝（學問根本形式）
  - 歸納＝（依經驗發表普遍的原理且使他確定）＝
    - 1. 由感覺的直觀生出的抽象作用
    - 2. 爲人類最高認識力之理性的作用
    - 結合
  - 範疇＝（在判斷或立言時必當遵由的根本概念）＝
    - 1. 實體
    - 2. 分量
    - 3. 性質
    - 4. 關係
    - 5. 場所
    - 6. 時間
    - 7. 位置
    - 8. 態度
    - 9. 能動
    - 10. 受動

- 形而上學
  - 實體（形而上學的根本思想）＝在個物之中（和柏拉圖之異點）＝兩樣解釋
    - 1. 個物是實體
    - 2. 以概念爲思維的不變不易的本質
  - 運動（個物的生成變化）＝四因
    - 質料因……質料
    - 形相因、動力因、究竟因……形相

- 形相和質料
  - 形相…現勢（愛奈爾迦亞）發展的完成（如柏拉圖的伊代亞不離個物）
  - 質料…潛勢（坎拿米斯）發展的質地…（如柏拉圖的非有非絕對虛無）
  - 發展的解釋
    - 純粹形相（第一形相）＝神（圓滿自足）
    - 純粹質料（第一資料）＝物質

- 窮理學
  - 數學
  - 物理學
    - 天文學
      - 宇宙論…宇宙＝球形（以神的圓滿性爲體現的）
        - 天…以太…球形運動…圓滿恆常
        - 地…四元素（地水火風）…直線運動…不圓滿無常
    - 氣象學
    - 動植物學
    - 生理學…生物＝有靈魂（和無機物不同）…三段法
      - 植物靈魂（營養繁殖）
      - 動物靈魂（感覺欲求）此外併有植物靈魂的二作用
      - 人類靈魂＝理性…此外有動植物靈魂的各作用

- 心理學＝人類靈魂
  - 營養及繁殖
  - 感覺＝（特殊感官應特殊刺激而知覺特殊性質）＝總合＝中央器官＝想念＝概念
  - 欲求＝和快不快結合
  - 理性
    - 受動的理性（和肉體不離的）＝能動理性是直觀的因緣
    - 能動的理性（和肉體無關係的純粹思維作用）＝直觀事物本性

- 實踐學
  - 倫理學
    - 倫理學的目的＝至善研究
    - 至善＝幸福（隨善良活動而來的滿足）
      - 1. 能性發現
      - 2. 理性的生活
    - 德（隨理性活動而生的習慣）
      - 知德（隨理性正當活動而來的德）
        - 實踐的知德（關於實行的理性活動的）
        - 窮理的知德（純粹的理性的活動）
      - 行德（理性節制情欲時所生的德）＝無過不及的中庸習慣
  - 政治學＝國家主義（不似柏拉圖的極端團體本位主義）
    - 國家＝以訓練國民道德爲目的（自身是最高善的表現）
    - 政體
      - 君主政體
      - 貴族政體
      - 民主政體
  - 經濟學

- 美學
  - 美術＝依吾人模倣性而生
  - 美的三要素
    1. 適當的大
    2. 區域的限定
    3. 部分的統一
  - 詩
    - 上品
      1. 敍事詩
      2. 悲劇＝引起恐怖和同情而洗滌激情（淨我）
    - 下品
      1. 嘲罵詩
      2. 喜劇＝單使觀者嬉笑
- 學派
  - 伯里巴提克學派
    - 條夫臘斯托
    - 司托拉頓
    - 笛凱爾考斯
    - 亞里士多克塞訥
  - 東洋亞里士多德學派
    - 謨罕默德
      - 東方亞里士多德學派……愛威因那
      - 西方亞里士多德學派……愛威盧士
    - 猶太派……瑪易毛尼代

- 經院哲學中的亞里士多德學派＝第二期經院哲學家
- 文藝復興時代的亞里士多德學派
  - 神學的解釋派
    - 亞力桑德・愛錫黎尼
    - 愛威古提奴・尼夫斯
  - 自然論的解釋派…皮愛托魯・坡那士

第四章　倫理時代

因亞歷山大帝的征討，而希臘市府，失卻政治上的獨立，不得不服從馬基頓的權力。所以希臘哲學方在達到進步絕頂的亞里士多德時代，而希臘的政治已經是傾於衰頹了。政治上的變動，在希臘國民思想上，發生很顯著的影響。從來希臘各市民，都是以參與政治為最有名譽，但一旦失卻政治上的獨立，那樣的思想，就根本的破壞了，同時感到人生的不足恃，去尋求安心立命的境界。在哲學上興味的中心也從理論的研究，移動到實踐道德問題的方面去了。實踐道德的研究，成為哲學的中心，稱亞里士多德死後的希臘思想界為倫理時代，就因為這時的思想界多傾向於個人的安心立命方面。馬基頓的征服，既把希臘國民的思想轉換了，同時又開了廣布希臘文化於四方的端緒。其後羅馬帝國統一，同時希臘文物又傳入羅馬，因成了歐洲近世文明的淵源。

在倫理時代的主要學派：(一)是司托亞學派，(二)是愛辟克魯斯學派，(三)是懷疑派。此外有繼承柏拉圖的古阿可帶米學派，繼承亞里士多德的伯里巴提克學派，並有和這些學派相接觸相調和的折衷學派，但都沒有代表思想潮流的勢力。

第一節　司托亞學派

司托亞學派的創立者，是柔諾(Zenon, 342–270 B. C.)。柔諾生於居伯羅(Kypros)島的克提溫，受教於基尼克學派的克拉代斯，邁加拉學派的司提爾鵬，阿可帶米學派的朴來孟。因他到亞典在司托亞·伯克來(彩色堂意義)開辦學校，所以就稱爲司托亞學派(Stoics)。繼柔諾而主宰此學派的克來安蒂(Kleanthes)，在品行堅固的一點上，很受時人的尊敬，但在學問上，不過是墨守師說罷了。至再次的學長克里西圃(Chrysippos, 281–208 B. C.)時，成爲當時學界的一大勢力。其後因帕那導(Panaitios, 185–110 B. C.)和坡斯道紐(Poseidonios, 135–50 B. C.)的力量，而司托亞哲學，又傳入於羅馬。坡斯道紐(基開魯的老師)想把司托亞哲學和柏拉圖及亞里士多德哲學調和起來。到了帝政時代的司托亞哲學，既已通俗化，而同時又變成宗教的；又有塞內加(Seneca)耶卑克丟(Epiktetos)馬爾克斯·奧威勒劉帝(Marcus Aurelius Antonius)等很多有名的學者相繼而起。若把這個時期區分開，可以分爲：(一)以柔諾創始時代爲第一期，(二)以克里西圃以後弘布時代爲第二期，(三)以帕那導以後爲羅馬時代。司托亞哲學，是由很多人們在長年月間大成了的，所以其學說往往因人因時而異。

司托亞學徒照當時最廣行的分類，可把該哲學分爲：(一)論理學，(二)物理學，(三)倫理學三科。其中以倫理學爲主眼，其他二科，可以作爲倫理學的基礎看待。司托亞學徒，不過以知識爲幸福的手段，並不是以他爲目的。

論理學　司托亞學派的認識論，在大體上，是經驗說和感覺說，而和柏拉圖的認識論，完全異趣。他說：吾人的知識，是由感官知覺個物而成立的。生於吾人心中的，不過都是外物的印象。感官的知覺遺留下來，便爲記憶，爲經驗；至以經驗爲基而行推論，纔有遍通的觀念成立。在這種觀念當中，一切人都必具有本然的概念。本然的概念，是知識上尤其是道德上所不可動的根據。總而言之，吾人的知識，是依外界的印象而成的，所以觀念是眞是妄，就像光的自明，不待其他證明的。即眞理的究竟標準，是主觀的自明的。

物理學　司托亞學派的物理論，是心物不分的一元論。實在一方面爲物質，同時一方面又爲精神。他說：『實在就是物體。所謂人類的靈魂，事物的性質，都沒有不是同一的物體的。然而物體自身，是沒有性質的。性質是由動於其中的力而生的。而世界上所有一切的力，都是淵源於唯一理性的原力「羅高斯」的。』因而司托亞學派便以這種理性的原力爲神，而從唯物的原理，主張神的物質性，汲赫拉克里托斯之流，而以火充之。火是根本的物質，又是根本的精神，是有靈妙的活動，生成萬物，支配萬物的道；是世界的靈魂；是理性。世界有秩序·目的·調和，就是由於火的活動。萬物是由火而成的，終亦成火而滅，這就是世界的終極。但世界雖然一度毀滅，而從神火的支配，更成立新世界，而循環不止。這就是所謂萬有神教。羅加斯說：『司托亞學派，在物理學上，陷入奇異的矛盾。在一方面，主張實在雖聯精神，也悉爲物質；而在他方面，同時又相信有世界的精神(即神靈)給元氣於物質，使在物質內起那非物質所固有的運動，所以神和無形物質，同存在於上下反對的兩極端，而成爲事物終極的根柢。司托亞學派，是想除去有神論和唯物論中間的矛盾，主張所謂神的存在物，存在於物質各份子的中間，而採用一種汎神論。』(見

倫理學小史）

倫理學　司托亞學派的倫理學說，是根據他的物理論的。依司托亞學派的說法，萬物是由火（和神或理性相同）而成的。人類也是這樣的。人類的靈魂，是宇宙神火的一部分。所謂生成和支配宇宙的神的理法觀念，就是司托亞哲學的根本思想。

自然的生活　司托亞學派揭出『順從自然而生活』為人生的目的，就是以自然的生活為至善。自然是什麼東西呢？就是神，就是理性。理性是充滿宇宙的道，同時又是含在吾人性中的法則。從性就是從理性，就是從那充滿於宇宙的道。在率性就是從天命的一點上，不得不認為和中庸所謂『天命之謂性，率性之謂道，修道之謂教』的意味相同。又在以理性生活為至善的合理主義上，又和基尼克學派同屬於一系統；但基尼克派，在禁欲的．消極的方面誇張，反之司托亞學派在敍述積極的方面，即嚴肅生活的結果的福跡。

解脫觀　司托亞學派認物欲的存在，使他與理性相對立，提倡以理性制物欲之說。物欲是反乎人性的自然，是使人敢於為惡的心病。若是物欲心一動，理性就不得不把他壓伏下。依理性的力量，來脫離物欲的煩惱的狀態，就叫作『阿普太亞』。使理性和物欲對峙的二元論，是很難和物理學上的一元論相調和的。若理性是通於一切的道，那麼萬物就應當盡服從理性了；因而吾人的性，也應當自己順從理性了。為什麼又承認和理性不相容的物欲存在呢？這豈不是很難索解嗎？

這派以順從理性，脫離情欲，達到『阿普太亞』狀態者，為賢者。賢者，就是司托亞學派的理想的人物。

德和不德　從理性而生活，乃所以實現人生的目的，乃是人類的義務。以義務的感覺而爲理性的生活，就是德(善)，反之就是不德(惡)。在善惡和德不德的中間，是沒有階級的。非善就是惡，非德就是不德。既不是善，又不是惡的東西，就是善惡不分的『亞地奧夫拉』(無記的)。例如那富貴·貧賤·快樂·痛苦·生老·病死等，都算是『亞地奧夫拉』；但後世學徒，因爲過於注意，又在『亞地奧夫拉』中，設下區別。卽分：(一)善行爲，(二)受理性擯斥的行爲，(三)純粹無記的行爲三級。司托亞學派，又以德的區別，爲存於內部的心根，而非存於表現於外面的動作。

意志自由論　吾人的意志，雖不能絕對的自由，但向天地的大道而進的內心意向，是有一種自由的。所謂意志自由和行爲自由，乃是和司托亞學派的自然哲學相矛盾的。依司托亞學派的自然哲學，那世界的過程，就是神(卽理性)的本質必然的發現，所以不能拿吾人行爲的原因，歸於吾人的自身。萬物是依宿命而被支配的，無論你是好他或是惡他，但凡是命定的，就不得不爲了。司托亞學派，對於意志自由問題，煞費解釋的苦心，他說：『從運命的預定與否，是人的自由。故運命是引導從者，而拉去不從者的。』

世界主義　司托亞學派，由個人主義進而提倡世界主義。他說：所有人類，都同是理性的顯現；被支配於同一法則，而有同一的權利的(個人主義)。所以人類爲世界的理性的一部，不問人種·血統·貴賤的區別，都可經營理性的共同生活(世界主義)。在司托亞學徒中，多說：『我是世界的公民，』而拒絕爲某一國的國民。和打破家族，而說道德的實現的柏拉圖及亞里士多德的國家主義，完全相反。羅馬帝國標榜着政治上世界主義的理想，而基督教的宗教的世界主義，以破竹之勢，普及於羅馬，都是司托亞的世界主義啟發時代思潮的結果。

自殺觀　司托亞哲學的根本思想，是不依賴外物而在自己心中尋求安心立命的境界。安心立命，是由修德而得的，修德就是順從理性。理性存於意志之內，是他人所不能奪去的，只有自己的意志可以害他。若是不傷害理性，人類自然常能安靜。即如生死，是不足顧的。若是沒有存在的理由，那就自殺也是正當的。自殺是人類最貴重的權利。如開祖柔諾和克來安蒂，相傳都是自殺而死。其他在這學派中自殺的也很多。其中也有深信意志之力，自止氣息而死的。

羅馬司托亞學派　最終再對於羅馬司托亞學派，略說幾句。羅馬司托亞學派，比較希臘而有顯然有傾向實踐的・宗教的特色。希臘的司托亞學派，以研究何爲人生目的（即至善）的理想方面爲主；但羅馬的司托亞學派，卻注重在達到至善的實踐方面。在這實踐的傾向上，再加上宗教的色彩，自然要說：『現世是精神的牢獄，是人生的逆旅，吾人如漂浪海洋的小舟，欲逃此生，惟有一死。』（耶卑克丟）『對於神的虔敬，對於人的慈悲，這就是善生活的全體。』（奧威勒劉）超越現世不完全而求希望或慰藉於那完全的來世的風尚，就日益增長了。

第二節　愛辟克魯斯學派

愛辟克魯斯學派，是愛辟克魯斯（Epikulos, 341－270 B. C.）開創的。愛辟克魯斯生於薩莫士島，後移居亞典。幼年曾受教於戴毛克里托學徒拿士帕奈（Nausiphanes），又因此人而得聞卑魯倫的學說。在亞典集合同志，創立學派。他爲人溫厚，故深受世人的尊敬。愛辟克魯斯學派和司托亞學派不同，創立者愛辟克魯斯已經把他的學說組織完備，至於學徒們不過是宣傳學說罷了。學徒中最有名的是愛辟克魯斯的摯友梅得羅道(Metrodoros)，和羅馬詩人盧凱來投·迦爾士(Lucretius Carus, 94－54 B. C.)。這個學派直至紀元後三百年時還繼續存在，一到基督教成爲國教以後，就完全消滅了。

愛辟克魯斯學派，和司托亞學派，大略起於同一時代，應時勢的要求，而解釋相同問題，但最後得到完全相反的結論。愛辟克魯斯的著作，是很多的，但現今所存留於世的已經很少了。他把哲學分爲物理學和倫理學。不承認認識論和論理學是獨立的部分，祇當作物理學的附錄研究。

認識論　愛辟克魯斯的認識論，名爲眞理標準論(Kanonik)。知覺，是外物的影像，由感官攝入同靈魂的元子相接觸而起的運動；他那根據物理說的認識論，是純粹屬於感覺論的。他數列眞理的標準，第一就舉出感覺。感覺是因物的刺戟而起的受動作用，與感覺直接發生關係的，就是實物的像。感覺自身決不欺人；若把這個否定了，那就得不到學問的知識。謬誤的發生，雖是從實物的像引出來的判斷；但判斷的誤謬，得到感官的證明卻可以匡正。他列舉眞理的標準，第二又推自然的觀念(Prolepsis)，這就是以個個感覺爲基礎而必然生出的，當其成立時，也不生出過誤。

物理學　愛辟克魯斯的物理學說，就是唯物論的本體論。他承襲戴毛克里托的元子論，而以爲實在，單只是散在於空間和空間而運動的元子，萬物一總都是依這元子的集散離合而成的。元子的數，是有限的，但爲不分不滅，而有重·大和形狀，由上直向空間而下。盧克來投叫這個爲『元子的雨』。直下時，元子間發生衝突，而生出渦旋運動，以形成多數的世界。世界成而毀，毀而成，成毀是沒有已時的。愛辟克魯斯不承認元子運動是有目的的，故是純粹的唯物論。

他以實在論爲根據，極力排斥迷信。他以爲世界是由自然的法則生成的，不是受那有思維·意欲等的神所支配的。我們的靈魂，是火氣，是很易動的元子。若死去，這元子就離散了，所以不能說死後的生活；也不要恐懼死後的賞罰。神雖是存在的，但也具有人形，較人體爲精微而不死，住在生滅世界以外，支持自己的福祉，而毫無他求，所以沒有畏神和媚神的必要。

他的心理說，也是以唯物論爲基礎的。靈魂是以心臟爲中心而混在全身體的，也是由許多自爲一體的元子合成的。一切意識作用和生活現象，全都是元子的運動(認識論的基礎)。靈魂是和身體有密接不離的關係的，所以靈魂和身體相同，也是有生滅的，而在死的一刹那間意識作用就終了，知覺和感情也就終止。所以死決不是可怕的。在我們的存在中沒有死，而有死就沒有我們。不怕死時，對於和死有關係的病·苦痛·貧窮等一切禍害的恐怖自然也就消滅了。對於神的恐怖和對於死的恐怖的否定，就是愛辟克魯斯倫理說的根基。

倫理學　愛辟克魯斯也和司托亞學派一樣，最注重倫理學。以爲哲學的目的，是引導人類得幸福，至於物理學與論理學等，都不過是道德論的基礎罷了。物理學上的元子論，爲道德論的背景，因此就成立了個人的快樂說。

快樂說　愛辟克魯斯繼承基來奈學派的學說，提倡快樂說，說：『快樂是唯一的善，苦痛是唯一的惡。』然而(一)基來奈學派承認肉體的快樂爲無上的快樂，而愛辟克魯斯卻說精神的快樂優於肉體的快樂(二)基來奈學派排斥那貪圖瞬間的與刹那的快樂，在後又排斥隨苦痛而來的一時快樂。在把快樂分出優劣的一點上，愛辟克魯斯較基來奈學派更進一步，但在以個人快樂爲目的的一點上，還是依舊存着基來奈學派的面影。

解脫觀　愛辟克魯斯認精神的快樂也有二種分別：一是由滿足欲求的運動而起的積極的與動的快樂，一是無苦痛狀態的消極的與靜的快樂。二種快樂當中，愛辟克魯斯特別注重後者，以這個爲絕對的快樂。人生所當求的究竟目的，不是蠢樣樣的歡樂的。心能善保平靜成爲一無所求，一無不足的滿足狀態。這樣的狀態，愛辟克魯斯呼他爲『阿太拉克夏』，就是心不亂的意義。要達到『阿太拉克夏』，就不得不制御欲望。欲望有：(一)自然的欲望，(二)便宜的欲望，(三)位於其間的欲望三種。所謂自然的欲望，是生存上最必要的；便宜的欲望，於生存上無甚關係，有他也可，沒有他也可；位於中間的欲望，雖是發於自然，但在生存上卻並不是十分必要的。欲望最當抑制的，就是第二種便宜的欲望。第三種欲望，單是在可以不要他的時候，纔應當抑壓。基尼克學派主張絕對禁止欲望，與此派的態度在這一點上迥然不同。凡達到『阿太拉克夏』狀態者，愛辟克魯斯稱他爲賢者。賢者，就是愛辟克魯斯的理想人物，就是不煩心於運命而享有快樂的純潔人。愛辟克魯斯說：『我若有了麵包和水，在幸福上就可以和「皂易司」神相競爭。』他在以制御欲望爲賢者一點上，是從完全相反的立脚地，進而和司托亞學派的解脫觀非常接近的。

德論　德是得快樂的手段，是生活的方術。和其他方術一樣，自身是沒有什麼價值的，祇因爲他結果得到快樂，所以纔有價值。愛辟克魯斯論到希臘四主德的知慧·節制·勇氣·正義，說：知慧是使我們自覺萬物的本性和自己在宇宙的地位，而指示我等可以達到的標的；節制是以知慧爲基，以制生出大不快的快；勇氣是使人忍耐苦痛·危險·勞苦，而快活他的心意；正義是使人守國法，使人保其心的安靜的德。歸總一句話，不外是由快樂主義的見地，去批評四主德，而定其價值的。

個人主義　如前所述，愛辟克魯斯學派的學說，是求個人安心立命的個人主義；但彼等又把此個人主義引到政治上去說：『國家更是基於個人利害而生的。』這一說便是後來契約說的前驅。又說：『若不脫去國家·家庭的覊絆，就不能達到眞的「阿太拉克夏」』彼等論到法律，又以爲法律是依公共意志的一致而成的，他的自身，並沒有正不正的區別。而成的，並不是自然存在的。

自殺觀　愛辟克魯斯以肯定自殺作自然哲學說的歸結。照他說，死決不是可恐怖的；死是元子的離散。在死的那一刹那間，一切意識作用和生活過程，都告一終局。生的時候沒有死，死的時候沒有我，所謂尋死，算是迷妄。吾人決不固執壽命，可以隨意自殺。他的理由雖然和司托亞派不同，但他的結論，恰到達了和司托亞哲學同一的自殺觀。

和司托亞學派的比較　把愛辟克魯斯學派和司托亞學派簡單的比較起來，他們相類的是：(一)傾向以安心立命爲中心的個人主義。(二)以倫理爲哲學研究的主要點。(三)以賢者爲理想人物。(四)以制御欲望爲達到至善的方法。(五)肯定自殺等。而其相異點是：(一)司托亞學派重理想而取嚴肅主義；反之，愛辟克魯斯學派重感性而傾向快樂主義和美的生活主義。(二)司托亞學派以實在爲精神的與物質的理性，而愛辟克魯斯學派卻以實在爲物質的元子，而倡純然的唯物論。(三)司托亞學派的學說，是由學徒們大成的；而愛辟克魯斯學派的哲學，卻由開創者組織完備的。(四)司托亞學派重義務，而尊重道德律；反之，愛辟克魯斯學派是始終流於便宜主義，單以倫理爲一個處世法。(五)司托亞學派或走於極端，而有破壞人的實在生活的憂慮；反之，愛辟克魯斯學派卻優雅而寬裕。(六)司托亞學派以爲國家是基於理性的；而愛辟克魯斯學說卻把國家的成立歸於契約。

第三節　懷疑學派

司托亞學派以人性本質爲理性，而愛辟克魯斯學派卻把他當作感情，因爲他們沒有說明理由，所以懷疑學派就不滿意於此種獨斷論，而不相信認識的可能，并說探求知識爲愚事。司托亞學派發源於基尼克學派，愛辟克魯斯學派發源於基來奈學派；而懷疑學派，乃是承繼哲人派的傳統。懷疑學派通常分爲：(一)古懷疑學派，(二)中阿可帶米學派，(三)新懷疑學派。阿可帶米學派，雖是奉柏拉圖的一學派，但到了亞爾凱士勞，就顯著傾向懷疑，所以也認爲懷疑學派的一派。

古懷疑學派　他的始祖，是卑魯倫(Pyrron, 360－270 B. C.)。卑魯倫，是愛里斯人，從亞歷山大帝遠征，來到東方。他師事何人，雖然不甚詳明，但似乎是受過愛里斯・邁加拉兩學派的學說影響的著述所遺不多。他的學說，是依其弟子富遼斯人梯門(Timon, 330－241 B. C.)的著作而傳於後世的。

卑魯倫的懷疑說，是根據溥羅塔高拉的認識論的。他說：知覺之所與的並不是事物的眞相；不過是偶然的關係表現於吾人面前罷了。理性也止在主觀之上，吾人是不能對於任何事，都能斷言其『然』的；不過祇能說『我見如此』罷了。所謂普遍不易的眞理是不會有的。

認識若是不可能，那麼正邪善惡的判斷也是不可能的了。梯門說道：過幸福的生活，(一)不可不明事物的成立如何，(二)不可不明吾人處事之道如何，(三)不可不明處事的結果如何。然因爲事物的成立是不能知道的，所以對於事物而下判斷，或固執這個判斷，那就錯了。吾人處事物之道，就在停止判斷。停止判斷，無論對於何事，都可極其自如。心平氣靜，不受外物變遷的攪擾，自可得到眞正幸福。換句話說，吾人若抑止一切判斷，順從習慣，而隨隨便便的動作，那就得以安心立命了。

中阿可帶米學派　懷疑論轉到中阿可帶米學派，就在當時學界上成爲一種大勢力。使阿可帶米學派轉向懷疑說的，就是亞爾凱士勞 (Arkesilaos, 315－241 B. C.)。因爲他無遺著，所以不能詳知其說；但他是攻擊司托亞學派，以爲吾人無論是依感官，是依思考力，都不能知道事物的眞相。吾人所當遵由的正道，就是停止判斷。

發展亞爾凱士勞的懷疑說的，就是迦爾拿代 (Karneades, 213－129 B. C.)。他是基來奈人，因學識和雄辯，而受時人極大的尊敬；但他沒有遺著，不過僅依其弟子克勒托馬可 (Kleitomachos) 而傳罷了。他極力攻擊司托亞學派，否定普遍不易的眞理的存在，以爲吾等的認識總不過是蓋然的認識罷了。他把認識的蓋然性，分爲：(一)自身是蓋然的 (probable)；(二)和別的相比較，是蓋然的和無反對的；(三)從各方面檢查，都是蓋然的無反對的，確定的。

新懷疑學派　阿可帶米學派其後雖然離卻懷疑論而傾向折衷主義；但至紀元前一世紀的前半，基開魯時代，卑魯倫的懷疑說，就在醫家中間復活了。使他復活的，就是克撓梭斯的愛耐西代謨(Aenesidemus)，而在受他影響的學者中，最有名的就是阿古里坡(Agrippa)，塞克士·愛莫披里(Sextus Empiricus, 180－210)等。這些人，被稱為新懷疑學派或者後懷疑學派。

愛耐西代謨把懷疑論的要點，表出了十條，他的學說，就是卑魯倫和迦爾拿佁所已說的，總是說吾人感官所知覺的，祇是相對的·關係的，而不能知事物的真相。就是說認識是不可能的。

阿古里坡就把愛耐西代謨十條，約而為三條。他的主意是歸於：(一)知覺是相對的，(二)因人而意見各不相同，(三)論證不可能的三個要點。更把論證不可能的所以，分為三條，就是：『在論證是不能不有可以論據的前提。然要證明其前提時，那必定更要有可以論據的前提，這樣一來，所需要的前提那就無限了。若不把無限的前提設定了，到底是以被證明者為前提，而為循環論呢？或者是假定無證明的前提而出發呢？大概總不外這兩條道路了。』但以後又說把這三條約為二條，說：『若有確實的認識，那麼，如不是直接的確實，就是間接的確實了。然而吾人的觀念，都是相對的，沒有直接的確實性；因為間接的確實的知識，一定要以直接的確實的知識為前提，所以直接知識若不確實，那間接的知識也就不能成立。』

塞克士·愛莫披里以為不能由病理上討論疾病原因，因而大倡祇能靠那治療上的經驗的學說。

第四節 折衷學派

自紀元前三世紀以來，以亞典為中心的，(一)阿可帶米學派，(二)伯里巴提克學派，(三)司托亞學派，(四)愛辟克魯斯學派，起初雖然互相軋轢；但又漸次接近，而在紀元前一世紀時，就生出了折衷的傾向。

最初表現出折衷的傾向的，就是司托亞學派。司托亞學派，從帕那導和坡斯道紐時，就加入柏拉圖和亞里士多德的意味，而把倫理學上的嚴格主義緩和了（參照司托亞學派）。

伯里巴提克學派也生出了折衷的傾向想把亞里士多德的神學和司托亞學派的萬有神教調和起來。沾染於折衷·調和的風潮，比較的很少，而到底固守開祖教旨的，就是愛辟克魯斯學派。

蒙時代思潮的影響最顯著的，就是阿可帶米學派。阿可帶米學派，是由亞爾凱士勞和迦爾拿岱等所謂中阿可帶米學徒而轉向於懷疑說的；但至菲倫（Philon）和安提奧柯（Antiochus）等新阿可帶米學徒，又捨去其懷疑說，而變爲折衷派了。

新阿可帶米學派　菲倫是臘黎薩人，爲迦爾拿岱弟子，克勒托馬可的後繼者。他抱着亞爾凱士勞以後的阿可帶米的思想，而否定司托亞學派的認識論；但非絕對排斥事物的普遍性，祇相信認識的不可能。然而他在司托亞認識標準以外，到底承認怎麽樣的標準？這是不明確的。

菲倫的弟子安提奧柯，又倡更加明瞭的折衷說。古阿可帶米學派·伯里巴提克學派·司托亞學派，完全都是發源於蘇格拉底的。在枝葉上，雖有小異，但根本卻是共通的。他折衷此三大學派，而極力攻擊當時被折衷傾向不少的愛辟克魯斯學派和懷疑派。在認識論上，是傾向於克里西圃的，但認非物質東西的實在性，而却反對那說實在的東西祇有物體的克里西圃的學說。在倫理上，是以自然的生活爲至善的。所謂自然的生活，就是愜於完成的人類性的生活。他以爲不但理性・靈魂有爲他自身而求的價值，就是身體或外物也是如此。

至安提奧柯，折衷的傾向雖然達到極頂但以折衷說（Eclecticism, Eklektizismus）爲主義，而在自己學派上冠以折衷學派名稱的，乃是生在奧古司圖（Augustus）時代的亞歷山大黎亞（Alexandria）人袍太門（Potamon）。

羅馬的折衷學派　希臘哲學入羅馬時，曾受強烈的反抗。在紀元前一六一年，羅馬的有司，以希臘哲學爲紊亂羅馬的國風，而議決把哲學家放出國境。然而時代的趨勢，無論如何也是反抗不得的。希臘學術滔滔然浸入羅馬；在青年教養上，遂成爲一種不可缺少的要素。

羅馬人是實際的國民，不像希臘人那樣長於思辯。容納希臘學術，而單從其中選擇適於實用的事項；因而羅馬的哲學，就沒有創見，不過是食希臘哲學的糟粕罷了。羅馬哲學是實際的，是常識的；折衷學到羅馬而極盛也是自然的趨勢。

在羅馬折衷學派中最傑出者，就是有名的雄辯家・能文家基開魯（Cicero, 106—143）。基開魯是斐倫的弟子，開始把希臘哲學用拉丁文寫出來的就是他。他在義務論（De officiïs）中，拿亞里士多德的意見折衷司托亞學派的倫理說，而取『自然生活』的概念爲道德律的基礎，爲法律的根本觀念。他以爲理性所顯現的一切事物，必然具有道德的秩序。人類也是理性的顯現，所以也有道德的秩序的觀念。道德律是由理性所給與的自然律而發展的。司托亞學派以爲人類過的是理性的共同生活，而支配這種共同生活的世界國家的法律，就是自然法

(Jus naturale)更以羅馬帝國比世界的國家。基開魯的倫理說，雖沒有什麽創見，但他所說的道德律，實在是把古代倫理渡到近世倫理的橋梁。

基開魯的友人娃爾祿(Varro)和苦因圖·塞克斯托(Quintus Sextius)父子(父子同名)，也以羅馬的折衷學者著名，但他們學說別無可紀。

附倫理時代的希臘思想（約表）

- 學者
  - 鄒柔諾……(創立者)
  - 克來安蒂
  - 克里西圃…(廣爲傳布者)
  - 移入羅馬者
    - 帕那導
    - 坡斯道紐
  - 羅馬司托亞學派
    - 塞內加
    - 耶卑克丟
    - 奧威勒劉
- 論理學
  - 認識成立的原因…由以感官去知覺外物而生(感覺論·經驗論)
  - 眞理的究竟標準…主觀的自明

司托亞學派

- 物理學—實在(物質的并精神的)＝世界靈魂＝理性＝火
  - 1. 生成萬物
  - 2. 支配萬物…秩序・目的・調和
- 倫理學
  - 自然的生活…人生的目的，在順從自然(理性)(以物理說為根據)。
  - 解脫觀
    - 解脫＝以理性制御物欲(理性和物欲對峙，是和物理上一元論相矛盾的)。
    - 阿普太亞…依理性而脫離物欲的狀態。
    - 賢者…達於阿普太亞的狀態者(理想的人物)。
  - 德(善)論
    - 德(善)理性生活………
    - 不德(不善)反理性生活
    - 無中間的階級…亞地奧夫拉(無記)
  - 意志自由論…從運命之豫定與否是人的自由，但運命是引導從者而淘汰不從者的。
  - 世界主義
    - 人類是世界的理性的一部，是可以營理性的共同生活的，…我是世界的公民。
  - 自殺觀…肯定自殺
- 學者
  - 愛辟克魯斯
  - 梅得羅道
  - 盧凱來投・迦爾士

愛辟克魯斯學派

- 認識論＝眞理標準論（Kananik）
  - 1. 眞理的第一標準是感覺………
  - 2. 眞理的第二標準是自然的觀念
  - 感覺論
- 物理學
  - 實在＝元子
    - 1. 有限
    - 2. 不分不滅而有重・大和形狀
    - 3. 以空間由上向下運動
  - 世界
    - 1. 由自然的法則生成的。
    - 2. 不受有思維・意欲等神的支配。
    - 3. 神是在生滅世界以外的，不必恐怖，＝排斥迷信。
  - 靈魂
    - 1. 以心臟爲中心而混於全身，然亦是自爲一體的火氣，而依易動的元子成功的。
    - 2. 一切意識作用和生活過程，皆由元子而成。
    - 3. 靈魂和自身相同，是有生滅的。
    - 4. 在死的刹那間意識作用終了，死是不可恐的，＝排斥死的恐怖。
- 快樂說
  - 快樂是唯一的善，苦痛是唯一的惡。
  - 精神的永續的快樂，優於肉體的瞬間的快樂（和基來奈學派相異）。

倫理學

- 解脫觀
  - 1. 精神的快樂
    - a 積極的動的快樂（由滿足欲求的運動而生）
    - b 消極的靜的快樂（無苦痛的狀態）阿太拉克夏
  - 2. 欲望
    - a 自然的欲望……不可抑壓
    - b 便宜的欲望……可抑壓
    - c 中間的欲望……或者可抑壓
    - 阿太拉克夏達到方法
  - 3. 賢者……達到阿太拉克夏的人（理想的人物）
- 德論
  - 1. 德是得快樂的手段
  - 2. 四德的快樂論的說明
- 國家說＝國家是依契約而成的
- 自殺觀……肯定自殺（和司托亞哲學相似）
  - 相似點
    - 1. 以安心立命為中心，而傾向個人主義。
    - 2. 以倫理學為哲學研究的主眼點。
    - 3. 以賢者為理想的人物。
    - 4. 以制御欲望為達到至善的方法。
    - 5. 肯定自殺。

和司托亞學派相比較——相異點

司托亞學派	愛辟克魯斯學派
1. 重理性而取嚴肅主義	爲快樂主義
2. 以實在爲精神的物質的理性	以實在爲物質的元子
3. 大成於學徒中間	由創立者組織完備
4. 重義務而尊重道德律	流於便宜主義
5. 有走入極端破壞人的實在生活之憂	優雅而寬裕
6. 以國家爲由理性而成的	以國家爲契約而成的

懷疑學派

- 意義和種類
  - 不滿意於司托亞學派‧愛辟克魯斯學派等的獨斷論，而疑認識的可能，以那探求知識爲患事，而承繼哲人派的傳統，分（一）古懷疑學派，（二）中阿可帶米學派，（三）新懷疑學派的三種。
- 古懷疑學派
  - 皐魯倫：根據溥羅塔高拉的認識論，討論依知覺和理性不能知事物的眞相。
  - 梯門
    - 認識是不可能的，因而正邪善惡的判斷也不可能。對於事物而作是非的判定，
    - 因而固守之就是錯誤。眞幸福是停止判斷，任何事物都隨隨便便。
  - 亞爾凱士勞
    - 吾人無論依感官或依思考力都不能知事物的眞相，吾人所當遵
    - 由的正路，就在停止判斷。

- 中阿可帶米學派
  - 迦爾拿俗
    - 普遍不易的眞理是不存在的，吾等的認識，全都有蓋然性。蓋然性有(一)自身是蓋然的觀念，(二)和別的相比是蓋然的無反對的，(三)從所有方面檢察是蓋然的無反對的三種。
- 新懷疑學派
  - 愛耐西代謨
    - 吾人以感官所知覺的，是相對的關係的，不能知事物的眞相，認識是不可能的(把懷疑說的要點表爲十條)。
  - 阿古里坡
    - 更把愛耐西代謨的十條約爲三條，其主意歸於(一)知覺是相對的，(二)因人而意見各異，(三)論證不可能的三點。
  - 愛莫拔里……由病理上論疾病的原因是不可能的，唯一定要依賴治療上的經驗。
- 各學派的折衷傾向
  - 司托亞學派
    - 最早就現出折衷的傾向，由帕那導和坡斯道紐時，加以柏拉圖、亞里士多德學說的意味。
  - 伯里巴提克學派
    - 把亞里士多德的神學，和司托亞學派的萬有神教調和起來。
  - 愛辟克魯斯學派……沾染折衷的傾向甚少，固守教祖之說。
  - 阿可帶米學派……蒙着最著的折衷思潮的影響。

- 折衷學派
  - 新阿可帶米學派
    - 菲倫
      - 抱着亞爾凱士勞以後的阿可帶米的思想，否定司托亞學派的認識說，但
      - 不絕對排斥事物的普遍性。
    - 安提奧柯
      - 折衷古阿可帶米學派，伯里巴提克學派，司托亞學派。在認識上贊成
      - 司托亞哲學，但認非物質的實在。在倫理學上以自然生活為至善。
  - 羅馬的折衷學派
    - 基開魯
      - 以亞里士多德的意見來折衷司托亞學派的倫理說，取自然生活的概
      - 念，為道德律的基礎，為法律的根本概念。
    - 其他學者：娃爾祿·苦因圖塞克斯托

第五章　宗教時代

亞里士多德以後的哲學，都在自己的心中求那安心立命之地，想脫離人生的轉變。但無論怎樣，都不能求出最後的解決。怎麼說呢？因我也是屬於轉變世界的一物，靠那漏不了轉變的數的我，來超越世界，脫離人生，以求安心立命之地，就是迷惑。司托亞學派求安心立命於理性的生活，然而人類不單是具有理性，同時也具有情欲，故總不能免除情欲的反抗。愛辟克魯斯學派求安心立命於快樂，然而感着不快也是人性的自然，又怎能單得到快樂呢？懷疑學派，求安心立命於停止判斷，然而人性至少總有認識眞理判斷善惡的動向存在，為知和欲所迫，當然不許判斷的中止。吾人的精神生活，或向理想而進行，或對於實現而固執，常常互相爭鬪；破壞美的調和思想，想在漏

不了轉變的數的我的心中求那安心立命之所，那是必不可能的。到此方才覺悟，惟有依賴人類以上出世的心靈，脫離爲醜惡淵源的肉體的繫縛才可以求得安心立命的地方。希臘的思想界由此方出倫理時代，而移入宗教時代。

當時的思想界從自力的安心立命，變到求他力的救濟，早已精疲力儩，故再沒有組織新哲學的那樣勇氣，祇得瞻顧過去，採取適應他們要求的思想，以解飢渴。結果，便把柏拉圖的哲學復活起來。因爲把神秘說和禁欲主義結合起來的柏拉圖的解脫觀，很合乎當時嚮往出世間的理想界的要求。

羅馬帝國旣統一四海，顯然擴大領土，各地之風俗·習慣·思想·宗教等，互相接觸，生出可以融和統一的機會；所以這時復活起來的希臘思想，就與東方宗教思想相結合，使神秘的色彩，更加濃厚。這希臘思想，和東方宗教思想相接觸，就以宗教的柏拉圖學派·新庇塔高爾斯學派·菲倫哲學等爲前驅，而大成了新柏拉圖學派。古代哲學界，到此又放最後燦爛的光輝。

第一節　新柏拉圖學派的前驅

宗教的柏拉圖學派　這一派是在紀元前一世紀時，起於當時文化中心地，及東西思想接觸最強烈的埃及亞歷山大黎亞的學徒。在柏拉圖的哲學上，加上東方的宗教思想，而倡那很神祕的學說。加之他們的學說，也受了庇塔高爾斯的學說的很顯著的影響，稱爲庇塔高爾斯的柏拉圖學派，和後邊所說的新庇塔高爾斯學派很難分出判然的區別。

宗教的柏拉圖學徒中最有名的，就是著英雄傳的有名的史家布爾特哥(Plutarchos, 43－120)。他反對司托亞學派的唯物論和愛辟克魯斯學派的無神論，而主張神的存在；置神於物質以外，以爲世界是神取物質製作的，物質本來有惡的傾向，所以神造的世界，也醜惡不完全。取那神和世界同在的二元論，而舉鬼神爲二元的媒介者。汲此派支流的凱爾梭斯，取鬼神說而立多神教，很激烈的反對正在得勢的基督教。

新庇塔高爾斯學派　這派在當時，學說的傳統已絕，僅僅崇拜庇塔高爾斯的人物。後世史家把那復興教義的人們，命以新庇塔高爾斯的派名。這學派也是以亞歷山大黎亞爲中心而起的。他的學說，不用說，不是純粹的庇塔高爾斯哲學，而爲混合柏拉圖學派・司托亞學派・伯爾巴提克學派的折衷學說。若舉屬於新庇塔高爾斯學派者，有尼格丟・斐古魯(Nigidius figulus)，毛代拉徒(Moderatus)，亞破羅紐(Apollonius)，尼克馬可(Nichomachos)，奴邁蔦(Numenios)等。其中亞破羅紐是最有名的。他是提亞那人，生在紀元第一世紀中葉，遊歷諸方，宣傳神的啓示，而受多數人們的尊敬。

新庇塔高爾斯學徒的學說，雖然不盡一致，但他們的哲學說有共通的特色。就是：(一)使神和物體及精神和肉體的二元互相對峙；(二)在神和物質中間，承認有媒介者的鬼神的存在；(三)把庇塔高爾斯學派的數和柏拉圖學派的伊代亞，看作一樣，以數爲有神秘的妙力的；(四)把那柏拉圖的爲獨立實體的伊代亞，看作存在於神的精神中的觀念；拿這個觀念看作萬物的原型；(五)把神看作純靈，而提倡一神教；(六)根據以上各說，而倡道德上的禁欲主義。他們是以靈和肉相對峙，把肉看作罪惡的原因，所謂淸的生活，就是去了屬於肉的生活，而從純靈的生活。禁肉食·娶妻·飲酒，而排斥私有財產。

斐倫的哲學　斐倫哲學又稱『亞歷山大黎亞的宗教哲學』。斐倫(Philon, 30 B.C.—50)出於猶太僧族，而實行調和猶太宗教思想和希臘思想的(以柏拉圖和司托亞爲主)。

斐倫哲學是以神的觀念爲根本思想的。神是超絕有限的萬物而絕對的存在的。是比一切完全者更爲完全，比一切善良者更爲善良的。吾人沒有語言可以表出神的偉大的；神是不可名，不可思議的。神就是『愛霍巴』。萬物全由神造全受神的支配。超絕的神所以得爲萬物的淵源者，就因爲神和萬物中間有做媒介者的『力』。力就是伊代亞(由柏拉圖的伊代亞論而來)，是神的僕(由猶太教所謂天使的觀念而來)。而統一力的，就是『羅高斯』(從司托亞學派說)。羅高斯就是神的代表，是神的智慧，是造化的機關，是世界的模範，是神的第一子，是第二個神。然而羅高斯到底是和神不同呢？或是神所具有的性質或力呢？他並沒有詳明的解說出來。歸總一句說，斐倫的哲學，是以超越一切有限物的神，爲萬物的淵源，置『力』於神和世界中間，以說明萬物的生成。

斐倫又爲說明這世界的醜惡不完全，而揭出物質使與神相對立。他說物質雖然混沌而無秩序，但依神的代表者羅高斯而造成世界。神是能動的原理，物質是受動的原理。世界上有醜惡不完全的存在，原因就在物質。但是羅高斯是怎麽樣以物質造成世界的呢？他並沒有說明。

斐倫的心理說，是把柏拉圖和庇塔高爾斯的二元說，並亞里士多德和司托亞的階級的說明，雜然混合起來的。人類的靈魂，是由純精神的『奴司』(理性)和感覺而成的，存於其間的，就是羅高斯。人類的奴司，雖是從神的奴司流出的，但因爲有向神或逆神的自由，所以依其自由意志，或沈淪於感覺世界，或超脫於感覺世界，而終歸向於神。

人類的靈魂，雖本是神力的一種，但他是墮落下來，寄宿於肉體，而和感覺性相結合。所以肉體是靈魂的墓，是靈魂的牢獄。雖然若要脫離此感覺性，卽歸於元來無形體的存在，卽歸於神；脫去感覺性，就是把屬於肉體的一切都脫離去。肉體是一切惡的淵源，若能脫離屬於物體的物欲之羈絆，就達到淸淨的生活。然而這不是獨力所能做到的，所以不能不仰神的助力。他遺下一句名言說：『由信而生智，由智而生德』。脫物欲而進爲淸淨的生活，和司托亞哲學的『阿普太亞』相似，但他的方法仰賴神的助力，就完全和司托亞哲學不同了。

斐倫又名吾等直接被照於神光，和神相契合，而失却意識的狀態，爲『愛克斯太西斯』（離己的意思）。認這個爲最高福祉，如基於修行的淸淨生活，不過是『愛克斯太西斯』的豫備罷了。『愛克斯太西斯』是完全人類所受的神的恩寵，故入於宗教的瞑想而忘却了心身的事，在斐倫就以爲是最高的德行。

第二節　新柏拉圖學派

在希臘思想的立脚點上，從事於宗教哲學的組織，在希臘哲學界，放最後的光輝者，就是新柏拉圖學派。新柏拉圖學派的主要點，在想以哲學造成宗教。就是想把由二三學者所想出的教說變成宗教。在那時，從來的宗教在教育的階級中完全失却勢力，所以組織學者的宗教，以應知識階級的要求，就是新柏拉圖學派的旨趣。但以後這種宗教進爲民衆化，到了採用通俗宗教所行的禮拜式時，便漸漸成爲新宗教，而與得勢的基督教爲敵。新柏拉圖學派的哲學，以柏拉圖的思想爲中心，混合印度的思想，顯然有宗教的且神祕的特色。

新柏拉圖學派的開創者，相傳是阿茂紐·薩迦斯（Ammonius, Sakkas, 175—250），但他的教說，完全不明，不過在哲學史上存着他的名字罷了。眞正開創者，就是稱爲受阿氏之教的柏羅地挪斯(Plotinos, 204—270)。

柏羅地挪斯在亞里士多德以後，是最大的哲學家。生於埃及的黎柯泡利斯，有志於學術和宗教的研究，而漫遊東方，後便來羅馬，教授弟子。得羅馬皇帝的贊助，而企畫在康浦尼亞建築哲學家市府，但事未成而終。他最尊敬柏拉圖，而以祖述他的教義爲己任，把柏拉圖的思想徹底研究而得到獨斷論的體系者當中，要推柏羅地挪斯爲最優了。

柏羅地挪斯所想解決的，就是斐倫所業已試行的：（一）超越萬物的神，如何得爲萬物的原因？（窮理問題）（二）我們如何復歸於爲萬物本源於神而受其福祉？（宗教問題）這兩個問題就是他的主眼點。

想把柏拉圖的二元論化爲一元論，先有亞里士多德，亞里士多德是想依形相·質料之發展的解釋而造成一元論，但他承認純粹形相，故終脫不掉二元論。不但亞里士多德，凡想使二元論化爲一元論的人，如阿可帶米學派的人們，也嘗試行過，直到宗教時代，宗教的柏拉圖學徒的布爾特哥，新庇塔高爾斯學徒斐倫等，任誰都脫不掉神和世界，精神和物質的二元論，總以神和精神爲超越世界和物質的東西。神既是超越世界的，那麼，又怎麼樣得爲萬物的原因呢？爲避去說明的困難，便在神和世界中間置一媒介者，以爲神是爲萬物生成原因的理由。至新柏拉圖學徒出，又想以一元論說明萬物生成，這就是柏羅地挪斯的流出說。

流出說　照柏羅地挪斯說，神是萬物的太原，是宇宙的原力，是超越語言文字，超越萬物超越對峙和差別的唯一之絕對的存在。是無限·無形而性質不可定的東西。是不能附與物體或精神上的性質，而形容出來的，是不能像思想·意志·活動·自意識等可以名狀的。神是萬物的太原，所以萬物皆是由神而生的，但不像基督教的神，是將無作有的。圓滿的神的本質，是溢於內而流出於外成爲萬物的。萬物也不是神的分離，也不是神的變化，所以神的本質也不因萬物的流出而有所增減。恰如光由太陽發出而太陽並不因此而少有增減一樣，神一點不變化，而萬物從中流出，就是柏羅地挪斯哲學的出發點。

流出的三段　光近於太陽的部分，光度強，離太陽遠的，光度減。流出的事物，也是這樣，越離神遠的，越不完全。柏羅地挪斯因此便把流出分爲三段了。

第一流出的，就是『奴司』（精神）奴司是完全之直觀的思維。思維的對象，第一是我自己，第二是由自己流出的本源，即神。神是超越一切的對峙和差別的，但奴司却含着思維的動作和思維作用的對峙，而具有差別的根源。奴司是伊代亞的世界，即理想的世界，而含着萬物的原型。『柏羅地挪斯的伊代亞論，和柏拉圖的異點：第一是不以伊代亞爲獨立的實體，而同新庇塔高爾斯派一樣，認爲是在神的精神當中的模範的表象。第二是認定個體也有伊代亞。』（波多野博士西洋哲學史要）

第二由奴司流出的，就是靈魂。靈魂是直觀伊代亞的世界，以這個爲原型，而與物質以形。靈魂有高低二級：高靈魂，有理想，而爲自覺的活動；低靈魂，結合於物質，而爲造作他的形體的力。宇宙有宇宙靈魂（世界靈魂），個人有個人靈魂，各分高低二級。自然，就是結合於低的世界靈魂的形體的高的個人靈魂，如亞里士多德所謂能動的奴司一樣雖在吾人死後，尙且存在，而爲永遠不朽的；靈低的個人靈魂，就是和身體相結合，而使他活動的生氣。

第三由靈魂流出的，就是物質。物質在萬物中居最低的一級，在空而暗的空間，去神最遠，而爲惡的原理，和無常的根源。然而物質不是和神對峙而獨立的，是完全消極的，是非有的。物質由太原流出，立在反對的極端，就和由太陽發出的光一樣，光到稀薄就和闇相等了。靈魂是流出物質，予物質以形狀的力，而動於物質之中的，所以感官的世界，就是物質和靈魂相結合，祇要有物質存在便有惡，祇要有靈魂存在便有善。柏羅地挪斯把物質看作消極的，不使物質和神相對立，就在這一點上支持他的一元論。柏拉圖二元論的一元化，到柏羅地挪斯，方才大成。他以爲在感官世界的惡，和爲不完全的原因的物質，到底是由神流出的，所以就以此世界爲最美，並讚美世界的秩序和調和等，和基督教徒的世界觀完全立在正反對的地位。

倫理說　柏羅地挪斯的倫理說，是逆其萬有論的。他以爲萬物由絕對的存在流出的，把流出的等級分爲奴司·靈魂·物質，以物質爲惡的根源。他的倫理說是脫離那爲惡的根源的物質，想與神合一的解脫觀。照他說，人生的目的，就是避惡而向善。要想脫離惡，就不能不逃出爲惡的原因的物質的束縛，而清潔其靈魂。逃脫物質束縛的方法，就是聽理性之聲，而抑制情欲，愛美，而直覺美的理想。這樣一來，我的靈魂就脫離物質，而即時回到奴司。然而要想得到眞福祉，就不可不直接與神合一，使自己與神同化，而達到超越意識斷絕言語的『愛克斯太西斯』的狀態。但是入於此種境界者，祇有極少數的人類，就這極少數的人類，也不過單是有時達到這樣狀態能了。柏羅地挪斯說他自己的生涯曾數度入於此種境界。

助柏羅地挪斯晚年的著述事業且傳播他的學說的，就是他的弟子波魯斐廖(Porphyrios, 233－304)。他使師說顯然接近於通俗宗教，以種種禮拜爲必要而禁絕肉食·娶妻·觀劇等教人戒絕肉體的欲。

新柏拉圖學派的變遷　新柏拉圖學派經過了三次變遷，就完全消滅了。今把各期概狀略敍於左：

第一期在亞歷山大黎亞時代，由開創者柏羅地挪斯和其弟子波魯斐廖爲代表。這時代前已述過，茲從略。

第二期是西里亞時代。他的主要代表者，是揚布里柯(Janblichos)。他是波魯斐廖的弟子，住在西里亞。三百三十年時歿，生年月日不明。他使波魯斐廖的流出說更加複雜。在神和多的中間，置下媒介者的第二之一，把奴司分而爲二，又各分爲三，這樣再分，便生出萬物和諸神。他又採用古來諸宗教及其禮拜而欲建設一大多神教。他的學說，其後因西斯底尼安(Justinianus)帝，一時竟生出可以與基督教相對抗的勢力。

第三期名爲亞典時代。揚布里柯以後的哲學，雖然完全立在宗教的奴僕的地位；但五世紀時，有亞典人布爾特哥和西里亞訥，研究希臘哲學思想，想把他綜合起來，所以在亞典的學校，再生出研究柏拉圖和亞里士多德思想的傾向。西里亞訥的弟子普魯克羅(Proklos, 410－485)就以亞典派的代表聞於時，他以流出的三段爲(一)自存，(二)出離，(三)復歸。萬物經過這三段，常分而爲三，每一個又各經過三段，更分爲三。因此，便說一切東西都是分歧的。

希臘哲學，在亞典的學校，雖實行轉頭的奮鬬；但其生氣已盡，任憑怎樣做都做不成，終歸於自然消滅的運命。

到五二九年，西斯底尼安帝就公然發佈命令，鎖閉亞典的學校，放逐哲學者，希臘哲學到此時名實共亡，卒讓基督教得了勝利。

附宗教時代的希臘思想（約表）

新柏拉圖學派的前驅

- 宗教的柏拉圖學派
  - 意義
    - 紀元前一世紀時，起於埃及亞歷山大黎亞的學徒，在柏拉圖哲學上加上東方宗教的思想，而提倡神祕之說。
  - 有名的學者…鮑普太爾考認神和世界的二元論。
- 新庇塔高爾斯學派
  - 意義
    - 和宗教的柏拉圖學派略同時代，以亞歷山大黎亞為中心而起的學徒，是柏拉圖．司托亞．伯里巴提夫．庇塔高爾斯學派的折衷學說。
  - 有名的學者
    - 尼格丟．斐古魯
    - 毛代拉徒
    - 亞破羅紐
    - 尼克馬可
    - 奴邁蔦

1. 使神和物體，精神和肉體的二元相對峙。

- 學說的特色
  - 2. 認神和物體間有媒介者存在。
  - 3. 把庇堵高爾斯學派的數，和柏拉圖學派的伊代亞，看作同一。
  - 4. 把柏拉圖所認為獨立實體的伊代亞看作存於神的精神中間，而為萬物的原型。
  - 5. 以神為純靈，而倡一神教。
  - 6. 倡道德上的禁欲主義。

- 斐倫的哲學
  - 宇宙論
    - 1. 神是超越有限的萬物的絕對的實在。
    - 2. 萬物是神造的，是受神支配的。
    - 3. 超絕的神所以能為萬物淵源者，因在神和萬物中間，有為媒介者的力。
  - 心理說
    - 1. 人類的靈魂是由純精神的奴司和感覺而成，中間有羅高斯存在。
    - 2. 人類的靈魂本為神力的一種，但因墮落而降入肉體，和感覺相結合，所以肉體是靈魂的墓。
  - 倫理說
    - 1. 肉體是一切惡的淵源。
    - 2. 脫離屬於肉體的物欲，就達到清淨的生活。
    - 3. 以獨力脫離物欲甚難，須仰賴神力。

- 4. 以直接被照於神光，與神相契合，而失却意識的狀態，為最高的福祉，如基於修行的清淨生活，不過為其標準。

新柏拉圖學派

- 柏羅地挪斯
  - 主眼點
    - 1. 超越萬物的神，怎樣能為萬物的原因？（窮理問題）
    - 2. 我們當怎樣復歸於為萬物本源的神，而受其福祉？（宗教問題）
  - 流出說
    - 1. 神是萬物的太原，宇宙的原力，唯一絕對的實在。
    - 2. 萬物是圓滿的神的本質，溢於內而流於外的。
    - 3. 不以流出而增減神的本質。
  - 流出的三段
    - 奴司…完全的直觀思維…伊代亞界
    - 靈魂
      - 世界靈魂
        - 高靈魂
        - 低靈魂
      - 人類靈魂
        - 高靈魂
        - 低靈魂
    - 物質…惡的原理，無常的根源。

- 亞歷山大黎亞時代
  - 倫理說
    1. 脫去爲惡的根源的物質，而合一於神。
    2. 逃出物質的束縛者，是聞理性之聲而抑制情欲，愛美而直觀美的理想。
    3. 得眞福祉是不可不直接與神合一，自己與神同化，以達到超越意識，斷絕言語的愛克斯太西斯狀態。
  - 波魯斐廖：使柏羅地挪斯說顯然接近於通俗宗教，以種種禮拜爲必要。
- 西里亞時代
  - 揚布里柯：使柏羅地挪斯的流出說更爲複雜，且建設一大多神教。
  - 西斯底尼安帝
- 亞典時代
  - 鮑普太爾考
  - 西里亞訥
    - 在亞典學校，開希臘思想研究的端。
  - 普魯克羅：使流出的三段更爲一層優雅。

第二篇　中世

在歐洲哲學史上，稱爲中世紀哲學的，就是經院哲學（Scholasticism）。經院哲學，是想使基督教教義與希臘哲學相結合，而與以理性的根據。起於九世紀，到十五世紀，就衰頹了。爲敍述經院哲學的準備，必定要先明瞭基督教大要和確定基督教義的教父時代的事情。從時代上講，教父哲學是屬於古代哲學史的，但現在爲便宜起見，把他放在這裏。哲學史的區分，是因學者的見解而不同的。愛爾德曼是把教父哲學和經院哲學併稱爲中世哲學的；攸伯爾愛西和哈因在，是合併兩者而稱爲基督教時代的哲學的；温特爾邦德又把教父哲學納入古代哲學史當中。

第一章 基督教

基督和基督教 基督教的鼻祖，是猶太人耶穌·基督。耶穌的傳記，雖不詳明，但依福音書所記，知道他生在巴勒斯齊那近傍加里拉亞小街拿撒勒，父名約瑟，母名瑪利亞。他的生長事蹟，雖不能詳知，但他三十歲時，在約旦(Jordan)曠野出現一位豫言家，傳說天國臨邇，而促使許多人們悔悟。這個就是 Baptesma (洗禮)的約哈奈。疲於罪和惱而心嚮天國的人們，都爭着聚於豫言家面前，受約旦河流的洗禮。而耶穌也來豫言家面前受洗禮，但從水上來時，聞得『汝是我的兒子』的天聲，所以他遂以爲他自己是神的兒子。一次到拿撒勒，不久就離去故鄉，而於加里拉亞湖畔的繁盛的加派爾拿威街，從事傳道了。他那有趣味的比喩談和意義深長的教訓，是常使集在身邊的羣衆酣醉的，他的聲名，就一時喧噪四方了。他不單是說教，並且還向苦於病者困於魔者表同情，而接以温和的容色和嚴肅的訓言，癒其病而去其魔，所以集其周圍的老幼男女，逐日加多，對於他爲狂熱的崇拜。然而他的說教，是很招巴利薩薩多凱之徒反感的。他一入耶路撒冷國都時，就被捕而移交羅馬總督手中。立在法庭的耶穌，不乞憐，不曲主張，幽然自若而自述為救世主。法庭以他為壞法侮神的危險人物，便把他宣告慘殺的死刑。他被衆人鞭打唾罵，釘在那『猶太王耶穌』的十字架上，那時口中發出『我的神！我的神！何以棄我？』的高呼，遂化作高爾高塔丘上的露，而消去了。

基督教也是發源於猶太教的，所以他的教義，和猶太教沒有根本的矛盾。猶太教把那作造物主的唯一神看作萬民之父，人類都是受天父愛的弟兄。天父愛我們，我們也應該敬愛天父，也應該愛一總人類如同胞；然而人類卻忘了天父而歸向罪惡。所以就不可不改悔罪惡，而歸向於天父，這就是基督說教的要旨。然而他是極口攻擊當時猶太的祭司和學者等的拘泥儀式和傳說的，他以宗教的要道，不在外形，而唯在以眞心事天父。他說：『不要怕，不要憂，天父是愛我們，護我們，容赦我們的。天國是很近的。凡是疲勞者，負重者，都到我這裏來，我將有以息汝等。』他自己以猶太國民所期待的救世主自任，所以就惹起當時以國民師表自許的學者和巴利薩人等的惡感；拿他當作冒瀆祖先宗教的叛逆，遂至死於非命。『猶太教是基督教的母。後者的優秀的生命是從前者而來的，同時又除去許多有害於此的病毒，使他得以自由其生命，完成其生命。如此純粹的生命，由偉大的人格而表現得了新的勢力，成了新的發展。骨髓都犯了病毒的母，不能了解那由自己發揮出來那樣特殊性格的充滿健全活氣的新生命，不承認優於己的子的個性，倒反妬憎而敵視起來了。這樣一來，兩宗教完全分離，基督教就成了獨立的新宗教了。然而猶太教仍不失為他的母親。』（波多野博士基督教的起源）

基督教的傳播　耶穌雖然死在十字架上，但是耶穌教是不滅的。他依親炙的使徒，先普及於猶太人中間，更因保羅傳進羅馬帝國。起初羅馬皇帝雖然對於基督教加激烈的迫害，然而信者每日增加，無論用怎麼樣的慘刑，也不能發見效果。彼等覺悟撲滅基督教，到底是困難的事，君士坦丁皇帝，遂把他定爲國教，而自受洗禮，爲其元首。基督教是曾招異教徒極端的輕侮敵視，迫害的，一旦得到堂堂的勝利，而使古代文明社會改了宗，在今日看起來，眞有不可思議之感。然而基督教所以得勝利，也不是毫無理由的。

第一個理由，是基督教比向來的宗教有較多的民衆化的固有價值。現於希臘哲學後期的宗教，是學者的宗教，是知者，達者和義士的宗教。基督教却是純粹的民衆宗教，貧窮者，有罪者的宗教，有排斥其他宗教而被民衆歡迎的原素。

第二個理由，是從當時社會事情上來的。當時的希臘羅馬，就已入於文明的衰頹期。社會風俗著著腐敗，固有的道德墜地，貴族富豪惟事奢侈，日夜耽於饗讌，淫溺歌舞，使人與獸戰而恣殘忍的快樂，民衆就流於卑屈懶惰，乞憐於權門富貴而求得庇廕的光景，恰呈着惡疫流行的狀態。當時的羅馬國民，眞是飲盡歡杯毫無餘瀝，而被那不可名狀的內心空虛和寂寞所襲。他們要想從苦悶中逃出，就不能不尋求解脫的方法。厭離現實生活，而教人復歸於超自然界的解脫哲學，雖繼續發生；但哲學家所說，單是限於有教育的知識階級，還沒有廣布於民衆。恰好這時基督教來了，便使一代人民不得不翕然從風了。

第三個理由，不能不舉基督教抱着來世的觀念的一事。希臘羅馬的思想是重現實生活的，單把未來看作現實的影。希臘羅馬古來的諸神，就是與現世以名利健康幸福諸恩惠的神，而不是保護未來冥福的諸神。一時在羅馬流行的亞刺伯波斯猶太等東方諸宗教，就因為這些宗教都是依難行苦行而洗淨罪孽的，以死後得冥福來教人，因此便能充滿羅馬人民的新渴望。其中最有長處的基督教，就壓倒其他競爭者而得了最後的勝利。

保羅和約哈奈　基督教最初不過是極單純的宗教思想，但因漸次普及，遂有整理教義的必要。有系統的教義大概萌芽於保羅的神學中。

保羅是生於基里卡州都城塌爾索的。他自稱希伯來人，所以被人認為他是生於受純粹猶太人血統的家族的。塌爾索是由以希臘人為主而成的都會，是希臘文明的中心地，所以夙學希臘語，而受了希臘思想的影響。其後以求學為目的，赴耶路撒冷，就學於有名的學者葛馬來(Gamaliel)。及知基督教徒，而憤慨無措然而終為教義無敵的威力所屈，遂成為熱心的信徒。

『耶穌是人類救主』的思想，就是保羅神學的中心點。保羅以為：『人類是因其祖先亞當的墮落，而為背於神的罪人。可是神就憫憐人類，把耶穌基督送來此世。依耶穌基督的血，以贖人類的罪惡。人類遂得再和背反過的神相和解。基督就是人類的救世主』。以色列的使徒等雖以耶穌為以色列的救世主；但保羅卻更進一步，把他看作人類的救世主，使猶太人的基督教成為世界的基督教。基督教普及於羅馬帝國，他所與的力是很大的，所以後世稱他為基督教第二始祖。

第四福音書的作者（大約是約哈奈，）也是想使基督教義變成了神學組織的。約哈奈夙長希臘哲學，抱着亞歷山大黎亞的斐倫的中心思想的『羅高斯』觀念，拿耶穌基督和『羅高斯』看作同一體。

第二章　基督教道德

希臘思想和希伯來思想　希臘思想和希伯來思想，是根本不相同的，在文明史上，呈現興味最深的對立的盛觀。茲列舉其主要不同點如左：

第一、希臘思想重自然生活，現實生活，以圓滿發展吾人諸性能爲理想；希伯來思想却輕視自然生活現實生活，單神想那超自然的彼岸。就是希臘思想，有自然主義實現主義的傾向；而希伯來思想，却以超自然主義未來主義爲基礎。

第二、希臘思想，以幸福爲人生目的，而達到目的的方法，就在實現自己的理想。希伯來思想，毋寧說是否定自己，而以服從神命爲人生目的。卽希臘思想，重理性活動之自律主義；而希伯來思想，却是以服從教權爲義務的他律主義。換句話說，就是前者爲自由主義，後者爲服從主義。

第三、希臘學者，是把一切事象看作自然的過程，而以忠實研究此過程爲他的任務，把這爲認識能力的知，看得比那爲實行能力的意志更加重要；至於希伯來，却以人類爲本位而理解自然，把自然看作無限人格的神，和有限人格的人相互關係交涉而活動的舞臺，而最尊重那爲活動原理的情意。卽希臘思想，是主知說，而希伯來思想，是主情意說。

第四、觀察思想的傾向。希臘思想，顯然爲科學的·實驗的；而希伯來思想，却是傾向於獨斷的信仰的。自律的主知的希臘思想，是科學的實驗的；他律的服從的希伯來思想，是獨斷的信仰的：這是自然的結果，而用不着加以說明了。

玆把以上所列舉的概括表示如左：

（希臘思想）	（希伯來思想）
1. 自然主義·現實主義	超自然主義·未來主義
2. 自律主義·自由主義	他律主義·服從主義
3. 主知說	主情意說
4. 科學的·實驗的	獨斷的·信仰的

希臘思想和希伯來思想，如同流於海洋的暖流和寒流，爲貫通人類精神的二大潮流。這種趣味濃厚的思想的對立，在東西古今歷史上，曾幾度實現。今日所稱爲思想問題者，考其基礎，多不過是希臘思想的傾向和希伯來思想的傾向的爭鬪罷了。

基督教道德　希伯來思想，和希臘思想完全立在不同的基礎上，故由希伯來思想而來的基督教的道德，也和希臘的道德顯然不同。所謂爲希臘四主德的知慧，勇氣，節制，正義諸德，反爲基督教徒所蔑視。希臘人是特別重視知慧一德的，亞里士多德說知行相關，以爲惟有知識者可以修德；而司托亞學派，也以知識爲修德的根本條件。

然在基督教徒，却以知慧為有害於信仰心之貧者，和愚者，反最適宜於天國。到以後才捨棄了這種極端的排知識主義。以自然性發展為目的的希臘人反抗危害自己的存在，而把得勝的勇氣看為主德的一種；但在他界求眞生命的基督教徒却反排斥勇氣。卽是抵抗的勇變成了忍從的勇。希臘人節制自然欲，注重享受快樂的節制的道德；但基督教徒却自始至終排斥快樂，而獎勵入於嚴肅的永刧生活，不把節制認為一德。希臘人還以對於自他權利義務的正義，為四主德的一種；但基督教徒單認尊重他人權利的義務一面，而不許主張自己的權利。那麼，基督教徒的主德是什麼呢？是愛，是信，是服從，是謙遜，是節操。其中愛是基督教徒最尊重的，所以很可以說愛是基督教道德的根本原理。

愛　如前所說，基督教的根本思想，就是把一切人類看為沾被神愛的同胞，以愛神和同胞，悔悟背神的罪過，而入於天國為教旨。所以愛就是基督教的根本觀念；在這個觀念上建設基督教的教義。愛鄰人，哀其不幸者，同情於饑者，被虐者，悲者，苦者，雖對於憎恨自己的敵人，也接以溫情；這就是耶穌垂示於弟子的偉大教訓。所謂鄰人，是指着全人類的，盡包括善人惡人在內。從以神為父，以人類為同胞的基督教精神上說，那麼，他的歸結，自然就是這樣。希臘人差不多可以說是不承認愛德的。柏拉圖雖說『愛羅斯』而重友誼，亞里士多德雖以友誼為關於社交的德，以宏量為關於財產的德，但總不說為這基督教徒主德的愛，不過僅有司托亞學派以博愛為教罷了。

信　希伯來人以對於神的信為行為的動機，以服從神賜的法律為唯一的道德。所謂信，就是信賴世界的創造者支持者和道德律的命令者的神。信賴於神，而守神所與的法律，卽摩西在西乃山上從神所受的十誡，那麼他日救世主到來，就設立天國，而與以無限的福祉。後來耶穌出世，宣傳天國的福音，對於神的信，就和對於同胞的愛相結合，而成了同一原理的兩方面；然而忌知識如蛇蝎，而徒尊重信仰，就是基督教道德的最大特色。

服從　希伯來人以服從神所定的法律爲道德的中樞觀念。希臘思想雖也承認有不變的法則存在，但他的法則是依理性而體認得的哲學的性質的。希伯來人的神律却是一種天啓的成文律，是得自客觀的明示的。以這神律爲道德淵源的希伯來人，當然要以服從爲最主要的德目的一種。以希伯來思想爲背景，而想慕那超自然的彼岸，以自我的脫離爲眞生命的基督教，也是以服從的德爲最重，不但說以暴酬暴爲非，並且要以對暴而不抵抗的堅忍爲本義，所以耶穌說：『人要打你的右頰，你就再伸左頰給他打。』

謙遜　信神愛神，是覺得自己的力量微弱，必定要信賴全知全能的神，所以從基督教的教義上說，就要把謙遜列爲主德的一種。立在現世主義上的希臘人，是最重名譽的。如亞里士多德也極口讚美高潔，高潔是高尙的自尊心。然而耶穌却常以謙遜的美德爲訓，他向爭地位的門徒說：『爾曹中凡欲高大者，將要爲一切人的僕。』然而基督教徒，在一方面有蔑視嘲笑世俗的地位和名譽等的一種自尊心的。他們對於薩多凱一派和羅馬的官吏，常待以傲慢的態度。

節操　貴節操，也是希伯來人中的一種道德。在摩西的十誡中，雖也有不貞的一誡，但在基督教，更嚴格的定下節操的意義，就是不但講外形的純潔，並且重心裏的純潔。耶穌說：『凡見婦女而起色慾者，心中已姦淫了。』（馬太福音第五章）

（摩西十誡）爲希伯來人的道德律的摩西十誡，就是：（一）我爲爾神耶和華，爾在我的面前，不可奉我以外的任何物爲神。（二）爾不可爲我彫刻任何偶像，不可作何種形狀，不可崇拜任何形狀。（三）口不可濫言爾神耶和華的名。（四）做爾的業務六日，第七日不可再作任何業務。（五）要敬爾父母的教。（六）爾勿殺。（七）爾勿奸淫。（八）爾勿偸盜。（九）對爾鄰人勿立虛妄的證據。（十）爾勿貪鄰人的妻，勿貪得鄰人的家宅和其僕婢牛馬等一切財物。

總而言之，在和希臘人根本思想不同的希伯來人的宗教，對於各個德目，也都爲完全不同的評價；而揭出對立於希臘四主德的愛，信，服從，謙遜，節操等。（其後就以信，愛，望，爲基督教的三主德。）對於各個德目的見解，這樣不同，在倫理學史上算是深有興味的事實。

第三章　教父哲學

由保羅和約哈奈的神學而放曙光的基督教的教義組織，到二世紀以後，就顯然進步。基督教雖和希臘思想戰爭而得了勝利，但是征服了他，却不能向單純的宗教方面進行。爲組織教義起見，不得不採用希臘哲學的思想和概念。所以有名的教義史家哈爾那克稱基督教教義的組織爲『在福音的地盤上的希臘精神之事業』

在基督教會，由最初雖依親炙耶穌的使徒等所傳的傳說，而把教區別爲正統和不正統；但依希臘思想而組織的教義，又從而分爲異端和正說，而確定爲教會正統的教義。然而教會之內，現出種種傾向，而一般基督教徒所是認的具體的教義很不能確定。君士坦丁帝統一羅馬，到三二三年，把基督教定爲羅馬國教；並於三二五年在小亞細亞的尼愷亞(Nicaea)召集許多牧師開宗教會議，以圖謀教義的確定。有名的『尼愷亞會議』就是這個。從此以後更經數次會議，而基督教的教義方才成立。從尼愷亞會議以前，對於組織教義盡力的人們稱爲『教父』(Patres Ecclesiae)稱他的哲學爲『教父哲學』。教父哲學通常是以尼愷亞會議爲中心而分前後二期。前期是教義未定的時代，卽從紀元一百年至尼愷亞會議（三二三年）和宗教的柏拉圖學派並亞歷山大黎亞的宗教哲學同年代；後期是教義決定時代，從尼愷亞會議至中世紀初卽紀元八百年，和新柏拉圖學派同年代。所以由年代上說，那就如前所述，教父哲學也是可以列入於古代當中的。

影響於教父哲學的希臘哲學　先述這一類的大要，後再敍述教父哲學。

作教父哲學基礎的希臘哲學，不得不先擧司托亞學派。司托亞的汎神論・羅高斯說・心理說・認識論等，都給與教父以種種影響，但在教父時代末，就沒有直接影響了。

柏拉圖的哲學，雖沒有直接的影響，但像折衷的柏拉圖學派・斐倫等，其後像新柏拉圖學派等，從柏拉圖哲學變化出來的諸說，便很與教父哲學以不少的影響。尤其是非純粹的柏拉圖的羅高斯說・伊代亞說，也在教父哲學上生出重大的意義；依奧古斯都而與以整頓的形式，和中世形而上學就成爲不可離的了。像出於教父哲學的神祕說，也是從新柏拉圖學派出來的。

亞里士多德的哲學，對於教父哲學，並沒有什麽特別的意義；尤其是他的理神論，是不見容於教父哲學的。最後新柏拉圖學派的亞里士多德的說明，不過僅僅惹起基督教徒的注意罷了。

愛辟克魯斯是認爲和基督教的教義完全不能兩立的懷疑派也差不多是受所有的教父排斥的。

第一節　尼愷亞會議以前的教父哲學

在尼愷亞會議以前的教父哲學曾現出兩種傾向：(一)正統派(護教派)和(二)異教派(古挪斯提克派)。這兩派雖然互相爭鬬，但因亞歷山大黎亞教校派的人們包括統合而造成基督教的神學。

正統派　所謂正統派，就是當確定基督教教義時，尊重依使徒所傳播的傳說加他以合理的說明的一派。在正統派中，對於羅馬有司的迫害和異教哲學家的攻擊而特稱這辯護基督教的一派爲護教派，護教派中最著名的，就是殉教者入斯底弩(Justinus)，亞太拿高(Athenagoras)，帖阿腓羅(Theophilus)愛列弩斯(Irenaios)泰勒托里亞弩(Thetullianus)，赫鮑里圖(Hippolytos)；在羅馬人中就有密弩休·費黎克斯(Minucius felix)，亞爾挪伯吾(Arnobius)，臘克坦圖斯(Lactantius)等。

入斯底弩在護教派教父哲學家中，也是很著名的。他是傳希臘人的血統，而受希臘式教育的人。生於薩麻利亞，於一六三年(又云一六六年)被死刑於羅馬。

依入斯底弩所說，眞理就是『羅高斯』的啓示，而基督就是『羅高斯』；所以一切眞理就是在基督以前的，也都是基督教的。『羅高斯』的啓示，是從人類的肇始以來就有的，如庇塔高爾斯·蘇格拉底·柏拉圖等希臘大哲學家所認識的眞理，都是直接由神啓示，間接依摩西和豫言家的教訓而得的，並不是依自身的理性而得的。

然而這種啓示，雖還是斷片的，羅高斯到了耶穌，就開始被完全的啟示了。所以說基督教就是眞理的完成。他對於神，又承認混沌的物質的存在，以爲神是用物質造世界的，因此便倡二元論。

愛列弩斯（140－200）和他的弟子赫鮑里圖，是注全力攻擊古挪斯提克派（異教派）的。泰勒托里亞弩是反對以哲學說宗教的人，因人類自然的意志和理性都完全腐敗了，所以說『哲學爲異端的母親』。他有一句名言傳下來說：『因爲是不條理，所以我信』。

古挪斯提克派（異教派）　這就是開始試行基督教之哲學的組織的一派。他有種種的流派，但不單以信仰爲信仰而止，更要進而使信仰爲知識，這就是這派的根本的傾向。『古挪西斯』（Gnosis）是冥想的知識，卽是捉摸神祕的，直觀的，知識的意義。基督教不滿足於東方其他宗教的單純的信仰，而要由『古挪西斯』解脫，而入於天國。在倡極端的唯心論一點，是和那時代的阿可帶米學派，司托亞學派，或後出的新柏拉圖學派相似的。

古挪斯提克派的主要代表者，就是薩托爾尼奴（Saturninos），迦爾泡克拉太（Karpokrates），巴西蕾代（Basileides），娃倫提挪（Valentinos），伯爾帶撒耐（Bardesanes）等。

古挪斯提克派也取二元論，欲使神和物質相對峙；以爲神是萬物的太原，而爲不可名不可知的善。物質是和神有正相反對性質的東西——惡。神和物質中間，有若干勢力（鬼神）。在這種勢力中間，有高下的階級。對於這中間所存勢力的解釋，是因各學派而不相同的。

古挪斯提克派是把歷史當作宗敎的觀察。世界是善和惡爭鬬的，其爭鬬，依基督的救濟，終歸於善的勝利，且更把人類的歷史翻譯爲宇宙的歷史，承認歷史的事實有永刼的意義，而其開展歷史哲學思想的功績，是在史上不可湮沒的。

古挪斯提克派有些地方是與基督教會的信仰分離，所以護教派把他當作異端攻擊。然而在使基督的教義爲哲學的組織一點上，却是比護教派先一步的。他們所說的，雖是粗雜的，空想的，但却成爲經院哲學的先驅。古挪斯提克派，是從第一世紀繼續到第三世紀時的，而特別繁盛於第二世紀。

亞歷山大黎亞教校派　至此而護教派和古挪斯提克派就調和到一定程度。這一派雖想把宗教上的信仰表現爲知識，但却極力想不離反基督教會的宗教的意識。即以教會的信仰爲基礎，而試爲基督教哲學的組織。尼愷亞會議以前的教父哲學，就是依這一派達到目的，雖不完全，而基督教的神學却因此成立。這一派本來是從正統派出來，採取了古挪斯提克派的長處，可稱爲正統派中的古挪斯提克派。但由保守的正統派看，就以彼爲反於教會的信仰的異端，是從教會革除出去的教父。這派的代表者，有克里門 (Clemens Alexandrinus) 和其繼承者奧里格奈 (Origenes)。

克里門是紀元二百年時人。他是特別受了柏拉圖學派的斐倫，司托亞學派的謨梭紐斯的影響的。他雖像柏拉圖學派，承認神的超越，但却以爲靈魂寄住於伊代亞世界，而反對墮落而囚於肉體的話。還有，他述說從異教上行於基督教的古挪西斯的心理的發展，要經過：(一)羅高斯是從異教中使那有煩悶的病人得以解脫；(二)作爲指導者，由信仰引進於道德；(三)以知慧充當作爲教授的羅高斯的三段階，而達於司托亞學派所謂賢人的境域。

奧里格奈(185－254)是教父時代的最大學者。爲他的學說，受了種種的迫害，遂由亞歷山大黎亞府放逐境外去了。他最受影響的，是柏拉圖·斐倫和新庇塔高爾斯學派，而由新柏拉圖學派，不但沒有受別的影響，有的地方並且爲普魯克羅等學說的先驅。他比較克里門還更進一步，主張哲學不過是入基督教的一種方法。和克里門相同的，是以神爲純粹渾一，不變不滅的超越的存在，神的意志，是創造萬物的世界之絕對的原因。神是不變的，並不是直接創造個物的，萬物是依神的本質所啓示的羅高斯而創造的。羅高斯是由父神的意志而生的，是從屬於父神的第一神。父神是隱神，子神是顯神。由羅高斯又生出多數的聖靈。聖靈對於羅高斯的關係，與羅高斯對於神的關係一樣，都是從屬的。由羅高斯所生的聖靈，雖是以自由的意志爲其本性的；但若有誤用其意志的自由，而脫離神者，就沈淪於罪惡。雖沈淪罪惡，只要不是完全喪失了由神所賦予的本性，那麽依神的恩惠，而還是可以重新脫離罪惡的。神雖是由羅高斯而啓示一切國民的自己，但最完全的啓示，乃是基督做成的。基督就是羅高斯爲達到救世的目的而化身的人類。依這救世主而復歸於神，就是世界歷史將要到達的究竟。

奧里格奈的學說，有許多點和教會的正統的教義是不能相容的。至於那神和羅高斯並靈的從屬關係說，及關於基督教和世界的終極說，更引起了數世紀中間的反對論。

第二節　尼愷亞會議以後的教父哲學

教會的信仰，是以『神是依基督而救人類的』之事實爲中心的。所以(一)神，(二)基督，(三)人類這三種東西，乃是教會信仰的三要素。爲規定關於這三要素的教會正統的教義，從尼愷亞會議始，就開了許多的會議。因而在尼愷亞會議以後的教義確立問題，就集中在(一)神性論(二)基督論(三)人性論的三大中心。

第一問題的神性論(Theological)，因三位一體說(Trinität)而決定。最初把這一說提出於尼愷亞會議的，是亞達拿修(Athanasius)。依他說子神是以內的必然性從父神而生的，並不是由意志造到的；子和父恰像光線和太陽一樣，是同質(Homousie)的。這個同質說是承着亞達拿修和奧里格奈之說，而在那以基督爲神的創造的亞利約(Arius)中間生出了激烈的議論，但亞利約終歸失敗了。其後在君士坦丁堡會議(三八一年)而聖靈也加入同質說，就成了三位一體的教義。

第二問題的基督論(Christological)，是決定於神人說(Gottmensch)的。神人說，就是以基督爲神，而同時又以他爲人之說。照三位一體說，那麼子神(即基督)是和父神同質的。基督是有肉體的神，即是神人。所謂神和人的兩性質結合於基督一身，而不相互妨害者，就是神人的信條。在愛斐愛梭第一會議(四三一年)而主張神人說的，是凱里樓(Cyrillus)。而訥士多流(Nestrius)反對凱里樓，極端的倡神人兩性分離論；遊太開(Eutyches)又倡一性論，即神人兩性完全相結合而生一性的第三者。但凱里樓說終得勝利。然而在愛斐愛梭的第二會議(四四九)，遊太開說被採用；在加爾開頓會議(四五一年)，又使神人說佔勝利，遂確定他爲第二教義。

第三問題的人性論(Anthroplogical)，是依奧古斯都的原罪說而解決的。神性論及基督論的二問題，雖是在東方教會即希臘教會而決定的；但第三的人性論卻成爲羅馬教會的問題。羅馬教會，是在神性論·基督論的論爭告終，更發見有決定道德方面的教義之必要時，才開始活動的。茲把奧古斯都的原罪說述於次節。

第三節　奧古斯都

奧古斯都(Aurelius Augustinus, 354—430)生於非洲弩米的亞的塔迦斯太，受了聰明溫良而敬神念厚的賢母的養育十八歲時喪父遊學於加爾達額。從此感染了市井惡習，放肆逸樂以度日，雖慈母的訓誡，也不入於耳。他修論理學數學音樂等二十二歲時歸故鄉，敎授修辭學但以後移居加爾達額，更被聘於米蘭府。自從加爾達額遊學時，即信摩尼(Mani)宗，而抱着新阿可帶米派的懷疑說，更轉移到新柏拉圖派的學說。雖經幾度思想的變遷，可是到了和米蘭府大僧正安不羅休相識，就成了熱心的基督教信者，捨業而入於僧侶之列，與妻離婚，而避去世俗的繁累，斷絕所有的感情，而爲最嚴肅的禁欲生活，以後爲大僧正，而遺了盛名於後世。在許多著作中，有『懺悔錄』和『神府論』等，尤其是膾炙人口。

哲學說　奧古斯都起初信阿可帶米學派的懷疑說，以爲若要中止判斷，即可以得安心立命之所。但到以後就脫離懷疑論，而試求眞理的標準。他以爲：『懷疑是思維的結果，懷疑的存在，是豫想思維和思維者的存在的；自我的存在，是沒有可疑的餘地。』他以考究懷疑爲哲學的出發點，而證明自我存在的確實。他以後更進而述說自我是感性和理性所存的，拿他爲認識的淵源，而感覺的認識，單是關於外界的臆見；以這個爲機會，而達到眞理，乃是理性的活動。理性是分析判斷(概念)綜合判斷，而達到普遍的眞理(非單是眞而又包括善美)的東西，是各個人所共通普遍的。人有普遍的理性，而得認識普遍的形而上學的原理者，就是因爲有神的普遍理性存在。神是絕對的眞理，是至高的實在，是伊代亞的世界，是萬物的原因，是眞善美的根源。人是由神分來的，而人的精神，在某一點上，是與神一致的。他以爲認識神的道路就在乎愛神。以神爲所有眞善美的根源的思想，就是從新柏拉圖學派而來的。由懷疑而找出自我的存在和神的存在，就可以看作笛卡爾的先驅，對於神的愛的說，就可以看作斯賓挪莎思想的淵源。

人性論　奧古斯都把吾人的精神生活分爲(一)表象，(二)判斷，(三)意志三類，而以精神的實體爲統一這三者的東西。他又以自我的本質爲意志，而主張意志中心說；以爲一切活動，盡都是意志的作用。依他所說，認識和判斷，全是屬於意志作用的。以判斷歸於意志作用，意志是由判斷，而使感性的經驗從屬於理性所直觀的一般眞理。然而這個理性，是認識神的眞理的工具，而人類的精神，在此處沒有活動的餘地，所以他就變其態度，而以此歸於天啓，以爲可想世界單由天啓才得認識的。所以他就拿感覺和判斷爲意志的活動，以神的眞理的直觀歸於神恩。

神學說　奧古斯都的神學，是以人性論爲中心問題的。他說基督教的主眼，是神的救濟；而救濟的目的在人，所以要證明救濟的事實，就不可不先明瞭人性，這就是他所說的理由。

原罪說　人類是需要救濟的，是罪惡深重的。而能救吾人之罪的，只有基督。吾人是不得自救此罪的，因爲吾人爲罪惡所束縛，失卻意志的自由，陷入不得不犯罪惡的狀態。然而責任是豫想自由的，沒有自由的行爲，那就生不出責任。爲罪惡而被罰的行爲，是必不能不是由自由意志而出的。那麼自由意志存在那裏呢？奧古斯都就求之於原人。原人爲人類祖先的亞當，是有自由的，是能夠不犯罪惡的。然而他濫用自由，犯過罪惡，所以他的子孫，就含有那可以犯罪的性。人類本來雖有意志的自由，但因亞當而失卻了天賦的自由，這就是奧古斯都所說的原罪論。

豫定說　人類是罪惡深重的，雖沒有救濟的價值，沒有求救的權利；然而神還是遣送救濟者，去救濟人類。神的救濟沒有何等理由，是神任意所爲的，是全憑神的恩德的。何人可救，全依神意而決定，不是由人類行爲而決定的。因爲人類都是罪人，所以不能依人間的自由而自救。所謂救濟，是豫依神意而決定，就是奧古斯都的豫定說。

神救人類的罪，是要賠償的，作這種賠償的，就是基督。基督是救主，沒有基督就沒有救人類就不得不永遠受罪了。繼續基督的事業的，就是教會。教會有赦罪的權力，在這大地上，除教會外，再沒有救濟之道了。

德論　奧古斯都以(一)愛，(二)信，(三)望爲基督教的三主德，此外也承認希臘四主德（知慧·勇氣·節制·正義）想使這兩者得調和的結合。他以信神爲道德的根本要件，不由信而來的一切行爲，都是罪惡。而信和愛有不可離的關係，信由愛而生長，愛由信而加力，信和愛相結合，遂生望。所謂望，就是慕求那爲愛的對象的神的圓滿之相的喜悅之情。更論希臘四主德，以爲四主德不過是對於神的愛的變形罷了。所謂知慧，就是愛的選擇，助長自己而棄卻妨害自己的德；所謂勇氣，就是愛爲所愛者而忍受一切事的德；所謂節制，就是愛不同化於被愛者，而清潔自守的德；所謂正義，就是愛奉侍於所愛者，而守其節度的德。

奧古斯都的四德說，根據其師安不羅休『義務論』所表現的四德之說明。依安不羅休說，知是對於那爲最高眞理的神的信仰，勇是抵抗誘惑的鞏固的意志或是和罪惡交戰的剛毅的不動心，節是守適當的節度的行爲，正是爲公善所盡的博愛的義，相互之間皆有密接的關係。但不如奧古斯都，承認以諸德爲愛神的變形。

第四節　教父時代的道德

敍述教父時代的思想界傾向和主要的教父學說之後，再敍述這時代的一般道德的實情。基督教元來是在超自然界中求理想而以脫離現世為達到理想的彼岸的教義，所以最尊重禁欲的生活。像泰勒托里亞努，尤其是極端主張禁欲的。到基督教成了羅馬的國教，而對於一切教徒，像泰勒托里亞努所說那樣強制的極端禁欲生活，就做不到了。在這時，禁欲的生活單只是僧侶中間的必要道德；而一般基督教徒，就不一定要有和僧侶一樣的刻苦修行，厭棄世間的必要了。換句話說，就是厭世禁欲，並不是救濟上必不可缺的要件，祇是想做完全無缺的基督教徒的必要的修養。因而在當時的基督教徒，就有通常教徒道德和僧侶道德的二重道德。恰和古時希臘人分哲學家的道德和市民的道德是一般樣的。當時的僧侶，想遠隔俗界而為清淨如神的生活，尊重斷食祈禱和其他極峻嚴的刻苦的修行。像這樣的刻苦修行，原起自東方教會，而於第四世紀時，就擴張至西方教會了。刻苦修行的僧侶，漸從孤獨隱遁的生活脫離，而為團體的生活。因為相信團體生活是有益於修行的。住居於修道院的僧團，揭出重罪表，而繼續為嚴肅的刻苦修行。所謂重罪，以（一）傲慢，（二）貪婪，（三）憤怒，（四）多食，（五）不貞為主要，此外又加入二三嫉妬·虛榮·沈鬱·萎縮於其中，為八罪或七罪。沈鬱·萎縮，就是隨陰鬱·單調的僧院生活而自然易起的不德。僧院元來雖是對於公民的生活而起的，但以後教會和僧侶墮落了，而憤慨那戀戀於俗世間的榮華，抱有氣概的僧侶，來投者甚衆，僧院遂和俗僧相對立。僧院的僧侶雖亦標榜乞食僧團，衣食仰給於信者的施捨而以不蓄一錢於自身為理想；然一旦得了勢力，就漸次墮落如俗僧，貪戀富和名，更有其他僧院起而企圖法界的廓清。這樣救濟基督教的墮落腐敗，就在當時思想界成爲一偉大的貢獻。以後所述的經院哲學家，很多是屬於這僧院的人們。

第五節　黑暗時代

因奥古斯都，而基督教義的組織，就告一段落。到那把這教義試爲哲學的組織的經院學派止，四百年間，就是歐洲歷史上的所謂黑暗時代。北方蠻族，蹂躪羅馬帝國，對於古代文化，企圖暴戾的破壞。在這黑暗時代，保存希臘羅馬的文化，教化蠻人，而啟近世文明端緒的，就是教會。當時的寺院就是文藝學術的隱居，僧侶就是知識的寶庫。然而當時僧侶，單以古典的編纂解釋爲事，沒有什麽創見。關於道德論，不過就是倣照奥古斯都，討論希臘人的四主德，和基督教的三主德，或者對於僧院的主罪，做解釋罷了，沒有什麽學說可以敍述的。

黑暗時代的道德　黑暗時代的寺院，旣是文藝學術的隱居，同時又是維持社會風紀的法庭。當時的教會，設下嚴峻的制度，教會人員，不用說，可以處罰一般人民的犯罪，以維持頹然的社會的風教了。在當時的教會，把罪分爲(一)輕罪，(二)重罪二大別；輕罪依祈禱，施捨，斷食等以解脫，重罪則從教會會議所定的懺悔書中的處罰法，若自己懺悔而不能受肉體上很大的痛苦，那就難免墮於永刼地獄了。而此懺悔書中所錄的極其苛酷。例如犯多食罪的，就一定要行自三天至四十天以內的斷食，犯不倫罪的，就要作數年或一生間的懺悔；對於每一條罪都記着苛刻的處罰法，若不照這本文去行，那麽罪惡便難得赦免了。西羅馬帝國瓦解以後，這種宗教的司法制度，組織就日益鞏固，而教會就變成統治者的盛觀；更進一步，就出現了兼攝政教二權的神聖羅馬帝國，演成信仰爲唯一無上的威權，而成爲不顧理性要求的教權萬能主義的世界。這樣一來，原始基督教的精神，就完全消滅，而生出盲從教權的他律的道德。

附教父哲學(約表)

基督教和基督教道德

- 基督教
  - 教義
    - 1. 發源於猶太教，而和猶太教沒有根本的矛盾。
    - 2. 唯一神的造物主是萬民的父，人類一總是受天父的愛的同胞。
    - 3. 我等敬愛天父，亦如天父之愛我等。本應當以一切人們爲同胞而都加以愛的，人們卻忘了天父，趨向罪惡。故不可不悔惡而復歸於天父。
  - 傳播
    - 移入羅馬的經過
      - 1. 因保羅而入羅馬受種種迫害。
      - 2. 君士坦丁帝時遂成羅馬國教。
    - 基督教勝利原因
      - 1. 比較向來宗教多有民衆化的固有價值。
      - 2. 當時社會事情使基督教容易傳播。
      - 3. 基督教拿來世觀念滿足羅馬人民的新渴望。
  - 神學組織的嚆矢
    - 保羅
      - 人類是因亞當墮落而成背神的罪人。然而神又憐憫人類，將耶穌遣送此世。
      - 耶穌就是人類的救主。
    - 第四福音書作者(約哈奈)…耶穌和羅高斯同爲一體。

基督教道德

- 希臘思想和希伯來思想的比較

〔希臘思想〕	〔希伯來思想〕
1. 自然主義・現實主義	超自然主義・未來主義
2. 自由主義・自律主義	他律主義・服從主義
3. 主知說	主情說
4. 科學的・實驗的	信仰的・獨斷的

- 基督敎道德
  - 排希臘四主德
    - 知慧…是有妨信仰的，是有害無益的。
    - 勇氣…對他單有忍從。
    - 節制…快樂是始終當排斥，而不認節制的德。
    - 正義…尊重他人的權利，不可主張自己權利。
  - 德目
    - 愛……愛恤鄰人，同情於不幸者，對敵人也接以溫情。
    - 信……對神的信和對同胞的愛，是同一原理的兩方面。
    - 服從…人若打你右頰，你再與以左頰。
    - 謙遜…你們當中要想爲最大者，就是爲一切人的僕人。
    - 節操…見婦女而起色情者，是心中已犯姦淫了。

- 教父哲學
  - 1. 稱那有力於基督教義組織的人們為教父，稱這一派的哲學為教父哲學。
  - 2. 及至成為羅馬國教，開尼愷亞會議而確定了教義；以這會議為中心，而分教父哲學為前後二期。

- 正統派
  - 意義
    - 尊重由使徒所傳的傳說，加他以合理的說明，而欲以信仰為概念的理解的一派。
  - 護教派
    - 正統派的一派，是對於羅馬有司的迫害和異教哲學家的攻擊，而辯護基督教的。
  - 護教派代表者
    - 入斯底弩
      - 眞理是羅高斯的啓示，而耶穌就是羅高斯。所以一切眞理，在耶穌以前，也都是基督教。
    - 亞太拿高
    - 帖阿腓羅
    - 愛列弩斯
    - 赫鮑里圖
      - （愛列弩斯、赫鮑里圖）注全力攻擊古挪斯提克。
    - 泰勒托里亞弩……反對以哲學說宗教者。
    - 密弩休
    - 亞爾挪伯吾
    - 臘克坦圖斯

尼愷亞會議以前的教父哲學

古挪斯提克派

意義

1. 不單以信仰為信仰而止，更進而使之為知識，是開始試行基督教哲學的組織的一派。
2. 『古挪西斯』是冥想的知識的意味。

代表者

- 薩托爾尼奴
- 迦爾泡克拉太
- 巴西蕾代
- 娃倫提挪
- 伯爾帶撒耐

學說要旨

1. 二元論……以神和物質對峙。
2. 神是萬物的大原，而是不可名不得知的善，物質是和神有正相反對性質的惡。
3. 在神和物質中間，有若干勢力。
4. 歷史的宗教的解釋。

意義

1. 被稱為正統派中的古挪斯提克。
2. 雖以宗教上的信仰為知識的表現，但總想不反對基督教會的宗教的意識。

- 亞歷山大黎亞教校派
  - 3. 護教派和古挪斯提克依此派而達到某種程度的調和，尼愷亞會議以前的教父哲學就是依這派而達其目的。
  - 代表者
    - 克里門
      1. 以哲學爲基督教的手段。
      2. 雖認柏拉圖學派那樣神的超越，但反對靈魂住於伊代亞世界，墮落而被囚於肉體的話。
      3. 述說由異教上行於基督教的古挪西斯的心理的發展。
    - 奧里格奈
      1. 哲學不過爲基督教的手段。
      2. 神是超越的存在的。
      3. 由神生羅高斯，由羅高斯而生許多聖靈。神·羅高斯·聖靈的關係，是從屬的。
- 教會信仰的三要素
  1. 基督教的信仰，是以『神因基督而救人類』的事實爲中心；所以教會信仰的三要素就是：(一)神，(二)基督，(三)人類三者。
  2. 在尼愷亞會議以後，許多在會議中的問題都是確定關於以上三要素的教會正統教義的。

- 尼愷亞會議以後的教父哲學
  - 教義確立的三問題（在尼愷亞會議和以後的會議）
    - 神性論
      1. 由三位一體說而定。
      2. 三位一體說是基於亞達拿修在尼愷亞會議提出的同質說，在君士坦丁堡會議成爲教義的。
      3. 子神是因父神的內的必然性而生的，不是依意志創造的，是同質的（同質說）。
    - 基督論
      1. 由神人說而定。
      2. 凱里樓提出於愛裴愛梭第一會議，經種種變遷，在加爾開頓會議確定爲教義。
      3. 基督是神同時也是人，神和人的兩性，在基督一身結合而不離。
    - 人性論
      1. 依原罪說而解決。
      2. 原罪說爲奥古斯都所倡（見次節）。

1. 由懷疑論生出，脫懷疑論而求眞理的標準。
2. 自我是感性和理性。感性的認識，單是關於外界的臆見，以此爲機會而達眞理的，就是理性。

奥古斯都

- **哲學說**
  - 3. 人有普遍的理性，而認識得普遍的和形而上學的原理，就是因爲有所謂神的普遍的理性。
  - 4. 神是絕對的眞理，至高的實在，眞善美的根源。
- **人性論**
  - 1. 精神生活分（一）表象，（二）判斷，（三）意志三者，而以統一這三者的東西爲實體。
  - 2. 以自我的本質爲意志…意志中心說。
- **神學說**
  - 1. 原罪說
    - 1. 人類祖先亞當，是有意志自由的。
    - 2. 然爲濫用自由而犯罪，子孫就都含有犯罪性。
  - 2. 豫定說
    - 1. 人是罪惡深重的，不值救而也沒有求救的權利，然而神是救濟人類的。
    - 2. 救濟是神的任意，神的恩德，神的豫定。
- **德論**
  - 1. 以愛信望三者爲基督教的三主德，此外又認希臘四主德而企望其調和。
  - 2. 以希臘四主德爲愛的變形。

- 教父時代的道德
  - 僧俗二重道德的成立
    - 基督教原來是最重禁欲生活的，但基督教成為羅馬國教以後，僧侶和一般教徒的道德就分開，而厭世禁欲單為僧侶的必要的修養。
  - 僧院道德
    1. 僧院就是遠隔俗界而為清淨如神的生活的僧侶團體。
    2. 主罪表：傲慢・貪婪・憤怒・多食・不貞・嫉妬・虛榮・沈鬱萎縮
    3. 僧院原是與市民生活對立的，但教會和僧侶墮落，同時又與俗僧相對立，而為廓清法界的團體。

- 黑暗時代
  - 黑暗時代
    1. 從奧古斯都到經院哲學出現，約有四百年。
    2. 羅馬帝國為北方蠻人蹂躪，文藝學術僅由寺院保存。
  - 黑暗時代的道德
    1. 教會懲罰人民的犯罪，而維持社會的風紀。
    2. 分輕重二罪，適用教會所定懺悔書的處罰法。
    3. 教會權力漸次增加，遂成教權萬能主義，而原始基督教的精神滅亡。

第四章　經院哲學

把奧古斯都的粗達完成境域的基督教的教義，再加以哲學上的論證的，就是經院哲學。何者當信，就已經教會的教義決定了。既決定的教義，究竟是合乎道理的麼？這就是經院哲學所要解決的地方。基督教義說三位一體，何故三位一體，這是經院學派所要問的。經院哲學的職務，就是表示信仰和理性的一致。教會的信仰，是不磨的眞理。要使理解這不磨的眞理，就是哲學的目的，就是經院學派人所說的。經院哲學的職務，在證明教會的教義何故是眞理，所以若哲學是探求眞理的，那麼經院哲學，就不算是眞的哲學。教父哲學雖吸收哲學思想而組織教義，但經院哲學卻把已組織的教義爲哲學的證明，以養成傳教師爲目的的教會學校，卽在經院(Schola)所以及起於這派學者之中的，就得了經院哲學的名稱。

經院哲學，是中世紀思想界的主流。在經院哲學的一傍，有神祕派的支流，自然科學的研究系統，雖也存在；但比着經院哲學，是徼靡不振的，所以中世哲學，就只好推經院哲學爲代表了。

經院哲學通常大別爲三期：第一期是從第九世紀至第十二世紀的發生時代；第二期是第十三世紀的全盛時代；第三期是第十四十五世紀的衰頽時代。在第一期，是柏拉圖學風的實在論；在第二期，是亞里士多德學風的實在論；在第三期是唯名論，爲他的哲學的基礎。大西博士說：『以中世紀哲學的經過，比希臘哲學，可以說恰呈反對的形式。希臘哲學原來是由學術的研究脫離通俗的宗教而成的；但到他的末路，柏拉圖學派，遂和俗間的宗教相合，簡直可以說離開宗教的思想，便無哲學。中世期的哲學，原來雖是確信宗教和哲學相一致的，但到了他的末路，兩者就完全異其範圍了。』(西洋哲學史三九一頁)

第一節　發生時代的經院哲學

萬物是由無限無形的絕對的存在(卽神)流出的，因其遠隔於神，漸次就成爲不完全的了。欲成爲完全的，就不可不更上一層，再與神相合。這是新柏拉圖學派的思想。受這一類的影響，而爲經院哲學淵源的，就是司科托·愛爾格那(Scotus Erigena)。

愛爾格那相傳是愛蘭土人，被聘於巴黎宮廷學校爲教授。生年不詳，但有人說是在紀元八百年乃至八一五年的。八七七年時，他還生存着。愛爾格那的思想，受新柏拉圖學派的學說影響很不少。他以爲萬物絕對的原因就是神，森羅萬象，盡都是神的表現。然因爲神是超越萬物的，所以就不能限定性質，或是附着形容了。神所發現的萬物，都是以至善爲極致的，所以凡實在都是善。惡是有消極的性質的，卽實在的缺乏。神是萬物的原因，又同時是萬物的窮極，所以一切物都以合歸於神爲終局的目的。在嚴密的意義上，他還不能稱爲經院學派。然而他說：『眞正的宗教就是眞正的哲學，眞正的哲學就是眞正的宗教。』是把經院學派的精神明白敘述出來了。他是努力論證教會教義和理性的一致的。他所謂理性，不是論理的推理之力，是直觀眞理的。他稱理性爲知識的直觀。教會的教義和理性，是安息穆論證的標準。但因動不動就有置重於理性的傾向，所以教會斥他爲邪說。在一般人輕視哲學的時代，先有此卓見，是很可敬佩的。

比愛爾格那後出，在經院哲學的組織上更進一步，而在嚴密的意味上，能稱爲經院學派的祖宗的，就是安息穆(Anselmus)。

安息穆於一〇三三年生於奧斯達，歿於一一〇九年。是康塔伯里的大監督。從愛爾格那到安息穆約百五十年間，歐洲幾化爲天地擾亂的世界，而思想和學術上，都沒有什麼可觀。安息穆還是較愛爾格那使信仰和知識的關係更爲接近一層的信仰是先於知識的東西。沒有依知識去理解信仰的力者，單信仰雖然是很好，但是至少要有理解信仰的知識者，才可以進而求信仰的理由。他說加上知識的信仰，是較優於單獨信仰的。他還以爲信仰和知識是必相契合的，所以即使沒有特別的天啓，也能由理性來建立信仰的。哲學是一定要證明那使不信者首肯之宗教的眞理。以柏拉圖學派風的實在論爲骨髓，襲取奧古斯都的學說，把那在教父時代所決定的教會的教義，從哲學上去論證他而建設了一大系統，這就是安息穆的神學。

實體論的論證　安息穆對於神的存在，曾爲有名的實體論的論證。他說：事物若是存在的，就不能不有絕對的普遍的存在作爲這個事物存在的依據。這絕對的普遍的存在，即是神。神是絕對的完全的，而比神更優的完全，是不能想像的。在神的觀念當中已經是含着神的存在的話的了。怎麽說呢？單在思想上的存在（單於吾人的心上所能思維的事）總不及實際上的存在更爲完全的實在。神若單是思想上存在的，那就不能不有比較神更優的東西眞實存在了。然而吾人想不出更有優於神的實在，所以神，不單是吾人思想上的實在，而是絕對的實在。安息穆的論證，是由神的概念上論證其存在的；這種以神爲絕對的普遍的存在的思想，就是以柏拉圖的伊代亞論爲根據的。

救濟論　萬物是依神的創造力，由無而造出的。所以萬物是無，單不過是依神而存在的罷了。萬物的實體乃是圓滿的神相的發現。萬物是爲顯現神的光榮而造的。在神所創造者當中，最高的就是那爲理性的存在者的天使和人類，彼等都有自由意志。然而天使誤用意志的自由而犯罪。一方面爲顯現神的光榮而生天使，一方面天使又想離神而獨立自存，充滿自己的欲望，於是就生出罪惡。罪惡是由意志誤了方向，離神而趨於無的方向生出來的。天使犯了罪惡而墮於深淵，在神的光榮上生出缺損，所以爲補充其缺損，天使就蒙永刧的責罰，更造人類。然而人類也犯罪，又使神的光榮生出缺損。人類的墮落，是對於神的無限的罪過。要償還無限的罪過，就不可不依無限的功德而與神的正義以滿足。然而人類無論爲如何善行，祇算是對於神盡當然的義務，決不能算什麼功德。人類是不能自救的，祇有神可以救他。然人類所犯的罪過人類不能不自負責任，所以人類的救濟，固然要依靠神，可是同時也要依靠人類自行做起。爲救濟人類，而出現於世的神人，就是基督。基督無罪，而嘗十字架的苦，是有消滅人類罪的無限功德的因。基督，人類才得免罪。基督是神而人者也，是神爲代人類贖罪而使出現於世的人。以上是實體論的論證，也就是安息穆有名的救濟論的要旨。

實在論和唯名論　安息穆的神學，以柏拉圖的伊代亞論爲根據，而立在以普遍爲實在的實體論上，在前面所述，已經是很明白的了。原來教會的教義，以三位一體爲信條之一，不但是承認父和子和聖靈合一的神的普遍本質，而加特力教會(天主教)就不單是信教的集合，還有立在上面的獨立的權力，所以無論是從教義上看，或是從教會性質上看，想使信仰合理化的經院哲學者採用那以普遍爲實在的柏拉圖的伊代亞論，乃是必然的結果。

普遍果是實在與否的問題，到了安息穆時，漸漸惹起學者間的注意，而反對實在論的唯名論，就起而和實在論爭鬬了。唯名論是反於實在論，而否定普遍的實在，以爲普遍單不過是在個物之後面的名目罷了。創倡唯名論的人，就是羅塞努(Roscellinus)。

羅塞弩生於十一世紀，在一一二一年時還生存。他說：『實在單是不可分的個物，而普遍不外是總稱個物的名目。』他把這種思想應用於三位一體說，以達到一種三神論。他說：『若沒有三神，那麼父子都不得不同時爲人類了。換句話說，就是不能說子單獨化身而父不化身；所以若父和子爲一體，那麼父自身就不能不爲自身和人類的媒介了。』

對於羅塞弩的唯名論，自安息穆以後，有很多激烈的反對者。當時的教會，以安息穆的實在論爲適於教旨，遂於一〇九二年賽孫 (Soissons) 會議時而斥羅塞弩爲異端。反對羅塞弩的唯名論，而主張極端的實在論的，就是夏謨鮑人維廉 (Wilhelm, 1070－1121)。

維廉單以普遍爲唯一的實在，而以個物的差別爲非實存的偶然的外相。在這樣極端主張實在論的時候，生出種種難點，反使實在論有趨入破滅的憂慮。所以在實在論者當中，用種種形式來說明，想躱避由極端說所生的困難者就很多了。

在用種種形式的來說明的當中，實在論就漸次近於唯名論；到了亞畢剌都 (Abelardus, 1079－1142) 遂卽現出調和的端緒來了。

亞畢剌都就學於羅塞弩及維廉，他是一位頭腦明敏和俊秀的辯證家。經院哲學的辯證由他達到極頂。亞畢剌都立於實在論和唯名論的中間，以爲普遍是實存於個物當中的。他說：言辭或名稱，單只是一言一名，而並不是普遍的東西。然而用他表白某事物時，卻生出普遍的意味。例如說某人是人的時候，人的名稱就生了普遍的意味。

像這樣依一主語而表白出來的客語，就形成吾人概念的思想。像這樣應用有普遍意味的客語於事物的認識，若成爲必要，那麼在事物中適於普遍性的就不能不是眞實存在了。這就是存於個物中的類同性(Conformitas)。在個物中存有類同性，就是個人仿傚神意中的同一觀念而造出的。

認普遍性在個物之中的亞畢剌都的實在論，差不多和亞里士多德的立脚地是相同的。柏拉圖以爲普遍性存在於有個物之先，名目論者以爲普遍性存在於個物之後。亞里士多德和亞畢剌都，都承認普遍性是存在於個物之中的。亞畢剌都雖和亞里士多德從相同的立脚地上說普遍性的實在，但他並沒有受着亞里士多德的影響，不過立說偶然相一致罷了。亞畢剌都的實在論，不單是把唯名論和實在論的爭鬬劃一段落，並且成爲以亞里士多德的實在論爲基礎的第二期經院哲學的橋梁了。

倫理說　亞畢剌都要使倫理學脫離宗教的形而上學的假定，而成爲獨立的一科，這是他在倫理學史上可大紀特紀的一種卓見。他的倫理說，是極端的動機主義。他以爲道德的本質，在乎意志的決定。不依意志決定的動作(例如無知或出於強迫的場合)是下不得道德的評價的。使意志決定的，是良心。順從良心的行爲，不管結果如何，都是善。德行的標準，就是服從良心。良心是萬人相通的自然的道德律。若把道德律的內容約起來，就可以歸到愛神的一語，基督教的精神，也是不能出於此外的。

神祕說　和辯證的推理而使信仰爲合理化的亞畢剌都的主知說相反，而遵由傳統的道，以論信仰的一派，就是所謂神祕派。聖威克托僧院派的人們，就屬於這派。他的代表者，有武額 (Hugo, +1096－1141) 李嘔多

(Richardus, +1173)托馬斯・迦爾士(Thomas Gallus, +1246)等。其中武額爲聖威克托派神祕家最著名的神學者。武額說宗教上的事情是以信仰的實驗爲先的反乎道理的事雖原來是不得信仰的，可是依理性而考慮過的事也就含在信仰當中的了。欲使信仰問題單依辯證法而定，就是弄窄了宗教上的事情的。吾人的知識，雖可分爲(一)外界的知覺，(二)內心的直觀，(三)神的直觀三級，但這最高級不但是沈思冥想觀察事物的眞相於心中，並且要融合於神才可以達到。武額的神祕說從李噶多經托馬斯・迦爾士，而成了愛克哈爾和尼苦老・克薩挪等神祕說的淵源。

和聖威克托派的神祕說完全不同的系統中，有伯爾拿(Bernard, 1091—1153)其人。他是忌嫌理論的神祕家，而屢屢反對亞畢剌都的。

自然研究者　在神祕家以外，有人不滿足那些徒弄論理而熱心於普遍性對個性論的辯證派的態度。這就是自然研究者的一派。介爾伯(Gerbert, +1003)，坤解斯人格約謨(1026—1091)，夏爾托人伯爾拿等，就是他的代表。介爾伯接近亞拉伯學者，而受其影響，因大倡數學和自然科學的必要。

神祕學派是欲自識其內心，而自然研究者，卻偏向於自然界的研究，而和鑽心於辯證法的經院哲學，步驟不同。但此兩派的勢力極其微弱。然而辯證的思想，在亞畢剌都時已達到極頂，從此以後的經院哲學家，就單以搜集神學上的異說比較整頓爲業。這就是被坡托爾・倫巴爾杜(Petrus Lombardus, +1164)代表着的總要派。

第二節　全盛時代的經院哲學

在亞畢剌都以後顯著陷於不振狀態的經院哲學，受了亞拉伯和猶太學者所傳來希臘哲學（特別是亞里士多德哲學）的刺戟而開一新生面，遂成了第二期的全盛時代。所以論全盛時代的經院哲學，很有明瞭亞拉伯和猶太哲學思想的由來和經過的必要。

一　亞拉伯和猶太的哲學

謨罕默德教徒從亞拉伯起來征服四方，建一東自印度，西經亞非利加北岸，至西班牙的龐大國家。在謨罕默德教國從第九世紀到十二世紀文化就著著進步，以至凌駕西歐的基督教國以上。不但是數學天文學化學生理學等駸駸發達，並又盛行研究希臘哲學，而著名的學者，相繼輩出。以唯一的原動者爲神的亞里士多德的有神論，尤其是適於禮拜一神的謨罕默德教的教義，在彼輩中間，是具備着比較容易普及的要素的。然基督教國的哲學者，多是僧侶；反過來而亞拉伯的哲學者，卻多是醫生。因爲從宗教上着眼，受了多少的猜疑，所以和經院哲學面目很是不同的。

亞拉伯學者最初所受的影響，是新柏拉圖學派的思想，以後才溯及於亞里士多德。受新柏拉圖學派影響的最初學者，是亞爾肯笛（Alkendi），而繼續的是亞爾筏拉毗（Alfarabi，＋950）等。亞里士多德學者，已於述古代思想時在亞里士多德學說影響的題目中敍其大要，不能不以伊本・錫那和伊本・魯西德爲東西的代表者。

伊本・錫那（Ibn Sina，980－1038）是被歐洲學者稱爲愛威因那（Avicenna）的鮑克哈拉人，爲東方亞拉伯學者的巨擘。他採取二元論，以爲爲萬物的太原的神，絕對是純一完全的東西，對於此而存在的物質，就單不過是可能性。世界是神取物質創造的，是不完全的世界；世界個物而有差別，就是以物質爲原因。由神而直接生出的，是理性，理性是司一切世界的，是與物質以定形的。他把普遍分爲三樣：(一)是在物之前的普遍，(二)是在物之內的普遍，(三)是在物之後的普遍。凡一切多數的物，都是仿傚神意中的觀念而造出的，所以爲那物的模範的觀念，即先於多數物而存在於神的心中，這就是第一的普遍。又有那爲一種類事物的普遍性，存在於許多物中，這就是第二的普遍性。其次在觀察許多事物時，就在吾人心中形成了一個概念，這就是第三的普遍。

伊本·錫那以後，東方的哲學研究漸次衰頹，現出種種懷疑說，而哲學成爲不足信賴的東西。有些人以爲安心立命，祇當依單純的信仰，恰好那時在西方的西班牙，這種哲學的研究熱，就顯著的增高起來了。

伊本·魯西德(Ibn Rosehd, 1126—1198)，是被歐洲學者稱爲愛威盧士(Averroes)的，是西班牙戈爾杜窪人，爲西方亞拉伯學者的代表。夙以註解亞里士多德著作著名，使眞亞里士多德再現，就是他的一貫目的。他排斥伊本·錫那的二元論，以爲神(形相)就是在於物質(質料)中的可能的未現狀態。他又把理性分爲(一)能動的理性，(二)所動的理性二種。能動的理性，是共通於全人類的普遍理性，所動的理性，是個人特有的理性。個人的理性，是和身體一齊生滅，普遍的理性，卻是永劫不朽不滅的。使亞里士多德學說中最不明瞭的理性明瞭了。這理性不滅說，就是愛威盧士所說的。

希臘哲學思想，從亞拉伯學者，移到西班牙的猶太人。猶太學者的代表，最初可舉的，有伊本·迦伯盧 (Ibn Gabirol, 1020—1070)，即歐洲學者稱爲愛威賽伯崙(Avicebron)的。但後起而稱爲猶太哲學的巨擘者，還是下面所述的毛塞・板・瑪易門。

毛塞・板・瑪易門（Moses ben Maimon, 1135－1204），被歐洲學者稱為瑪易毛尼代（Maimonides）。生於西班牙的戈爾杜窪，死於開羅府。博學高德，為『猶太的柏拉圖』或『以色列的明燈』而受極大的尊敬。在大體上，他雖奉亞里士多德的學說，但他在猶太教的立脚點上，就倡神是從無之中造成形相和質料的。

繼瑪易毛尼代之後，更詳細研究亞里士多德的，就是萊威・阪・格爾休謨(Levi ben Gerschom)。他是一二八八年生的，歐洲學者稱他為格爾蘇尼代(Gersonides)。

猶太學者，也有採取懷疑說，以信仰猶太教的傳說為安心立命的要諦的。

二　亞里士多德哲學的全盛

亞拉伯學者，和猶太學者所熱心研究的希臘哲學，依猶太人的手，而傳於自第十二世紀中葉到第十三世紀中葉，約百年間的基督教國來了。最初輸入基督教國的亞拉伯和猶太學者的著述，多帶着新柏拉圖學派的臭味，所以受基督教會的反抗。因此就災及亞里士多德的著者，一二一〇年，把他的物理學書，一二一五年，把他的形而上學書，在教會中都一概禁止了。以後，彼等明瞭亞里士多德的思想和新柏拉圖學派的思想完全異趣，翻過來承認他的思想為教會學者所必不可缺的東西，因而教會便奬勵人研究他的著作。亞里士多德和約哈奈被尊為關於神恩的基督的先驅者相似，也被尊為關於自然的基督的先驅者。亞里士多德哲學被教會這樣歡迎，也有種種的理由。

最主要的理由，就是亞里士多德的哲學，最適合於教義神學的組織。經院哲學是由確信理性和信仰一致的話而發的，但從十二世紀末葉把自然和神區分開，以爲哲學的（自然的）眞理，不必就是宗教的眞理，經院哲學者的確信，到此就漸次廢弛了。挽回這種傾向，而救經院哲學的破滅，自然要以採取以神（純粹形相）爲自然的太原的亞里士多德哲學，以表示神和自然相一致，最爲得策。

其次亞里士多德的哲學勢力普及，要想把他壓倒，很不容易做到，所以容納他而以之爲教會的教義的辯護，使違背教會教義諸說歸於沈默，眞是最良的手段。

此外還有亞里士多德哲學的方式，尤其是他的論理式，能與便利於教義神學的組織等，也是一種理由。

亞里士多德哲學，就這樣得到經院哲學者的幫助，扶植他的勢力，而占了牢不可拔的地位。以後凡說哲學者(Philosplus)，就含有亞里士多德的意味；他的學說，就成爲判別邪正的唯一標準。至不依個人的理解力去推理，倒相信他哲學所指示的，就是眞理。

採用亞里士多德哲學的經院哲學者當中，最主要的，不得不先舉亞歷山大，亞伯圖・馬格帑斯，托馬斯・亞基那三人。

亞歷山大（Alexander）生於英吉利，死在一二四五年。是有名的巴黎大學的神學教授。入亞西錫的聖富蘭提克宗派，而定前期富蘭提斯康學派的基礎。他想把亞里士多德的哲學和從來傳統的神學，試行綜合起來，然而總是膚淺之談。

亞伯圖・馬格努 (Albertus Magnus, 1193－1280) 是德國人，是開始使亞里士多德的思想接近於教權所認可的學派。他有俊秀的才能，和超羣的精力，爲結合新舊思想而集成了教父時代希臘猶太亞拉伯等多方面的思想材料；大亞伯圖的名聲便馳聞於後世。然而他祇把種種思想雜然並集，並沒有成功銳利的批評家，因而他也沒有可傳的創見。他論普遍性，斷定是先於個物而存在，是存於個物當中，存於個物之後的，但這種解釋，已經是發源於亞伯圖，而爲愛威因那(伊本錫那)所道破。他又區別哲學和思辯的教義學，使三位一體和羅高斯的化身等，從純粹理性的思辯範圍內排除出去。亞伯圖最注力的，是自然科學和自然哲學。在亞伯圖以後，有亞伯圖學派興起。

三　托馬斯・亞基那

托馬斯・亞基那 (Thomas Aquinas, 1225－1274) 生於意大利。是亞基弩伯爵的兒子，多米尼康派的僧侶，而爲經院哲學者的代表。他是亞伯圖的門生，完成了亞伯圖的事業。亞里士多德的哲學，雖被收入於亞伯圖學說之中，但還沒有和教會的信仰合一，猶自成爲一說，而與神學相並立。到了托馬斯，而哲學和信仰，方能結合起來，教義神學的大組織，於是成立。他是教會哲學的完成者，至今日尙尊爲加特力教會模範的哲學者。

世界觀　托馬斯・亞基那根據亞里士多德的思想，以說明世界。以爲一切事物，都是形相（本質）和質料（個別原理）結合而成，一級一級的發展。形相就有物質的形相和純粹的形相。物質的形相，不能離去個體，純粹的形相，得完全和個體分離。神，天使，和吾人的精神，雖然都是純粹的形相；但吾人的精神，因爲是最下級的形相，所以和肉體的物質相結合，而成爲人。人因此使爲物界和非物界的連鎖。總而言之，『世界的事物，是保着形相和質料的關係，從最下級至最上級而爲等級的發展。發展的極致，就是人類的生活。而人類的生活，是經由天使而和那爲絕對的純粹形相的神相連的。』這是托馬斯的發展的世界觀，這種世界觀，就是他思想的根柢。

決定論　托馬斯以他的發展的世界觀爲基礎而論神，以爲神是純粹形相。他排斥由安息穆的神的概念，而推論存在的本體論的說明，採用亞里士多德的論法，論證神的存在和其全知全能的事爲經驗的·合理的；更進而及於萬物的創造，以爲神是由無而造世界的，神創造世界的動作，是由善的觀念而規定的。這就是他所倡的有名的決定論(Dedermínism)。神當造此世界時，雖又思維無數可能的世界，但世界中最良的，就是現實世界，故把他造成。神以知力來把他所認爲善的創造起來。

托馬斯在和他決定論同一的立脚點上，討論人類的意志，把知力放在意志之上，創立那所謂以知力決定意志的主知的豫定說。所謂意志自由，要不過是選擇的自由。在人想達到某種目的時，悟性就指示出可以達到目的的許多方法，那麽在這些方法之中，那個方法爲最好，那就是知力所指敎的。意志從知力所敎而活動。故意志的自由，畢竟是必然基於知的根柢的。

倫理說　托馬斯舉『神恩裏的生活』(撒苦拉曼托)爲人生至高的目的。所謂神恩裏的生活，就是認識神和愛神的意思。神是發展極致的，是全知全能的。人生至高的行爲，是依知力而爲神的認識，而對於神的愛，是由認識的結果而生的。即托馬斯把神恩裏的生活爲主知的解釋。

然則入於神恩裏生活的道途，卽認識神的方法怎麼樣？托馬斯的答語便是修德。他舉出希臘四主德（知慧・勇氣・節制・正義）和基督教三主德（愛・信・望）爲他的德目，稱前者爲自然的德（現世的德），稱後者爲超自然的德（宗教的德）。對於自然的德，採取亞里士多德之說，區別爲知的德和實踐的德，而把知的德置於實踐的德以上。他又把現世生活，看作神恩裏生活的準備，所以超自然的德，比較重於自然的德。自然的德，卽人力也能得到；至超自然的德，卻是神恩所賜的至高的德。若沒有這種德，就不能識神愛神了。達到神恩裏生活的，就是靠着愛・信・望三德。

托馬斯以爲人生至高的目的，在乎神恩裏的生活，而現世的生活，不過爲神恩裏生活的準備。因而把教會置於國家之上，把神恩的領土置於自然的領土之上，把宗教的道德置於公民的道德（卽希臘四主德）之上。然而國家和教會，自然的領土和神恩的領土等，都是階級相接，低者就是高者的不可缺乏的發展基礎。

因托馬斯而使經院哲學達到全盛時會，在彼以後，雖生出許多托馬斯的學徒，但其中最著名的，乃是『神曲』的作者旦丁・亞利該里(Dante Alighieri, 1265—1321)。旦丁從亞伯剌得到物理上的知識，關於人事的研究，就從托馬斯，把達於全盛時代的經院哲學思想，用最莊嚴而美麗的詩發表出來。托馬斯學徒，十四世紀至十七世紀時，隨處都有，雖至今日，在德國還有稱爲新托馬斯學徒的。

四　東斯・司考托

激烈的反對托馬斯的，就是富蘭提斯康派僧侶約哈奈・東斯・司考托(Johannes Duns Scotus, 1265—

1308)。富蘭提斯康派不過是固守着前述的海爾斯的亞歷山大和泡那温托拉所築的基礎罷了。但至司考托，一躍而爲後期富蘭提斯康的建設者。司考托是銳利的批評家，而體系的組成就不是他的長處了。

非決定論　司考托對於托馬斯挑戰的主眼點，就是關於意志自由的問題。托馬斯以爲神當創造世界時，以其知力認定善而意志之，神的世界創造就是依善的觀念而定。司考托對於托馬斯所說這樣主知的決定論，就倡爲主意的非決定論。神的世界創造若是依善的觀念而必然的決定的，那麼世界就沒有偶然和惡了，也沒有什麼自由了。現在一切事物，是神的本質的必然的結果，而神和世界沒有些許差別，那世界即是神（汎神論）了。汎神論是決定論的必然的歸結。然世界中也有偶然，也有惡，這就是司考托反對托馬斯決定論的理由。再司考托更駁倒托馬斯的主知說，謂神的意志，決不受知力束縛的。意志是絕對自由的，意志是在知力之上的。不是神因爲依知力認定爲善，而後意志之，惟因意志之故才成爲善。

司考托以主意的非決定論爲根據來敍述心理說，他以爲人的意志也像神的意志，都是自由的。知力不能支配意志。知力，不用說，可助意志的活動，可供給意志的對象，而極力使選擇成爲可能；但意志是主人，知力是從者。眞正的動作的原因，就是意志。意志若不自由，就不能認定責任。司考托的意志自由說，根由於奧古斯都，這是很明瞭的。

實在論　司考托雖和亞伯圖及托馬斯一樣，承認普遍的實在，但他的學說顯然傾向於個物論。他排斥那以普遍性祇爲吾人抽象的所產生的唯名論家的學說，然而他卻承認普遍性在個物之中。個物是普遍性和個性的結合。普遍性和個性相離，就不能有實在性。在相結合處才存有實在性，卽祇在個物上始能承認實在性。他是實在論者，不是個體論者。然因爲他是認完全的實在性存於個體當中的，所以很和唯名論者接近。他不把主意說適用於實體論，說知力是通於一切的普遍性；卻說因爲意志是生個體的差別的，所以重意志就是重個性。

倫理說　司考托在倫理說上，也是和托馬斯立於反對地位的。托馬斯以神依其知性所認爲善者，爲道德律，而善是本來爲善而存在的。司考托雖亦以道德律爲神所命，然不是因他爲善，故爲神所命，祇因爲神所命，故爲善耳。物若離開神的意思，離開神的命令，自身就沒有善惡的差別，善惡的差別祇由神的意志而定。托馬斯以爲人生至高目的在入於神恩裏的生活，修德，認識神，愛神，就是入於神恩裏的生活。神的愛是附隨神的認識而生的。這是托馬斯所採取的主知說。但司考托卻從主意說的立脚點上，把意志的狀態看得比知性的狀態重要。若意志祇向於神，只管愛神，那麽就可以達到人生至高的目的。司考托以他的主意說爲根據，而開神學和哲學分離的端緒。照他說，神的動作，是依其絕對的自由意志而生的，所以說在意志自行活動以外，沒有能規定他的活動的。若要引伸其說，那麽吾人就不能推究神的動作了。神學上（宗教上）的事，不可以知識討論爲限，除掉信仰那單依天啟所示之外，再沒有別的東西。

司考托對於托馬斯的攻擊，卽刻又惹起了富蘭提斯康派對多米尼康派的傾軋，使中世期的教學界不時生出波瀾。

細味司考托的思想，不但引起信仰和哲學底分離，並且他的意志自由說，可使神的動作爲全無理由，他的個性說，一變就成爲唯名論。正可以說他是對於經院哲學暗投破壞的炸彈的一個人。

第三節 衰頹時代的經院哲學

在第十三世紀，達於全盛的經院哲學，到了第十四世紀，就早已萌着衰頹的徵兆了。在經院哲學的衰頹上，可以認出內外二種理由來。內的理由是從經院哲學自身生出來當然破滅的事情。司考托已發其端，到了維利安・奧鏗時，如信仰和理性顯然分離的問題，都是內的理由中特別可記的。外的理由，就是破壞經院哲學的反經院的思想的發現。如自然科學思想，就是其中特別有力的。這種反經院的思想，在經院哲學全盛時代，已經是徐徐的發源出來，可是那微弱的細流，到後來漸次增加水量，遂把主流壓倒了。

一 唯名論

司考托雖反對托馬斯的主知的傾向，而主張主意說，並力說個體的實在；但他依然是承認普遍存在的實在論者。至司考托弟子奧鏗的維利安，使師說更爲發展，遂達到唯名論，使經院哲學從思想上破壞了。

維利安・奧鏗（William Occam, 1280—1347）是英國人，在中世期的末期，以富有創造力的學者著名。奧鏗事物的本質（卽普遍性）論，是從托馬斯的個體論出來的，排斥普遍性存於個物當中的話，以爲在個物以外，就沒有實在。他說普遍不過是名目的話，就是很顯然的唯名論。爲什麼普遍祇是名目呢？奧鏗先把這個爲形而上學的說明。以爲普遍若是存在於個物裏面，那就不能不說在許多個物當中，一個個都有普遍存在了。果然這樣，那麼必然要有不條理的結論：就是一物而有多性了。所以普遍不是實在，不過是代表若干個物的符號。奧鏗又把這個爲心理的說明，以爲吾人接觸個物，而想出個物符號的表象，更想出普遍的表象，卽概念，以爲各個物表象的符號。所以個物是由吾人的直接經驗（卽知覺）所代表的，離卻知覺就沒有所謂個物的本質了。

奧鏗的唯名論使信仰和理性完全分離。唯名論否定普遍存於個物當中，以爲個物以知覺爲代表，離開知覺，便沒有所謂本質，所以他的結論，是在知覺和實在中間生出不可踰越的溝渠，以爲眞理的認識，是絕對不可能的。宗教上的眞理不能以理性證明，必須從教會的教權而信仰。使信仰和理性一致的經院哲學到此不得不生出破綻。唯名論使理性和信仰背離，使宗教和哲學完全相異，結果便把托馬斯關於教會和國家的見解根本破壞了。托馬斯把國家和教會的關係作爲等級的解釋，把教會放在國家之上。奧鏗卻把國家和教會分開，使完全異其性質。以爲教會只可干涉出世間的事務，教皇決不可有政治上的權力。奧鏗雖破壞了經院哲學，然而他是教會和信仰的保護者。他爲避免信仰和不完全的認識相結合的危險，把教會的權威放在出世間的安全基礎上面。奧鏗又以國家的起原看作由於個人的隨意契約，而爲民約論的先驅。

唯名論的思想，雖已經由桑·鮑爾遜 (St. Pourcain, +1332) 和伯托爾·奧威勞里 (Petrus Aureori, +1322) 而發現，但至奧鏗，才成了顯明獨立的系統。在奧鏗以外，尙有約翰·布里丹 (Johann Buridan)，奧托克的尼哥拉 (Nicholaus von Autrecourt) 等，也可列在唯名論者當中，但沒有像奧鏗那樣的旗幟鮮明。

二　自然研究的傾向

破壞經院哲學的反經院的傾向的一種，就是自然研究的傾向。自然研究的傾向勢力雖是極微，但他常常銜到經院哲學的傍邊。因爲不慊於亞伯圖的辯證的思想，而介爾伯，格約談，伯爾拿等，就說有提倡數學，自然科學研究的必要。前邊已經述過了，亞里士多德的著作已經通行，同時又注目於他的自然科學的方面，而用心於天然物的研究者人數很多，如亞伯圖的植物研究，尤其是特別著名的。和這相同的思潮，就在英國現出了欲以哲學爲經驗的數學的說明的姜·佩坎謨(John Peckhan)，羅伯托(Robert)，路加·倍根(Roger Bacon, 1214－1294)等一派。

路加·倍根是羅伯托的弟子。重數學，而承認經驗的研究的必要，爲中世期罕有的特異思想家。他有許多地方，都可認爲後出的法郎西斯·倍根的先驅。

雖不能說是反經院的傾向，但又不能不敍述於此的，就是依萊孟特·盧羅士而大成的『結合法』(Kombinatorik)。這是依既已存在的概念的組合，而得到完全新知識系統的一種論理主義。文藝復興時代的喬爾達·卜魯挪，和第十五世紀前半的易孟德斯等，都用這個方法。

三　神秘主義

當奧鏗的唯名論把信仰和理性完全分開之時，立即擡頭的，就是神秘主義的思想。神秘主義的思想，也和自然科學的思想一樣，都徐徐地流到經院哲學傍邊的一種細流。經院哲學欲由主知的辯證的方法達到眞理；神秘主義卻欲由內的直觀的方法達到眞理。在不滿意於經院哲學的一點上，雖然和自然科學者一致，可是自然科學者注目在研究外界的自然；神秘主義者卻在內界的精神方面看出自識的領域。經院學派很多是受着亞里士多德的影響的；反之，神秘主義就立在柏拉圖和新柏拉圖學派的影響之下。

在經院哲學發生時代的終期第十二世紀的前半，武額（Hugo）李噶多（Richardus）等，和聖威克托僧院派的人們，提倡神秘思想，前面已經述過了。

經院哲學全盛時代的葛烏安・斐坦薩（Gwoanni Fidanza, 1221－1274）和旦丁（Dante Alighieri, 1265－1321）也顯然有神秘思想的傾向。葛烏安・斐坦薩又叫泡那溫托拉（Ponaventura），是受着武額和李噶多的影響的。以爲神學是宗教的感情之學，直觀上帝，就是依：（一）感覺，（二）想像（imaginatio），（三）理性（ratio），（四）智（intellectus），（五）理智（intelligentia），（六）精神點（apexmentis）的六能力，而一級一級上登的。精神點存在神之中，吾人由他以直觀上帝。

以上所舉經院哲學發生時代和全盛時代的神秘論者，任誰都是以神秘的解釋教會的教義爲其任務的。

在經院哲學衰頹時代，神秘思想就顯然擡頭，繼續倡導這種思想的，先後輩出。皮爾・底魯（Pierre d'Ailly, 1350－1425），雷門德（Raymund, ＋1437），格爾蓀（Gerson, 1363－1429）等，雖和前時代的神秘論者相同，努力爲教會教義之神秘的解釋，但美斯太・愛克哈爾（Meister Eckhardt, 1250－1329），約翰・屠勒爾（Johann Tauler, 1300－1361），斯蘇（Heinrich Suso, 1300－1365），路斯布勒克（Rysbroek, 1293－1381）等德國神秘學派，卻完全一變其態度，他們神秘論不拘泥於教會的傳說，單訴於自己直接意識的宗教的經驗。其中特別著名的，就是愛克哈爾。

愛克哈爾就是稱爲德國神秘學派鼻祖的偉大的神秘論者。他的神秘說，是在托馬斯學說之上，又加上新柏拉圖學派和奧古斯都說的意味的。卽從主知說出發而離卻主知說入於神秘的領域。他的神秘說，以他的神學和心理說爲根柢。

愛克哈爾稱萬物的太原爲神性(Gottheit)。神性是無始無終的，既沒有屬性，也沒有活動，是超越吾人的認識，而不可限定，不可名狀的。無以名之，秖好名之曰無。這無的神性，在意識自己時，始是眞實存在的神，所以造化的作用畢竟是神性的自識作用。他以實在根本是自識作用來說明實在爲主知的。他論到萬物的生成，以爲神是活動的，是漸漸認識自己的。神在認識自己時，就如吾人使我的影映於鏡中而看得自己一樣，才能有主觀和客觀之分。前者是父神，後者是子神。父神和子神相互親愛而不可離間之所，就叫作聖靈。父和子並聖靈，是本質相同的一神的三人格。在子神表白自己時，萬物就成功了。萬物是子神所造化的。總起來說：無的神性，是自意識而爲神(父·子·聖靈的三位一體神)的，神是創造萬物的。造化的作用，因爲就是神知自己而表白自己的，所以萬物雖就是神，但他和神的區別，就是因爲有個性。個性就是萬物的差別相。去了這差別相，那萬物就合而爲一。在萬物就是神的一點上雖然是實在，但若除去神，便無一是可以獨立自尊的了。神的本質是善，實在，除神以外是沒有的，故凡實在都是善。不善便沒有實在，便是非有，便是缺乏。萬物把自己看作獨立，因而發生我執，一切罪惡，一切迷妄，都是從我執而生的。

愛克哈爾拿以上的神學說爲基礎，達到一種解脫觀。萬物是以善爲本質的神的創造，因而萬物都是求善的。

欲求善就不能不捨去個性而歸於神性。引導萬物歸於神性的，是在一切之中最善的靈。愛克哈爾謂被靈引導，捨個性而歸於神性，爲解脫（Abgeschiedenheit）。他更述及達到解脫的道途，以爲吾人的靈魂，雖是神的本質，但表現於時間的，是爲自然的一部而活動的。靈魂是有所謂閃光（der funke）的至高的認識。依這種認識力，得和神相結合。閃光是不能以言語表示出來的超感覺的力量，是不被時間空間限制的超自然的直觀。不是人的活動，乃是人的神性的活動。是認識而非認識，是無識的態度。依這神秘的直觀而認識神，以復歸於太原，就是解脫。這就是愛克哈爾的神秘說。

第四節　中世末期的思想界

一方面反經院哲學的傾向，漸漸在思想界上占了勢力，一方面在實際社會上就引起經院哲學的衰微。使中世紀歐洲文化發生極大的變動的十字軍影響，就是此中最顯著的。從一〇九六年至一〇九九年的第一次十字軍以來，希臘和謨哈默德教國的文化，繼續進入西歐，結果，雖誘起經院哲學的全盛，然在一面，卻擴大西歐人的見解，想到在基督教國以外，也有文化進步的國家。此時羅馬教皇的權威，漸次低降，同時經院哲學也受了很大的打擊。並且因爲學術普及，而英·德·意並其他諸國，變成學問的中心，故經院哲學的統一主義，就顯然站在不利益的地位之上。經院哲學漸次衰頹，對於各種學術的研究心，蓬勃而起，近世文明的萌芽，漸次歷然出現。當這過渡時期，已漸受新時代精神的影響，而尙不脫舊時代的世界觀，提倡調和的思想，而爲中世末期思想界的殿將的，就是尼哥拉·庫撒奴（Nikolaus Cusanus, 1401—1464）。

尼哥拉・庫撒奴的思想，雖含有神秘的思想，或自然科學的思想，但他仍想以信仰造出一種哲學的組織爲主眼，所以認爲屬於舊時代的思想家。

尼哥拉把吾人的知識分爲（一）感覺，（二）辨別智(ratio)，（三）理智(intellectus)三級。感覺是指示事物的朦朧的光景的，辨別智是由矛盾律而辨別事物的，理知是在反對的東西之中發見一致的。尼哥拉稱這依最高知識的理智而發見的反對的一致爲神。說神的性質，是合一有限的無限，是雜合多的一融會體合那以差別及反對而成的有限，爲無限的神。神是無限而有限的。神離不開平等和差別，包含一切的神，就是有雜多差別的神。他說：『一切是在一切之中的，故一切是在神之中的，因爲神是在一切之中的緣故。』他是排斥萬有神教而又陷入萬有神教的思想的。

尼哥拉對於數學和星學的發展，大有貢獻，因此，而在學問的概念和組織上，就開了大革新的端緒，但不能在此盡述了。

附經院哲學(約表)

經院哲學發生時代

愛儞格那
1. 萬物的絕對的原因是神，而森羅萬象，盡都是神的表現。
2. 神所發現的萬物，都是以至善爲極致的因而實在都是善。惡有消極的性質，是實有的缺乏。
3. 在嚴密意義上雖非經院學派，但他說：『眞正宗教就是眞正哲學，眞正哲學就是眞正宗教』的話，却是說明經院學派的精神。

安息穆

- **信仰和知識**
  1. 信仰是先於知識的。
  2. 沒有理解信仰的知力者，雖單有信仰就好了。但有理解信仰的知力的，才有求信仰的理由。
  3. 加上知的信仰，優於單純的信仰。
- **實體論的論證**
  1. 神是絕對完全的，而沒有優於神的完全。
  2. 實際存在者，較單在思想上存在的，更加完全。
  3. 神若單是思想上存在的，那就不能不說有優於神的實在了。
- **救濟論**
  1. 萬物是依神的創造力，而由無造出的。
  2. 神的創造者中最高的，是天使和人類。
  3. 天神濫用意志自由而犯罪，蒙永劫的責罰。再造出人類，而人類又犯罪。
  4. 人類的救濟，是依靠神的，同時又依靠人才行。爲神人的基督，現於此世，以償贖人類罪惡。

唯名論和實在論

- 實在論
  - 安息穆
  - 維廉(夏謨飽人)
- 唯名論：羅塞弩

- 亞畢剌都
  - 實在論和唯名論的調和：認普遍性在個物當中。
  - 倫理說
    - 1. 要把倫理學從宗教的形而上學的假定脫出。
    - 2. 倡極端的動機論，以爲道德的本質就是意志的決定。
- 神秘說
  - 反對辯證的推理及使信仰爲合理化的主知說，遵循傳說的道途以討論信仰。
  - 武額，李噶多，托馬斯迦爾士。
- 自然研究者：不滿意於偏於論理的辯證家的態度，而着眼在自然研究。

經院哲學全盛時代

- 亞拉伯和猶太哲學（影響於全盛時代的經院哲學的）
  - 伊本錫那（愛威因那）（東方亞拉伯學派）
    - 1. 神和物質相對立（二元論）。
    - 2. 分普遍性爲物之前，物之中，物之後三種。
  - 伊本魯西德（愛威盧士）（西方亞拉伯學派）
    - 1. 神（形相）是內在於物質（質料）當中的（一元論）。
    - 2. 分理性爲能動的理性和所動的理性。
  - 毛塞板瑪易門（瑪易毛尼代）（猶太派）：神是把形相和質料共由無造出的。
- 亞里士多德哲學的全盛
  - 1. 亞拉伯和猶太學者所熱心研究的希臘哲學，進到基督教國。
  - 2. 亞里士多德哲學大流行理由因爲最適合於教義神學的組織。
  - 3. 採用亞里士多德哲學的主要學者，是亞歷山大，亞畢剌都，馬格帑，托馬斯·亞基那。

亞伯圖·馬格帑

1. 普遍性是先於個物而存在的，存在於個物當中，存在於個物之後。
2. 區別哲學和思辨的教義學，把三位一體，和羅高斯的化身等，由純粹理性的思辨範圍而除外。
3. 最注力於自然科學和自然哲學。
4. 蒐集可驚的多方面材料，但不是銳利的批評者。

托馬斯·亞碁那

世界觀

1. 世界的事物，是保着形相和質料的關係，而爲由最下級至最上級的進行。
2. 發展的極致，就爲人類的生活。
3. 人類的生活，是經由天使，而連屬於絕對的純粹形相的神。

決定論

1. 神當造世界，而想出無數可能的世界。
2. 世界中最良的，就是現實的世界。
3. 所以神創造世界的動作，是依善的觀念規定的。
4. 立在和以上決定論相同的立脚點上，論人類的意志，而立主知的豫定說。知力是決定意志，而意志自由不過是選擇的自由。

1. 人生至高目的，爲神恩裏的生活。所謂神恩裏生活，就是認識神的事，結果成爲神的愛。

倫理說
- 2. 入神恩裏生活的道途，就是修德。
- 3. 舉希臘的四主德和基督教的三主德爲德目，以前者爲自然的德，以後者爲超自然的德，而特重後者。
- 4. 現世生活，不過是神恩裏生活的準備，而把教會置於國家以上。

東斯·司考托

非決定論
- 1. 若神的創造世界，必然依善的觀念，那麼世界也沒有偶然，也沒有惡，也沒有一切自由的理由，但事實却是和此相反的。
- 2. 神的意志不受知力束縛，意志却在知力之上。
- 3. 神不是依知力認爲善，故意志之，是因意志之故爲善。

實在論
- 1. 認普遍性在個物中，以爲個物是普遍性和個性結合的。
- 2. 實在性就是個物和普遍性所結合的。
- 3. 和唯名論很接近。

倫理說
- 1. 道德律是神所命的，可不是因他爲善，故爲神所命，祇因爲神所命，故爲善。
- 2. 若意志祇向於神，只管愛神，就能達到人生至高的目的。

- 反經院的傾向
  - 唯名論
    - 維利安·奧鏗
      1. 在個物以外，無實在，普遍單不過是名目。
      2. 使信仰和理性完全分離。
    - 桑·鮑爾遜
    - 伯托爾·奧威勞里
    - 約翰·布里丹
    - 尼哥拉
  - 自然研究者
    - 姜·佩坎謨
    - 羅伯托
    - 路加·倍根
- 神秘主義
  - 經院哲學發生時代
    - 武額
    - 李噶多
  - 經院哲學全盛時代
    - 葛烏安·斐坦薩(泡那温托拉)
    - 旦丁
  - 皮爾·底魯
  - 雷門德

- 經院哲學衰頹時代
  - 格爾蓀
  - 德國神秘派
    - 愛克哈爾
      1. 萬物的太原，是神性。
      2. 無的神性，自知爲神（父子聖靈），更生萬物。
      3. 萬物有差別相，因爲有調性。
      4. 除去個性，而歸於神，就叫作解脫。
      5. 方法：閃光。
    - 約翰·屠勒爾
    - 斯蘇
    - 路斯布勒克

第三篇 近世

第一章 過渡時代

從經院哲學滅亡，到近世哲學發生，稱爲過渡時代，爲歐洲史上大變動的時期。因地理上的發見（就像美洲新大陸的發見，和印度航路的發見）和學術上的發見（就像哥白尼 Copernicus 的天文上的發見），而世人的眼界顯著寬廣；因封建制度的崩壞，市府的勃興，社會組織的變更，而國王的權力大爲增長，表現出來國家統一的端緒。世事既這樣變遷，同時思想上又生出種種的傾向，互相錯綜，經過複雜的途程，遂產生新的哲學。所以當敍述近世新哲學時，先味玩由中世移向近世的過渡時代的思想，乃是自然的順序。

經院哲學的衰頹，由於信仰和理性的分離，就是宗教和哲學的反背，結果，便爲教會的權力的失墜。又加上當時國家統一的傾向，漸漸顯著，國民的精神大大發達，便生出對教會專制態度的反抗氣運，宗教萬能時代完全成爲過去的春夢。

在中世期，所有一切學問和道德，雖都從屬於教權，但是一方面教會的權威失墜，一方面使學問和道德脫離教權而獨立的精神，又勃然興起，這種精神發現於種種方面，如文藝復興（Renaissance），也是其中的一種。

第一節　文藝復興

文藝復興是希臘思想希臘精神的復活。不單是研究希臘古典，愛翫古代文藝美術的運動；是想脫却中世期的出世間的超自然的思想，而進入世間的人類的古代思想。換句話說：就是反抗希伯來思想，藉希臘思想以神想新的人文。

文藝復興的運動，先在意大利發源，意大利所以成爲文藝復興的發源地者，因爲在研究古代文化上，占了最便利的地位。開這個端緒的，是但丁（Dantte Alighieri, 1265－1321），比的拉加（Petrarcha, 1304－1374）薄加起(Boccacio, 1313—1375)等詩人。他們盡力於古書的謄寫和搜索，努力將他的內容作爲正當的解釋，結果，遂從希臘的古典中發見人類的生活，因而引起人文主義(Humanism)的勃興。人文主義是排斥出世間的宗教的思想而以世間的人類的思想爲根柢；排斥教會的外的壓迫，而尊重個人的自由獨立，想使天賦的才能盡量發展。一四三八年，教皇威根四世爲合併東西兩教會，招聘希臘學者於非拉臘府和佛稜斯府。教會合併的目的，雖沒有達到，但大有影響於人文主義的發達。一四五三年，君士坦丁堡陷落，東方學者，因避難而至意大利，人文主義的勢力，風靡一世，這種思想，遂傳播於法蘭西，德意志，荷蘭，西班牙，英吉利等國。法蘭西的以的尼(Estienne, 1503—1559)，加索綳(Casauban, 1559—1614)，荷蘭的耶拉蒙(Erasmus, 1466—1536)，德意志的羅吉林(Reuchlin, 1455—1522)，西班牙的費維斯(Vives, 1492—1540)，英吉利的托馬斯·摩亞(Thomas More, 1480—1553)等，都是聲名赫赫地人道派的學者。人道主義是爲打破宗教的束縛而起的，所以對於僧侶的行爲，下了很猛烈的攻擊。然而這些人道派，不但受高等僧官的保護獎勵，並且僧侶當中，還出了很多的屬於這學派的人。教皇比阿二世(Pius II)和勒阿十世(Leo X)等，都是人道派學者中的錚錚有聲的。這是時代的潮流，很有興趣的。

和文藝復興同時再生的，第一就是柏拉圖的哲學。柏拉圖的思想，雖對於教父時代的哲學及了不少的影響，但其後亞里士多德哲學和經院哲學相接近，柏拉圖哲學就完全失却勢力，亞里士多德的哲學就被認爲基督教義的基礎。在反抗教會權力的文藝復興時期，先復活柏拉圖哲學，是很有興味的事。『吾人若回觀基督教的思想的歷史，從始至終，都可看見柏拉圖主義和亞里士多德主義兩者間的趣味深長的爭鬪。卽不外是這兩派對於將信仰的教理作爲哲學的解釋的互爭主權的勢力消長的歷史。』(Wilhelm Windelband) 在文藝復興時代的柏拉圖哲學再生的中心地，就是一四四〇年依梅特揑家的保護而設的佛稜斯的『亞加代米』當時的柏拉圖學者，並沒有脫了新柏拉圖學者的臭味，認伊代亞爲神的原型，而以柏拉圖神話的自然觀爲目的論的形而上學，和自然哲學。這派學者中最著名的，有普勒托 (Pletho, 1356–1450) 伯撒里溫 (Bessarion, 1403–1472) 馬爾西栁・斐球斯 (Marsilius ficius, 1433–1499)，弗蘭賽斯・巴托利茲 (Franzesco Patrizzi, 1529–1593) 等。斐球斯是柏拉圖和柏羅地挪斯的精妙的翻譯家，巴托利茲是有名的神知學的祕術的自然觀的代表者。

柏拉圖哲學的勃興時，有許多想使亞里士多德思想脫離經院哲學的解釋而獨立的人。在中世紀發達的亞里士多德思想雖專以托馬斯・亞基那的解釋爲根據，可是到了脫離經院哲學的臭味，去研究純粹亞里士多德，遂闡明他的學說的眞相。這類運動的先鋒，是意大利的條特魯・迦查 (Theodorus Gaza, 1400–1478)。他的高足有德國的路獨爾夫・亞及哥拉 (Rudolf Agricola, 1442–1485)，和法國的賈克・魯費維 (Jacques Lefevre) 等。

在純粹研究亞里士多德者中間，又生出從亞弗魯地夏的亞歷山大而爲自然論的解釋的亞歷山大派，和祖述愛威盧士而爲汎神論的解釋的愛威盧士派了。在這兩派中間，惹起激烈爭論的，就是關於靈魂不滅的問題。關於靈魂不滅的亞里士多德說，是不明的，後世生了種種解釋，因而發見亞歷山大派和愛威盧士派的論爭。想以亞里士多德思想爲自然論的解釋的亞歷山大派，是否定靈魂不滅的；說個人肉體死了，同時其精神的理性的部分（卽靈魂）也卽行消滅。想以亞里士多德思想爲汎神論的解釋的愛威盧士派，却倡靈魂不滅說，以爲個人若是死了，他的靈魂，就復歸於永遠不滅的普遍的理性，所以靈魂雖是不滅的，但眞不滅的，不是個人的靈魂，乃是普遍的靈魂。所謂個人的靈魂不滅，祇以復歸於普遍的靈魂爲限。亞歷山大派的驍將，是佩托爾・彭坡拿提 (Petrus Pomponatius, 1462－1524)；愛威盧士派的代表者，是尼哥勒圖・維爾尼亞 (Nicoletto Vernias＋1499)，亞歷山大・愛錫黎奴 (Alexander Achillinus, 1463－1518)，奧古斯都・尼富斯 (Augustinus Niphus, 1473－1546) 等。他們的論爭中心地，就是巴度亞大學所在地的巴度亞。

佩托爾・彭坡拿提通常稱爲派托魯・彭坡拿玆 (Pietro Pomponazzi)，在文藝復興時代，是亞里士多德學派中最重要的學者。他關於靈魂不滅論，和愛威盧士派的尼富斯，屢屢以言論交戰，但他的學說，差不多是很率直的唯物論的結論。

亞里士多德學派對柏拉圖學派，亞里士多德學派中的亞歷山大學派對愛威盧士學派，在相互爭鬭，或相互調和間，而司托亞哲學和愛辟克魯斯哲學等，也都繼續的復興起來了。司托亞哲學的再興者，是約愛斯・李普士 (Joest Lips, 1547－1606)，加斯帕・蕭普 (Caspar Schoppe, 1576－1640) 等。愛辟克魯斯學徒，從中世期開始，被誤解爲官能的快樂欲求者，而受了異教的不信仰者的譏諷，但因法人培爾・加桑 (Pierre Gassand, 1592－1655) 說明了愛辟克魯斯的人格，和愛辟克魯斯學說的內容，所以投身於這個學派者也逐漸的多了。

懷疑的思想也終沒有死去。懷疑說的代表者，是米顯羅·代·毛塔尼(Michel de Montaigne, 1533－1592)，培爾·夏倫(Pierre Charron, 1541－1603)，富郎梭·桑懈(Francois Sanchez, 1562－1634)等。當時的懷疑說並未造成一個有系統的學說，不過單造成一種思索的方法。毛塔尼是產於法蘭西以博學著名的人，關於古代文學的造詣，是很可驚人的。他是代表近代初期的法國的時代思潮的最明確的個人主義的倡導者。他的斷片的懷疑思想，由其友人夏倫整理出來。至桑懈更把他澈底的紹述，一方面以爲『吾人單能知吾人之所爲』而懷疑從來的認識，一方面又斷言學問的領域的存在。這就是由概念的爭論使他們轉眼於經驗的事實的暗示了。

文藝復興就是由藉古代的思想而神想於新人文的民衆精神上所起的運動。古典和古語的研究，並不是他的目的，乃是向那古典和古語中所含的人類生活人類精神猛進的時代的要求。古代思想的復活，不過是其準備的形式罷了，不過是運動的端緒罷了。如焚的時代渴望，就不得不轉而爲新內容的要求。他的要求，是向兩途進行的：第一是向人心內部而進的，想求新的認識於人間精神的最深處，遂惹起宗教改革。第二是向人類生活的外的方面的，更分而爲二：一向歷史的方面而進，以促成新法理哲學和國家哲學的發生；一向自然活動的方面而進，而爲純粹的自然認識的要求，成了自然科學的發達。

第二節　宗教改革

惹起宗教改革的，就是想脫離教會的權力，要求純粹，直接，獨立的信仰之願望力。中世期的教會權力，是很高的，教會所爲，就是神聖所爲，而強人爲絕對的服從。至此，基督教信仰的本義，便立即消滅了。脫離由教會傳襲的信仰，闡明基督教的本義，想以自力找出宗教的安慰和幸福的願望，就不得不隨文藝復興的精神而油然興起了。然而這樣的願望並不是初在這時胚胎的，是由新柏拉圖哲學而生，聯絡於經院哲學，而或隱或現的流來的神秘說所扶育而成的。宗教改革的種子，早潛伏在神秘說之中，神秘說就是宗教改革的慈母。潛伏在神秘說中的種子，被文藝復興的氣運所促，在近世初頭的地上現出萌芽，便成爲宗教改革。

爲宗教改革慈母的德國神秘主義，起於愛克哈爾（Meister Eckhart）。如前所述，愛克哈爾和其他德國神秘學徒，睥睨學問的知識，以爲基督教的眞理，不能求之於眞理之外的學問的教義之中，祇存於有神的認識力的自己信仰的性情之根柢上。他說：一離去煩瑣的形式的學問，那麽，眞理便祇是信仰，不是學問的知識。眞的眞理，是單存在汝的心裏的。人類有和神性相一致的性質，得爲神秘主義的認識，眞的知識，不是理性的思索，不是學者的知識，而單是信仰，單是不可說的直觀。這樣知識，就說是神是在人類心中而直觀自己的，宗教改革的根本思想卑視理論的知識，而說信仰的感情和神性有直接的關係，都是含在神秘說之中的。因愛克哈爾的力量，而神秘主義成爲民衆化，德國國內是不用說的了，就連瑞士荷蘭諸國，也都普及了。尤其在荷蘭，是德國神秘派的理論的勢力，和法國神秘派，即維托利奈（Der Victoriner）的實際的道德原則相接觸，而生實際的神秘學鼻祖約翰·盧斯伯（Johannes Rysbroek, 1293—1381）。而格爾哈圖·曼古那（Gerhardus Magnus, 1340—1384），托馬斯·愛·凱謨辟斯（Thomas a Kempis, 1380—1471）等有名的神秘學者，就相繼輩出了。

蔑視學問的知識和教會的行動，以純粹信仰爲重的神秘主義的思想，就深印於民衆的意識之中，早晚自不得不實現而爲一種宗教的運動，至此果然生出對於教會的革命。他的中心人物就是甲爾文（Calvin, 1504－1564），東盈黎（Zwingli, 1484－1531）馬丁・路得（Martin Luther, 1483－1546）等三人。其中有迫於時勢機運而起，爲改革宗教的大人物，垂不朽的大名於後世的，就是馬丁・路得。

路得是威丁堡大學的神學教授，因神祕主義的影響，而教會的權力，就不得使民衆爲絕對的盲從。於是便有許多人都承認教會的弊害，而促其改革。第十四世紀時，英國牛津大學教授威利夫（John Wycliffe, 1330－1384）就謀改變教會政治組織，提倡廢止畫像和遺物崇拜，並密室懺悔等，疑難教皇的至上權，要求回復基於聖書的原始時代教會。其說不但起了一種政治運動，並且至第十五世紀初，又遠傳到波希米，而使侯斯（Johann Hus, 1369－1415）和希羅尼摩（Hieronymus, 1360－1416）興起，而發生宗教改革的運動。但是時機未到，侯斯就化爲刑場的朝露了。當文藝復興時，一切的東西都一新他的面目，教會改革的必要，早被一般民衆意識所承認了。然而教會還是不能自悟自己的運命，依然抱着舊態，在僧俗兩界，不斷的要求絕對的權威。恰好那時羅馬教皇勒阿十世，爲得資金建立聖彼得大伽藍於羅馬，發賣赦罪券（Indulsence）以攫取金錢。路得於是憤慨無所措，於一五一七年十月三十一日，在威丁堡市的寺院，揭出九十五條檄文，非難教會的態度，而高呼信仰的自由。路得既一度試其宗教改革的獅子吼，雖受了羅馬教皇或皇帝很暴烈的壓迫，屢屢陷身危地；但他的強烈的信念是不屈的，他更加在論文上辯論上不絕的爲決斷的主張，所以他的議論，就逐漸轟動德意志的國民。和路得同時的，有東盈黎，也正在瑞士開始爲教會改革的運動，與南部德意志的諸市民以深切的感動。這樣一來，宗教改革的運動，日益隆盛，刺戟歐洲大陸的民心使之覺省於眞的信仰；更醞釀了新舊教徒的戰爭，在歐洲史上生出了種種深切的波瀾。但這等詳細事實，是屬於一般歷史的，所以現在不多敍述。

總起來說，宗教改革的精神，就是使信仰脫離教會的傳襲而獨立，重新回復基督教的本義。救濟是由衷心悔悟而來的，不是從信教會來的，是從信基督而得的。清除罪惡，不在金錢的施捨，而在信仰，這一類的話，就是宗教改革者的共通的根本思想。新教徒把教義的基礎放在保羅的信仰說和奧古斯都的原罪說上。欲離卻外的拘束，而生出眞信仰上的鬱勃的精神，以基督教會的腐敗墮落爲機緣，而表現於外的，即是宗教改革的運動。

路得，東盈黎，甲爾文等新教徒，在屏斥教會的權力而重信仰的根本思想上雖屬一致；但關於聖餐式和其他則意見不同，至使各派互相爭鬬。當這時，反對新教徒，承認法王的專制主義而標榜中世紀式的絕對的服從者，有色斯托派 (Jestuitanism)。色斯托派是易古拿·羅耀拉 (Ignoz Loyola, 1491－1556) 開創的，是舊教的革新團體。新教徒排斥那爲教義的基礎的奧古斯都的原罪說，以爲所謂原罪者，都是空想。人是依各個行爲爲判斷的，出於善良目的的行爲，就是所謂善良的行爲，而提倡目的是不選手段的動機說。但彼等所謂善良的目的(動機)，就是設下巧妙的口實以修飾目的的行爲如何，是向這巧妙的口實而下判斷，所以道德的判斷就失了絕對的客觀的性質，而成功一種蓋然論 (Probabilism) 了。彼等是依這蓋然論，而辯護教會的道德律的。彼等又主張法王的專制主義，承認教會的赦罪權，以爲不靠教會，就沒有容赦其罪的道途。說新教徒之反對這個，就是想杜絕赦罪的道途。在政治上，採用民主說，以爲君主若是不服從教會，失望於人民，人民就可以奪取他的地位。他的教義因爲平易通俗，故很受當時一部分社會的歡迎。又有採取新教的精神，而矯正色斯托派的弊端的，就是由楊孫(Jansen, 1585—1638)所創的楊孫派(Jansenism)。

宗教改革雖原是從德國神祕思想中發生的，及變為政治的國家的運動，而造成一種新宗教，就生出組織教義神學的必要。所以助路得而遂成宗教改革的米蘭可多(Melanchton, 1497—1560)就採用亞里士多德哲學，而創出新教的經院哲學。蓋中世經院哲學，是宗教改革者所反對的，而亞里士多德哲學在某種意味上，彼等是看作異端的。然而路得和米蘭可多，都是純粹信仰的人，並不是有哲學的獨創性的。當新教與舊教相爭時，必定要有一種學說作為教義的根據，要想達此目的，那麼除非求之於古來學說，再沒有別的妙策了。要想一掃經院哲學的因襲學說的宗教改革至此不得不把初代基督教所經驗的事反覆試驗了。米蘭可多雖改造亞里士多德的哲學，極力想把新教的信仰作為系統的組織；但結局也不過成為第二經院哲學而止。為教會首領的路得，否定為宗教改革者的路得，這個咒咀就不得不甘受了。在這時，從新教的內部裏生出強烈的反對者。在反對者中間，可特別舉出的，就是受神祕思想影響的一派學者，加斯帕·西文克費爾(Caspar Schwenckfeld, 1490—1561)，塞巴斯提安·法蘭克(Sehastian Frank, 1500—1545)，法侖秦·華格爾(Valentin Weigel, 1533—1588)，雅哥伯·波邁(Jakob Böhme, 1575—1624)等。

西文克費爾起初雖是路得最熱心的弟子，但他對於新教徒的牧師，固執聖書，以傳布神的語言為我等獨占的權利的態度是反對的。他想依內心所湧出的神祕的思想以求信仰，而掃除外面所定的一切形式，因受種種迫害，遂隱遁四方，以終其生。到了法蘭克，而神祕主義和新教會的離反，就更演到極端。他的神祕學，顯然帶着厭世的彩色。他的生涯，也終於不幸的江湖飄泊。依西文克費爾和法蘭克而達到極端的神祕主義思想，到了華格爾就和坡拉棄爾斯的自然哲學相接近，又開一新方面的發達的道途。

華格爾是謍曉龐的牧師。他是用種種方法，將其學說祕密發表，故未受何等迫害，仍以新教會的牧師而活動。對於坡拉棄爾斯的自然哲學，俟後再述。但此自然哲學和神祕主義，都以人類為小宇宙，以為理解此小宇宙的自身，轉瞬卽可理解萬有，在這個出發點上，兩者本有接近的可能性。所謂『人類只能知道且只能理解和自己所有的相同者，』就是華格爾的名言。若把這個為平易的註釋，那麼人類祇有自己是神，才能認識神，祇有自己是世界，才能認識世界。華格爾更把這個思想演為三段，以為人類(一)認識地上的世界，(二)認識靈和天使的世界，(三)認識神的世界。卽照華格爾所說，自然認識，學問，和神的認識，從根本上說起來，都不外是自己認識；眞正的神學者，就是在自己之中探求為自身本體的映像的人。華格爾根據上說，而更討論人性。他雖以為神是單一，而且存在於自身之中；但人類是被創造物而同時是存於神和彼自身之中的，所以說人類有善和惡二重性存在。依華格爾所說的神祕主義和自然主義的結合，到了雅哥伯・波邁，遂成功堂堂組織的學說。

雅哥伯・波邁生於喬里玆附近的亞爾汜澤丹伯克，是個純粹的德意志人。他的家雖以製造皮鞋為業，可是他從幼時就漫遊各國。中間讀了神祕主義者的著作，而受其感化，所以歸國後就把所謂『奥羅拉（Aurora）卽朝日之光，基於正當理由的哲學，星占學和神學的根據，或母和自然的記述』的一書公布了。這本書一出現，名聲陡增，因受新教徒種種的壓迫。然而他總是不曲不撓，更加大膽發表他的信念。波邁對於學問，很表示嫌惡之情，和侮蔑的態度，以爲眞的啓示，不在學問之中，而在聖的朴素之中。他說吾人不像學者祇從書中求知慧，必定要從最高眞理的直接的把握中創造出來知慧。照波邁說，神的力和性，無論在我等人類之中，抑在一切外物之中都是有的。神不爲遠方所隔，神在汝之中，汝亦在神之中。神的本性，卽刻就是汝自身的本性。照這樣的汎神論的見解，又怎麼樣說明罪惡呢？神若是萬物的本性，那就不能不把惡的原因歸於神了。然而若把對於惡的道德的責任歸之於神，乃是宗教的感情所不承認的。要想不破壞神的神聖的性質，而把惡的原因歸於神，就當怎麼樣呢？波邁以爲善和惡相對立，都一齊存在於神之中。萬物若有善和惡的反對性，那麼不得不說在其事物本性之中，既已含着反對性了。一個無限的神，在自己之中分裂反對，是什麼原故呢？波邁答復說：單依反對的啓示，才是可能的。神性要想啓示自己，那麼自身便不能不反對了。光單是存在於闇的，故善也是單存在於惡的。不能說單有光，單有闇，故也不能說單有善單有惡。波邁看見了映於日光的錫器，就豁然悟得這反對啓示的道理。

波邁說明了世界的生成，而以爲萬物黑暗的太原（卽神性），就是由表現自己，知道自己的衝動而活動的神。神因觀察自己，生出父子聖靈的三位一體神，更由此經過七個階級（Qual）而發生這現實世界。……（删去一段 譯者註）

波邁深信地上世界的腐敗和墮落，這樣一來，就根據那所謂理想的具現的最醜形的人生觀，而陷於遁世的解脫。世界若是邪惡的，那麼德單是在世界正反對的情形上存在的。他說：『萬事須與世界相反而行。這就是赴德的最近道途。』脫卻醜惡的物質，就是他達到超世界境地的唯一方法。在這裏，就不能不認他和新柏拉圖學派的思想源流相同了。

德國的神祕主義因波邁放了最後的燦爛光輝。他的學說，雖是到了荷蘭或英國等處，都生出很多共鳴者，但在德意志國內因爲受新舊兩教徒的壓迫，和三十年慘澹戰爭的打擊，而神祕主義遂失却逞勢力的機會而終了。

第三節　法理哲學和國家哲學

文藝復興的精神，在促進法理哲學和國家哲學的發生方面，前面業已述過了。在中世期，教會的勢力非常強盛，故政治和法律也盡都附屬於教會。然而一旦遇到逢着文藝復興的機運，所有方面的外的拘束，都寬鬆了；政治法律也就想脫離教權，而自由研究的願求，遂到處興起，結果便促成了新的法理哲學和國家哲學的發達。在這方面的運動，最初起於意大利，在意大利反對教會，而強硬主張國家的獨立和尊嚴的，就是尼古勞·馬克拔利(Nicoio Machiavelli, 1469—1527)。

馬克拔利的理想，就是所謂意大利國家的統一。他看見當時意大利的現狀，受北方不斷的壓迫，因懷想羅馬全盛時代，做了復活其衰弱的祖國勢力的好夢。他就歷史上考察祖國發達的最大障礙的原因，而歸罪於羅馬教皇的政權干涉制度，以爲要挽回祖國頹勢的唯一方策，就在打破羅馬教皇的專制權，從教會干涉裏把國家解放出來。他以很銳利的論鋒攻擊時弊。他不但說國家要脫離教會的干涉，卽法律也當從教會主權裏解放出來。國家的權利或法律，不可以教會的規約和教義的原則爲指歸，應當從國家的本質上去謀建設。依馬克拔利的人性觀，人類是以無厭的欲望而活動的。故常容易做惡事，善事是單在不得已時而行的。他根據這種人生觀以論國家，以為國家是適應人類的利益和必要而生的。關於國家的問題，當從所謂爭利益之爭的一點上去觀察，不當以道德上的論辯來解釋，祇當訴之於武力，而以武力解決。最上的政體，就是共和政治，但在時勢艱難時，除行君主政治外，再沒有方法救濟。統治者當以圖謀國家的隆盛為最高的目的，為達到這個目的，無論採用任何手段都好。這就是有名的馬克拔利的政治論。他一方面是熱心的共和主義者，一方面又想在專制君主的強固權力下求國家統一的實現，而組成極端專制主義的體系。

馬克拔利的新政治論給與當時社會以很多的影響。從路得的宗教改革起，引起宗教上的紛爭，社會的秩序，大為紊亂，所以國家統一問題，就成為最真摯的研究題目。在馬克拔利稍後，有英國的托馬斯·摩亞（Thomas More, 1480－1535）說明社會主義的理想國(Utopia)。他在『理想鄉』一書前編上，極述亨利八世當時淒慘的社會狀態；更在後編上討論理想的國家組織，以為救濟這種社會狀態的手段。他說社會上生出不幸和犯罪的原因，在財產和教育的差別，須構成以勞動和所得的平等為根據的理性的國家理想；這樣國家當脫離教會權力而獨立，因現世的利害關係而建設。摩亞的理想鄉，就是把市民法律上的地位從宗教分離的思想的魁傑。法蘭西的蔣·鮑旦(Jean Bodin, 1530－1597)，在一五七五年著『國家論』，強硬的排斥依教會教義而建設法理學。他想依歷史的研究而定關於政治法律的重要概念。君主服從神定法或自然法，而尊重人民的自由和財產；人民也不可不服從君主所命的法律（制定法）。這就是鮑旦的法理觀。意大利的金提里(Albericus Gentilis, 1551－1611)，雖也是排斥向來神學的法理學的，但他卻想把法學的基礎，放在自然並永久不變的自然法之上，故他的學說，還是極不完全的。德意志的亞爾圖秀（Althusius, 1557－1638）說『社會是依契約而成立的，政權是在人民手中的，君主不過是國家至高的公僕，君主若是違背契約，人民就可奪他的君位，』這一說就是民約論的先驅。鮑旦的歷史的說明，和亞爾圖秀的社會契約說，到了荷蘭人格羅丟（Hugo Grotius, 1583－1645）結合起來，法的區別越加明瞭。格羅丟把法分爲自然法和制定法，以自然法爲有理性者，卽所有人類的遍通的法則，制定法，是因歷史和國土差別而相異的法則。他所謂自然法，是由人類的理性而來的。這個自然法，乃因追求人性，和所有社會的共通法律而認知的。所謂求法的起原於人性的本質的法理哲學的端緒，就是肇始於他的。他又把法分爲規律人與人的中間，和規律國與國的中間的二種；指出國際公法的觀念，而在法理哲學上垂下不朽的名聲。

第四節　自然研究

卽在中世期經院哲學全盛時代，自然研究的傾向，也就流入思想界的一部分，終爲引導經院哲學破滅的反經院的原因的一種，前面已經敍述了。因文藝復興，而社會的面目煥然一新，而想脫卻因襲的拘束，自由探求眞理的精神蓬勃興起，於學術界同時自然研究的興味，也更爲增加，終促成自然科學的勃興，而發生近代物質文明的光明。

在科學的研究法未明以前，都以自然爲神祕。惟有對於充滿祕密的不可思議的知識，方可啓示自己。當時的自然研究者，知道依靠經院哲學，到底不能發出自然的神祕，就想不依學問的研究，單依神祕的認識，參透自然，以接觸於神的啓示。像這樣對於自然認識的空想的傾向，就稱爲神智學（Theosophie）。神智學以自然爲神的啓示，想在自然之中認識神。德國的神祕主義者，想在內部信仰的感情深處求神的啓示，這一派卻想在外部的自然的祕密中求神的啓示。前者是觀念論的汎神論，而後者卻傾向自然主義的汎神論。爲神智學的代表者，最著名的，就是米蘭特拉的葛不安尼·皮柯(Giovanni Pico della Mirandola, 1463－1494)。

關於自然研究的興味，從各方面而起，也有繼承十三世紀出來的路加·倍根，而提倡經驗的自然認識者。也有排斥古代的模倣，而以自然的觀察爲美術上的理想，如廖那德·達·文曲(Lionard de Vinch, 1452－1519)，米啓蘭智兒(Michelangelo, 1475－1564)等一派的藝術家。廖那德是意大利美術界的有威權者，同時也是理論的自然科學，尤其是重學和光學的建設者。

當種種思想繼續勃發的過渡時代，常常會現出一種調和的傾向。他的代表者不能不舉已揭於中世期末的尼哥拉·庫撒奴。他想因神祕主義和自然研究混和而成的折衷主義，將信仰試爲一種哲學的組織，一方面代表末期的經院哲學者，他方面又占在近世哲學建設者的地位。他的繼承者，就是法國的文學家卡爾·布勒(Charles Bouille, 1476－1553)，意大利人希羅尼摩·加爾達挪(Hierouymns Cardanus, 1501－1576)等。加爾達挪是發明三次方程式解釋方法的數學家，同時也是像兒童的空想的迷信家。想由自然的有機體的見地來理解一切現象，並想依自然的因果律而說明之，這就是他的哲學的特色。然他想把全世界的有機的關係和一切現象的普遍的適法性，作爲星占學的觀察，在這一點上，還現出那未成熟時代的空想的形態。

想因神祕的認識，以接觸神的啓示的神智學，至此一轉，以爲若能探求自然的奧祕，接觸於神的啓示，就可以支配自然行使幻法，而成爲一種祕術（Magie）。阿古里坡（Agrippa von Nettesheim, 1487－1535）傾向於此，是最顯明的，但至坡拉塞爾斯（Theophrastus Bombastus Paracelsus, 1493－1541），更想以此祕術起而試行改革醫術。坡拉塞爾斯把哲學由神學分離，放在自然科學之列。依他的見解，哲學不外是自然的認識。在萬有世界中有稱爲『威爾加奴』（Vulcanus）的普遍的力，和稱爲『阿爾曉斯』（Archeus）的個人的力。疾病就是『阿爾曉斯』被外來的靈所征服，所以治療疾病，不得不強健吾人的內的本質，而反對外來的靈。他就用精氣（Die Quintessenzen）侵劑（Die Tinkturen）祕密藥（Die Arknen）等化學的製造，爲醫療的手段。他雖是危險的魔法的醫術的始祖，但重系統的化學的實驗，給與科學研究的貢獻，也就很不少了。

坡拉塞爾斯的醫學，成爲一大學派，而傳諸外國，在荷蘭最爲普及，出了很多有名的學者。他的自然哲學，因華格爾而和神祕說相結合，前面已經說過了。

哲學和神學，到了意大利的自然哲學出來，分離得更明顯了。庫撒奴的普及者加爾達挪，雖能看出神智學的傾向，但至伯拿地·太勒蕭（Bernardino Telesio, 1508－1588），就從經院哲學完全脫離，大膽的對於自然實行公平經驗的考察。他是意大利自然哲學的開創者。太勒蕭極力排斥亞里士多德學說，非難那依思索力的純理性而行的世界的認識，以爲依推理而得的思想，不過是眞理的忖度罷了。單依經驗而確證的，才是眞理。因把自然認識的根本原理歸之於感覺的經驗。照他的世界觀，天的中心（卽太陽）是最熱而最乾燥的，地的中心（地球）是集積寒冷和溫暖的地球的中心點，環繞着太陽而運動。因溫寒和乾熱的二原則，而生各個事物，感覺的能力也是二原則永久相爭，而表現自己的進行。

次於太勒蕭而出的富蘭西斯科·帕托里士(Francesco Patrizzi, 1529—1597)，也激烈的攻擊亞里士多德，他說：亞里士多德學說中的優點，全都是繼承柏拉圖而來的，劣點都是他自己附加的。帕托里士的思想，受着新柏拉圖學派的影響，這是最顯而易見的。

在意大利自然哲學者中，最傑出的，就是喬爾登·鮑魯訥(Giordano Buruno, 1548—1600)。他生於康浦尼亞小都會的諾拉，年少時卽入多米尼康派的僧團，但因耽讀自然哲學家的書，猛烈唾罵經院哲學，所以受種種壓迫，漂流各國，在羅馬被因於獄舍者七年以後，終受火刑而死。這時去蘇格拉底的殉教恰好爲二千年。

鮑魯諾根據哥白尼的地動說，而定宇宙觀，以宇宙爲活動的和無限制的東西。哥白尼的地動說，就是說：『地球和其他遊星，是以太陽爲中心而回轉的。』鮑魯諾因而說：『宇宙以太陽爲中心，而回轉其周圍的星體，是無數的。』由此引出宇宙無限的形而上學的結論。宇宙是擴於無限空間的。從本質方面觀察那無限的宇宙的『能產的自然』(Natura naturaus)，就是神；從存在方面觀察的『所產的自然』(Natura naturata)，就是各個事物。所以神性是個物的能動原因，無論何事，都有那神的生命貫通着。鮑魯諾敍述最善觀，以作以上汎神論的必然的結論，以爲宇宙的本質是超越差別的，是永久不變的完全。如個物的失望或不幸，都不過是無限的本質變更外的發現的形相罷了。他說人類若達到觀察全體的境地，對於世界的惡或禍的煩惱，就消滅了。更把尼哥拉·庫撒奴所說的反對之歸一的學說，從汎神論的見地，使爲更進步的發展，而爲斯賓挪莎的先驅。

因爲神性是包含一切反對的，所以同時是最大的，又是最小的。神性所發現的萬物，是由不可分的極微部分而成的。他名這極微部分爲『單子』(Monade)。單子是物體，同時也是精神，是爲萬物原因的神性之發現於各個的。因爲神性是不可分割的，所以單子就是無限的神。故單子就是映寫宇宙全體的鏡子。換句話說，就是小宇宙。他的單子論，不用說，就是拉比尼都的先驅了。

托馬梭·康普奈拉(Tommaso Campanella, 1568—1639) 也是意大利自然哲學者之一人。他也是多米尼康派的僧侶，卻和鮑魯諾不同。他不但願順從教會，並且因爲政治上的理由，而囚身監獄至二十七年之久，在獄中著了許多的著作。以後被釋赴法國，就在巴黎逝世。他是承繼中世期末葉的思想，把哲學和神學分開，以爲神是基於信仰的，哲學是基於經驗的。又分哲學爲形而上學和物理學二部，以論理學和數學爲哲學的補助學科。他以懷疑主義之攻擊，爲認識論的出發點，他大倡認識是始終屬於感覺的能力的感覺論，如感情，記憶，推論，也不過是感覺的變化結合能了。他說實體存在於一切的事物，所以人類就是小宇宙。若洞察自己的本性，便可解世界之謎。他列舉那由經驗上確實不疑的原則，爲(一)吾人是存在的，(二)吾人是行知且行欲的，(三)吾人是被外的影響所左右的，(四)人是除了現在所有更知他事欲他事的。其中最重要的就是第二。推此經驗上的原則，而以力，知識，意欲爲實在本源的特性。這本源的特性的之最完全最純粹發現的東西就是神性。然而神是不可說明，不可認識的，不得爲哲學的對象。笛卡爾和康德的學說，已暗示於康普奈拉，是要注意的。

意大利自然哲學家在接近奔放的詩的想像，而建設自然哲學的傍邊，發現自然精確的科學的研究者。其中特別有名的，就是提倡天動說，而使向來的托勒米說根本破碎，在天文學上，作一大貢獻，在人類思想上垂留偉大功績者，就是哥白尼(Nikolaus Kopernikus, 1473－1543)。他的天動說在鮑魯諾的世界觀上所及的影響，前邊已經述過了。比哥白尼後出的愷布爾(Johannes Kepler, 1571－1630)，不但使天文學上的研究更進一步，並且使自然研究脫離神祕主義，或神智學，應用數學作為科學的研究，以為眞正的知識，是精確計算所得的。

使愷布爾的科學的研究法更加發展的，就是卡利里(Galileo Galilei, 1564－1642)。他在為自然科學者的方面，關於物體下落的法則，望遠鏡的改良，近世機械學和天文物理學的建設等，建設下可驚的功績。他以為哲學的任務，在於自然認識，而自然的認識，單依經驗可達。自然是依數學的符號而記述的。故理解數學，立刻就能理解自然。就是哲學的目的，即在依知覺而認識一切事物的數學的秩序。他把自然研究的方法，分為分析法和綜合法二種：所謂分析法，就是依實驗補助觀察，而為數量的計算。所謂綜合法，就是結合那依分析的方法弄明白的物質的實在之單純原素，而確定了相互間的數學的關係。他把世界的實在歸於原子和原子的運動，而使溥羅塔高拉所倡的感覺主觀性說復活。原子論說，單是他學說的假設的後援，而為自然認識的內容的數學的關係，畢竟是運動的量的關係，自然研究的目的，就是運動的計算。故運動就是這物體的狀態，而變化這狀態的東西也是運動；所以運動是原因也是結果，即因果律也不外是運動的數學的關係了。當卡利里讚許哥白尼的世界觀，而由數學以打破亞里士多德的自然哲學時，被視為異端者，曾受周圍苛酷的壓迫，書籍被禁止發行，並以拷問去恐嚇他，雖至不得已而立改說的僞誓，然終不捨棄信念。至晚年雖成盲目之身，困苦顛連，受了不斷的監視，但仍是醉心於學問的思索。

意大利的新哲學，以卡利里爲殿軍，而告一個段落。

附過渡時代(約表)

文藝復興

- 精神…文藝復興是希臘思想希臘精神的復活，不單是研究希臘古典，愛玩古代文藝和美術的運動。
- 由來
  1. 在意大利有旦丁，比的拉加薄加起等詩人出現，研究希臘古典的結果，就使人文主義勃興。
  2. 教皇威根四世以併合東西兩教會爲目的，而招聘希臘學者，使間接的發達人文主義。
  3. 一四五三年君士坦丁堡陷落，同時東方學者就避難於意大利。
- 哲學再生
  1. 柏拉圖哲學
     1. 和文藝復興同時再生的，第一就是柏拉圖哲學。
     2. 當時的柏拉圖學者，總脫不掉新柏拉圖學派的臭味。
     3. 學者…伯撒里溫，斐球斯，帕托里士等。
  2. 亞里士多德哲學
     1. 和柏拉圖哲學再生同時，生出些使亞里士多德哲學脫離經院哲學的解釋而獨立的人。
     2. 學者
        1. 亞歷山大派…佩托爾·彭坡拿提
        2. 愛威盧士派…維爾尼亞，愛錫黎奴尼富斯。
  3. 司托亞哲學…李普士，蕭普。

- 4. 愛辟克魯斯哲學…加桑
- 5. 懷疑哲學…毛塔尼，夏倫，桑懈。

- 結果
  - 1. 宗教改革。
  - 2. 法理哲學和國家哲學的發生
  - 3. 自然研究。

宗教改革

- 原因
  - 1. 因文藝復興的精神，而脫離教會的權力，以求純粹直接獨立信仰的願望力，格外加強（養出願望力者，就是神祕主義）。
  - 2. 教會的腐敗墮落，更促進改革的氣運。
- 改革者
  - 1. 束盈黎
  - 2. 甲爾文
  - 3. 路得
    - 1. 消極的主張…攻擊贖罪，大聲疾呼信教自由。
    - 2. 積極的主張…救濟不是由信仰教會而來，是由信仰基督而來。
- 1. 新教成立
  - 1. 生出教義神學組織的必要。
  - 2. 米蘭可多因爲採用亞里士多德哲學，而生出了第二經院哲學。
  - 3. 各派互爭。

- 結果
  - 2. 色斯托派
    - 1. 反對新教徒，而承認教皇的專制主義，標榜着中世期式的絕對服從。
    - 2. 開創者：易古拿·羅耀拉
    - 3. 學說
      - 1. 民主說：君主若不服從於教會，而失望於人民，就當去位。
      - 2. 蓋然論：道德是客觀的標準。
      - 3. 赦罪說：赦罪權獨爲教會所有。
  - 3. 神祕主義
    - 1. 非難教會採用亞里士多德哲學，失卻宗教改革的精神。
    - 2. 學者
      - 1. 西文克費爾
      - 2. 華格爾
      - 3. 波邁

法理哲學 國家哲學

- 發達理由：被文藝復興的精神所促，使政治法律脫離教權，試行自由研究的欲求，很爲旺盛。
- 學者
  - 馬克拔利（意）
    - 1. 夢想意大利國家統一，而欲挽回頹勢。
    - 2. 以意大利衰弱原因歸於教皇的專制制度，而提倡政治的獨立。
    - 3. 政治論
      - 1. 人類是以無厭的欲望而活動的，國家是由人類利益和必要而生的。
      - 2. 雖以共和主義爲理想，但欲救時弊，卻可用專制主義。
      - 3. 君主爲達到統治的目的，任採如何手段都可。

摩亞（英）……理想國。

鮑旦（法）……大聲疾呼法理學的獨立。

金提里（意）……想把法學基礎放在自然上。

亞爾圖秀（德）……社會契約說。

格羅丟（荷）……把自然法和制定法明白分開。

由來……自然研究的傾向，雖在經院哲學全盛時，也流入思想界的一部，但依文藝復興，而更加強盛。

神智學
- 1. 依神祕的認識，參透自然而接觸神的啓示。是最幼稚的自然研究法。
- 2. 代表者……米蘭特拉的皮柯。

自然研究各派
- 1. 路加·倍根的繼承者。
- 2. 以自然觀察爲美術上的理想的美術家……廖那德·達·文曲。
- 3. 神祕主義和自然研究的調和者……庫撒奴
  - 布勒
  - 加爾達挪

祕術
- 1. 若探出自然奧祕，以接觸神的啓示，就可以支配自然，行其祕術。
- 2. 著名的學者
  - 阿古里坡
  - 坡拉寨爾斯

自然研究

- 意大利的自然哲學
  - 1. 把哲學和神學最明瞭的分開。
  - 2. 著名的學者
    - 太勒蕭…單有由經驗所確證的是眞理。
    - 帕托里士…攻擊亞里士多德哲學。
    - 鮑魯諾…
      - 1. 宇宙是活動的無限際(哥白尼的影響)。
      - 2. 汎神論，最良觀單子說。
    - 康普奈拉
      - 1. 認識是始終屬於感覺的能力。
      - 2. 以由經驗上推出的力，知識，意欲三者爲實在本源的特性。
      - 3. 本源的特性純粹發現的是神，神是不可說明，不可認識，不能爲哲學的對象的。
- 自然科學者
  - 1. 意大利的自然哲學者，對於自然研究，接近奔放的詩的想像，這一派卻與他們相反，而爲想依精確的科學方法研究自然者。
  - 2. 著名的學者
    - 哥白尼…倡天動說，而破碎托勒米說。
    - 愷布爾…應用數學，而以科學的研究自然。
    - 卡利里…使愷布爾說更加發展，…是偉大的科學家。

第二章　近世哲學的發生

在過渡時代雖有種種新思想發現，和傳習的思想相爭，以致思想界紛雜混亂；然而還沒看見有新哲學的組織。但是在這混亂之中，已經伏下新組織的種子。他的種子發芽，便發生近世哲學的大組織。

近世哲學的濫觴，發自英吉利，法蘭西和荷蘭。文藝復興時代的思想舞臺，是意大利和德意志。但在意大利，因為後來羅馬教會對於新教徒勃興力求自衞，便極力以抑制反對思想為事。在德意志因為宗教戰爭起來，消耗國民的元氣，故新哲學的淵藪地，就移到前記的三國（英法荷）。然而德意志在三十年戰爭以後，他的國勢逐漸回復，同時又容納勃興於法蘭西的哲學，使他發達，遂掌握近世哲學的霸權。

發於英·法·荷的近世哲學，有兩種不同的思想：一是發生於英國的經驗論，一是起於法國移於荷蘭而流行於德國的純理論。經驗論是把外界的各個事實為很多的觀察，漸次組織為確實的知識。純理論是以吾人的意識所直接認為確實的為根據，依其證明而窮理。前者重後天的經驗，後者卻重先天的理性；前者的學風，是心理的，觀察的，後者的學風，卻是思辨的，內省的。近世哲學生出這樣不同思想的支流，多因國民性不同而起。概括起來說，英國國民是實際的，活動的；法國國民是抽象的，空想的；德國國民是思索的，思辨的。注重實驗，卽在事實上發見眞理，是英國國民的長處；求抽象的原理，提倡新的學說，是法國國民的特色；着實的冷靜的思考，是德國國民可誇的之點。經驗論起於英國，而漸次發達，純理論發於法國，而繁盛於德國，都是很有興味的事實。

第三章　英國經驗學派

第一節　法郎西斯·倍根

意大利的自然哲學家和懷疑論家雖老早就以知覺爲知識的基礎，而提倡爲一種經驗主義；但他們還不能完全脫離空想的神祕的思想還沒有覺悟經驗的研究到底是什麼。明白知道這一點，而成爲近世學術的先導者，就是英國的法郎西斯·倍根（Francis Bacon, 1561—1626）。

倍根雖以天才的政治家，逐漸立身出世，過他充滿光輝的生活；但因爲他做了政治家，故做了很多不德義的行爲，所以晚年非常的蹉跌。他自從脫了公共生活以後，就盡全力以從事於學問上的著作。他在道德上雖有種種招人物議的短處；但也不能因此就埋沒了他在學問上的功績。

倍根的功績，就在把學問的新理想和新研究法明白舉來，而在學問的組織和實際的研究上，卻沒有何等貢獻。

他以爲從來的學問一概沒有價値，因此便說從來的學問毫無實益，凡無實益的學問，就是死學問。須把這樣死學問廢掉，而使學問爲活用於社會的文明的利器。文明是因使役自然而生的，能自由利用自然的，就是知識。他舉出『知識就是勢力』的名言，以示新學問的特質。使役自然的知識，並不是空漠的秘術的思想，是着實的科學的研究，就是發明。發明所必不可缺的準備，就是自然法則的認識。這就是他的哲學的自然研究的方法論。

偶像論　要想得到確實的知識，不可不丟開那先入的偏見和妄想。他稱這先入的偏見和妄想爲偶像(Idola)，分爲：(一)洞窟的偶像(Idola specus)，(二)劇場的偶像(Idola theatri)，(三)市場的偶像(Idola fori)，(四)種族的偶像(Idola tribus)四種。所謂洞窟的偶像，就是從個人的性癖和偶然的境遇而來的偏見。恰如閉處在洞窟之中，不見世界的廣大一樣。所謂劇場的偏見，就是崇拜古人的傳說和風行一世的學問而盲目信從的一種偏見。所謂市場的偶像，就是從交際而來的一種偏見。其中特要注意的，就是言語。言語單不過是便宜上使用的符號，而人動不動就會生出言語所在眞有實物存在的誤解。所謂種族的偶像，就是從人類本性而來的最執拗的偏見。其尤著者，例如吾人把自己性質推移到他物，隨自己的方便以曲解事物。吾人抱着目的而活動的，如推廣這種見解，以爲自然界中樁樁事都是依從何等目的而起的，這樣思想乃是最大的偏見。自然研究的一大障礙，就在這種目的觀。自然界沒有目的，不過單有原因結果的關係罷了。故眞正學問，不得不取機械的說明，這就是偶像論的要旨。

歸納法　學術的研究一定要從經驗上出發。除去先入的偏見，虛心平氣以實驗或觀察事實，卽從這些事實中發見法則，這就是歸納法。祇有歸納法才可以叫做眞學術的研究法。他反對亞里士多德和經院哲學說形式論理不能開發新的知識，因呼這新研究法爲新『奧爾迦農』(Organon)。

要作歸納的研究，必須先蒐集可爲其基礎的事實(卽事例)(Instantiae)。要蒐集事例，必須要守一定的方法。例如要發見溫熱的法則，第一不可不將溫熱所存在的事例，第二不可不將溫熱所不存在的事例，第三不可不將溫熱或多或寡的種種事例蒐集而列舉起來。由這樣蒐集事例發見出來的法則，就是歸納法。所謂法則，就是爲事物本質的形相(form)或本性(nature)，和今日物理學上所說的法則，是不同的。他不承認數學可爲自然研究的根柢，乃是他的研究法的一種顯著的缺點。

倍根和卡利里時代大略相同。卡利里依分析法以求數理上能定的運動的單元，因以此爲學術研究的根本主義，而倍根卻依歸納法以探求現象的本性和形相，這都是近世學術發達史上一個大可注目的事實。

第二節　霍布士

倍根單注重歸納法；然把歸納法和演繹法併用起來，以爲得到精確知識的方法，在研究法上補綴倍根的缺點，而爲更進一步的組織的哲學之建設者，就是托馬斯·霍布士(Thomas Hobbes, 1588－1679)。倍根祇想提倡脫離教權而獨立的新學術，但霍布士的目的，卻想使國家和道德都離開教權而獨立。他是近世經驗派倫理學的創始者，英國近世倫理學史就說是依他的學說和其反對說而成立的，亦無不可。

霍布士是馬爾謨士巴勒牧師的兒子。在牛津受了教育以後，又旅行到法蘭西和意大利，和各種新思想家相交遊，並接近了卡利里。歸國後，得倍根的知遇，得親近其思想。後來再度逗遛巴黎，而和加蓀底成親密的交誼。他又和笛卡兒的摯友美爾遜奈相交，得受笛卡爾的影響。他的著作從十七世紀中葉，就繼續公諸社會，其中特有名的，就是巨靈(Leviathan)(一六五一)。

霍布士的哲學，在可以看作他的根本概念的『第一哲學』之外，分爲(一)論物體的物理學，(二)論人類的人類學，(三)論由人類集合而成的國家的國家學三部。

唯物論　霍布士受了愷布爾卡利里笛卡爾等的影響，設下機械的世界觀，把自然作爲機械的說明。照他說：『所有的存在，都是物體，所有的發生事件，都是運動。自然界的現象不用說了，就是精神現象也不外是物體或運動。因爲運動的生起都是機械的，自然的，所以自然很可以爲機械的說明。』在物體以外沒有可以認爲實在的。空間是爲吾人而存在的幻像，時間也一樣是運動的幻像。學問決不是以某種祕密力爲研究的對象的，是研究存在於空間運動於空間的東西(即物體)。他在物理學中又說吾人依觀察和實驗而確認的一切物體，唯有依據形成物體的原子運動的結合，才能夠明白思考出來。這種學說使人把戴毛克里托的學說想起。

感覺論　霍布士由機械的世界觀，以說明認識，而倡爲感覺論。依他說，所有的存在，都是物體，所有發生的事，都是運動。精神運動，也不外是運動的一種。精神作用中，最簡單的，就是依外界刺激而生的感覺，而一切精神現象，全不過是這感覺的變形罷了。由感覺而生的運動的殘餘，就是想像和記憶。又由豫期隨感覺而起的快不快，而生出欲求和嫌惡的念頭，許多欲求相爭，強的就制勝而成爲意志。意志和自然現象相同，先由運動而爲機械的規定。這就是他的意志決定論。在把一切精神過程認爲由感覺變化而爲系統的辯論的一點上，比較康替奈拉更進一步。

道德說　以機械的世界觀爲基礎的霍布士道德說，結果當然要成爲利己主義和相對論。隨快不快之感而生感覺，所以人若豫期這快感或不快之感，就生出欲求和嫌惡的念頭。所有活動，都是由這個欲求而來的。然則怎麼樣的感覺就生快感？怎麼樣的感覺就生不快感呢？霍布士拿自身保存的觀念來說明這個。他說：助自身保存的刺激，就與以快感，妨自身保存的刺激，就與以不快感。人類所欲求的，不外是自身保存。人始終是利己的動物。霍布士舉出自身保存的法則，以作動物生活的原理，和卡利里以運動保存的法爲物質的根本原理相對照，可算是很有興味的事。

霍布士根據那爲人類自然性的自己保存的欲求以論道德，以爲吾人所欲求的就是善，吾人所嫌惡的就是惡。善惡是有主觀的性質的，並沒有所謂客觀的善和惡的，故善惡的標準也因時因地而不同。他否定普偏的道德標準，而倡相對論，很和溥羅塔高拉之說相似。然霍布士並不是絕對的否定客觀的標準的，他仍以國家所定的法律爲判斷善惡的標準。

民約說　霍布士把機械的世界觀適用於自然，而倡唯物論，適用於認識論，而主張感覺論；在道德上，說相對論，更論到政治上，而構成民約說。依霍布士的見解，人類是以保存自己的欲求爲目的而活動的利己的動物，並不是社會的動物。若一聽其自然，就要壓倒他人，而求自己的幸福，相爭相戰，而過如狼似虎的生活。人類像這樣相爭相戰，結果一定得不到幸福的生活，想求幸福，反而失掉幸福。於是有理性的人類，悟得自然生活，不是所以滿足自己的欲求，得到幸福的生活的，至欲造成有秩序的社會了。社會的成立，就是理性所命令的。人想造社會，就不能不互相定約，讓出個人的權利。（一）對於平和的希望，（二）互讓，（三）契約，這三個條件就是社會組織的原則。

人類一旦相約而組織國家，就要設下制定法，而國家就拿絕對權來強制他們，個人對於國家，當爲絕對的服從。個人單在不違反法律的範圍內，才有自由。爲維持國家的安寧，就生出制限個人自由的必要。欲實行國家組織的契約，而鞏固其結合，就不可不有絕對的權力而爲懲罰破約者的主權(卽君主)。君主是國家的統一者，代表者，和主腦。君主的權力，是絕對的。若君主的權力薄弱，就要使國家復歸於自然的無秩序了。法律是國家的理性，是公共的良心，是道德的客觀的標準。然君主有改廢法律的權能，君主的絕對權超越在法律之上，是使法律的效果確實的。君主不但可以改廢或制定法律，並且還得決定國教。但君主對於神，也是有責任的。對於國民並不予以爲惡的自由。霍布士的學說，就是從利己主義出發，而達到君主專制主義。

霍布士的學說，具有獨創的見解，在當時的思想界上，雖有很大的影響；但一面又含有種種誤謬和矛盾。他把人類的本性徹頭徹尾的作利己的解釋，若放任於自然，就要互相爭鬬，不得過幸福的生活，所以因契約的結果便造成社會。但這樣解釋，徵諸歷史上的事實，是不能承認的。又他的學說一方面提倡利己說，他方面又承認君主專制主義；一面求道德的判斷標準於個人主觀的好惡，一面又以由君主命令而生的法律作爲客觀的標準等，都是有顯明的許多矛盾的。

第三節　霍布士倫理學說的反對者

霍布士的學說，反對者是非常多的。在他的倫理說上尤其是異論續出，頓在英國的近世倫理學史上添了許多生氣。

對於霍布士一面倡善惡判斷的主觀的性質，一面求客觀的標準於法律的相對論和合法主義等，從觀念論的立腳點上出來反對，而倡本有論者，就是劍橋的柏拉圖學派，和稱爲劍橋的道義哲學家加道爾斯和摩亞等。從論理的立腳點上出來反對，而倡合宜說者，就是克拉克和奧拉斯頓等。從審美的立腳點上出來反對而倡道德官說者，就是夏富伯里和哈提孫等。更把道德官說完成，而倡良心說者，就是坡托拉。反對以自己保存的欲求爲人類本性的利己主義，而倡利他主義者，就是康樸蘭德。又把那以利益爲道德根本原理的霍布士之說從經驗論的立腳點上出來改善的，就是羅克。羅克的學說，更依休謨和亞丹·史密斯等而成爲同情同感說。把以上所列舉的霍布士的反對說和改善說列表如左：

霍布士的反對說和改善說
- 反對說
  - 反對相對論
    - 本有說：加道爾斯、摩亞
    - 合宜說：克拉克、奧拉斯頓
    - 道德官說：夏富伯里、哈提孫——良心說（坡托拉）
    - 自然法說
  - 反對利己主義：利他主義
    - 康樸蘭德

改善說
　羅克
　休謨
　亞丹·史密斯
同情同感說

在倫理學上，認吾人有直覺善惡的能力的說，稱爲直覺說。所以從學說的區分上說起來，以上所列舉的諸說，屬於直覺說者居多。羅加斯以加道爾斯和克拉克爲合理的直覺主義，以夏富伯里和哈提孫爲美學的直覺主義，以亞丹·史密斯爲同情的直覺主義，以坡托拉爲自律的直覺主義。

從年代的順序上說起來，若敍述了霍布士的學說，就不可不轉眼於大陸，而細味那爲純理派鼻祖的笛卡爾的學說。但爲說明的便宜起見，須先檢討前面所列舉的霍布士反對者，而一覽那以倫理問題爲中心的啓蒙時代以前的英國思想界。

一　劍橋的柏拉圖學派

對於霍布士的唯物的及自然主義的道德論，而最先開始攻擊的，就是劍橋的柏拉圖學派。所謂劍橋的柏拉圖學派，就是起於第十七世紀時的英國藉新柏拉圖學派而研究柏拉圖哲學的一派學者。這派學者從笛卡爾受了不少的影響。臘爾夫·加道爾斯 (Ralph Cudworth, 1617—1688) 和亨理 摩亞 (Henry Mare, 1614—1687) 就是這派的代表者。

加道爾斯在其所著的『永遠不變的道德』(Treatise on Eternal and Immutable Morality, 1731) 上，

排斥霍布士的學說，而述道德的觀念本有說，依他說，眞理是在感覺以上的東西。感覺單把主觀的一時的個個映像或幻像作爲受動的解釋而止，因此，不但不曾給與那關於永遠的實在的知識，並且不曾給與這物質世界的眞知識。能够了解那爲眞知識對象的普通概念的東西，只有理性。一切的道德觀念，都是普遍的概念。因他不現於感覺，所以目不能見，手不能觸，舌不能嘗，單依理性，纔能够了解。道德觀念的永久不變，是和科學的眞理一樣的。道德觀念是神的理性所固有的，而爲永久存在的客觀的實在。也不是依神的意志而成的，也不是依法律而定的，也不是依經驗而生的。吾人的心，分有神的理性，神是心的原型。所以吾人心中本有道德的觀念，即道德的觀念是吾人生而本有的。我們靠着他，纔能辨別善惡。加道爾斯對於霍布士的關係，和蘇格拉底對於哲人派，有很多相似之點。

摩亞雖沒有加道爾斯那樣博學，但他把加道爾斯的道德觀念本有論敘述得格外顯明。依他的見解，道德的大本，是絕對不變的博愛，從這個大本而演繹出來那日常本務的，就是理性。行爲的動機，是快不快的感情，是他和霍布士的快樂說相同的。他的著書，稱爲『倫理要論』(Enchiridion Ethicum, 1669)。

二　克拉克和奧拉斯頓(合宜性說)

承繼加道爾斯的思想，排斥霍布士的快樂論的思想，而倡合宜性說的，就是薩美爾·克拉克 (Samuel Clarke, 1675—1729)。和克拉克從相同的立腳點上，把善惡正邪的區別的客觀的存在爲論理的說明者，就是奧拉斯頓 (Wollaston, 1659—1724)。

克拉克是想把道德放在自明的公理之上。萬物是和一切他物相關係而存在的，很有和他物相調和的合宜性(fitness of thing)，因而吾人的行爲，也很有和外界事物相調和的合宜性。萬物和他物相調和，就是客觀的合宜性，而吾人行爲和外界相調和，就是主觀的合宜性。行爲的正邪善惡，依該行爲能否和外界事物相調和而定；卽道德判斷的標準，存於主觀的合宜性的有無。凡行爲和外界的事物不相矛盾，不相衝突，而甚合宜者，就是善；反過來就是惡。那麼行爲的合宜性，是怎麼樣纔能夠認識呢？克拉克就把這個歸於理性的直觀。理性好像能直觀數量似的，有直觀行爲的合宜和非合宜的能力。所以道德的原則和數字的原理相同，是直覺的自明的。否定道德的法則，和否定數字的原理是一樣的。依克拉克說，依吾人理性而直覺的自明，就是根本的正當法則，這根本法則，永遠是正當合宜的，各個本務都是從此演繹出來的。他把直覺的自明的正當法則，分公理爲：(一)對於神的崇拜歸依的法則，(二)對於同胞的公平的法則，卽慈愛的法則，(三)對於自己的自制的法則。

奧拉斯頓也是從那和克拉克相同的立腳點上而論道德的。依奧拉斯頓說，分行爲正不正的標準，在其行爲是否肯定眞理而定。爲之則是眞理的肯定，不爲之則是眞理的否定的行爲，就是正的；反於此的行爲，就是不正。理性動物的行爲可以合宜的，故亦可以爲道德的。不道德的行爲，是由錯誤判斷而生的。奧拉斯頓又把道德和眞或福祉看作一樣，以爲道德是和吾人的幸福不離的，吾人所當取的快樂，必定是眞正的快樂。

克拉克和奧拉斯頓的倫理說，一方面論道德的法則之直覺的自明，一方面又未能完全脫去幸福或利益的觀念。

三　夏富伯里和哈提孫(道德官說)

說吾人好像有判知姸媸的美的感官（美官）一樣，是有直覺善惡的道德的感官（道德官）的；反對那否定道德判斷之客觀的標準的霍布士的相對論同時又排斥那想把道德的根據歸於理性的直覺的加道爾斯和摩亞並其他合理的直覺主義而大倡感情的直覺主義者；就是夏富伯里（Schaftesbury，1671－1713）和哈提孫（Hutcheson，1691－1746）。這派學說的特色，就在求道德判斷的根本於那所謂『道德的感覺』之特殊的實踐能力。

夏富伯里和約翰·羅克爲密友，而爲援助羅克的夏富伯里侯的嫡孫。在他的著述當中，最有名的，就是『人·風俗·輿論·時勢的特質』（Characteristics of Men, Manners, Opinions, Times, 1711）一書。

夏富伯里根據於希臘式的美的和調和的世界觀，而述倫理說。他的結果便一方面反對霍布士的利己主義和相對論，一方面又反對從前的合理的直覺論。他把世界看作調和的或美的，以爲世界是被支配於雜多統一的法則的。吾人身體的各部分成爲統一的體系，而由精神總括之，世界亦然，也是雜多調和合而爲一，而由神總合之。在世界的局部中是也有不調和，也有惡的；然若觀其全體，那就並沒有不善美的。他常以宗教的感情讚賞宇宙的美好。

夏富伯里的美的調和的世界觀，就在道德論上，也現出一種調和說。世界既是美的調和，故善也不能不是美的調和。調和吾人自然所生的諸性能，卽是所謂德行的主眼。他論吾人的性能，以爲有個人的衝動（私情）同時也具有社會的衝動（公情），而這兩者能調和時，方纔生出社會的幸福，同時也生出自己的幸福。所稱爲道德上的善，畢竟不外是這性能的調和。因爲吾人是倂有這個人的衝動，和社會的衝動的，所以反對那人類祇是自保的生物之利己說。以爲社會是根據吾人的社會的衝動而成立的，並不是考慮自己的利益後纔定下契約而組織成的，因而反對社會契約說。

個人的衝動和社會的衝動（卽私情和公情），雖是吾人行爲的二動機，但在這自然的本能的動機以外，而有理性的吾人，是還有一種動機的。這就是愛善美，而憎惡其反對的醜惡的反射的感情。他稱道德上的反射的感情，爲「道德的感官」（Moral sense）。道德官如同美官直覺的識別美醜一樣，有直覺的判斷善惡的能力。道德官的特質，當反省某種行爲時，不用何等標準，而能惹起讚賞或非難之情。道德官對於自己行爲而下是非判斷時，就成爲良心。道德官和良心並不是別爲一種的。不依道德官的力，就不是保全那爲自然本能的公情和私情的調和，而得到彼此的幸福的人。若是有這樣的人，就只能說是善人，不能說是有德者。夏富伯里的反射的感情的道德官可以直覺善惡之說，既和那否認道德判斷的標準的霍布士之相對論相反，又和那以理性爲識別善惡的能力的加道爾斯和摩亞的本有觀念說，及克拉克和奥拉斯頓的合宜性說顯然異其性質的。

夏富伯里又對於宗教而倡倫理的獨立。他說德行是有伴於自己的內在的幸福的，所以拿着如神明賞罰等的要件附於其外，是不必的。依他所見，倫理並不是以宗教爲基礎的，而倫理的極致，卽是宗教。道德的感情在瞻仰宇宙調和而讚美時，就可生出宗教的感情。

他不但提倡人性有愛他之情，而打破利己主義，以開良心論的濫觴；並且排斥單以理性爲道德判斷的基礎的偏知的傾向，在自然的性情中求道德主觀的基礎。而在英國的倫理思想界引起新潮流的夏富伯里的功績，是可以大書特書的。

哈提孫是發展進步夏富伯里的道德官說的，『倫理學系統』(A System of Moral Philosophy, 1775) 就是他的代表的著作。

吾人有判斷行爲善惡的道德官能，在道德官的判斷是決沒有錯誤的一點上，哈提孫雖然繼承夏富伯里的思想；但他對於道德官的善是什麼，比較夏富伯里還更加注重公情，而傾向純然的愛他主義。夏富伯里雖以吾人個人的衝動和社會的衝動的調和爲善：但哈提孫卻最注重那根據社會的衝動的行爲，以爲單有圖謀社會利益的博愛的情緒，是美德。道德官所命的善，畢竟也不過是這博愛罷了。個人的衝動祇以自己利益爲目的，由這種衝動而來的行爲，在無害於利他的限度內，沒有是非可言。這個就是所謂有道德上無記的性質的。就是他把夏富伯里所說的私情除外，單拿博愛看作道德上的善。然而卻不是單以博愛爲惟一的道德，而在博愛以外，就不認有道德的。他還列舉誠實，剛毅，精勵，勤勉等德目，而謂這些德全都是道德官所讚賞的。

以博愛心爲動機的行爲，就是善。然而從博愛心發出的行爲，也不必都是利益社會的，反有許多不從博愛心發出的行爲，卻可以增進多數民衆的幸福。像這樣的行爲，就沒有道德上的價值了麼？哈提孫爲答這問題，就把善分爲形式的善 (Formal good) 和實質的善 (Material good)。形式的善是由博愛的情溢出的，實質的善無關係於博愛情的有無，結果是與社會以幸福的。而這實質的善的標準，就是所謂最大多數的最大幸福了。哈提孫學說至此就不能不說是移到功利主義上去了。

哈提孫又在道德上明白敍述理性和感情的關係。以爲理性並不是行爲的動機，行爲的動機，只是自然的性情。然而理性是教以達到目的的手段的。乍看見，覺得像是社會的利益，而其實是完全相反的事，在世界上，是往往有的。使行爲不陷於這樣的錯誤，趨向於正當的大道，就是理性的職分。理性是決定幸福爲什麼的，然而不是定幸福的價值的。

總起來說，哈提孫學說出自夏富伯里，而使他更加發展，達到夏富伯里完全不曾論及的方面，遂接近於功利說。他的學說，對於休謨，亞丹·史密斯和英國哲學家，與以很大的影響。

四　坡托拉(良心論)

夏富伯里雖說自然性情的調和，但對於支配其性情的統御的原理，卻沒有明白的敍述。從夏富伯里殘餘的這方面論人性，而在英國倫理學界占重要地位的就是坡托拉(Butler, 1692—1750)。他的大著有『關於人性的說教』(Fifteen Surmons upon Human Nature, 1726)一書。

坡托拉也如夏富伯里，認自然有利己的性情和社會的性情，而反對單以利己的性情爲吾人的自然性的霍布士學說。比較夏富伯里更進一步，舉出良心(Conscience)和自愛(Self-love)二種作爲統一一切自然性情的原理。良心就是指示對於他人當盡的義務的，自愛心就是不惑於自然的情欲而計算眞的個人的利益的。坡托拉最初並稱自愛和利他，而承認以良心爲支配這兩者的至高能力。但以後又把良心和利他看作同樣，使和自愛相對立，各各有獨立的權威，以免除使自愛隸屬於良心。自愛是排斥一切自然的情欲，而求自己的幸福的，不徒是放縱情欲的。所以自愛並不是利己，因而也就不是罪惡了。

坡托拉最初雖把良心的指示和社會一般幸福看作相合的，但以後就改變此說，以爲良心所指示的，不必都是社會的幸福。怎麽說呢？例如虛僞，假善，暴虐等行爲，不問給與社會幸福與否，良心當以他爲惡，說他是不正當的事。到以後，判然分歧的直覺派和功利派相對峙，就是自坡托拉發源的，這是倫理學史上所應當特書的。

五　康樸蘭德（利他主義）

康樸蘭德 (Cumberland, 1632—1718) 也是從兩方面反對霍布士的倫理說的。卽排斥霍布士的利己主義，而說利他主義；排斥道德人爲說，而倡自然法說。他的代表的著作，叫作『自然法論』(De Legibus Naturae, 1672)。

康樸蘭德說道德不是主觀的，人爲的，而是有客觀性質的；善惡判斷的標準，是不能以人爲的政府或國家的權力定得的。可見得客觀性是一定存在的。以政府的權力而定法律，不過是使存在於客觀的自然法，較前爲更有效的手段罷了。卽康樸蘭德是承認自然法的存在，爲道德的客觀的標準。像這樣的道德法，並不是吾人生而固有的，乃是潛伏於個人的心中，隨社會的生活而逐漸明瞭開展的。所以康樸蘭德的倫理說，在承認客觀的標準一點上，雖近似劍橋的柏拉圖學派，但一個以知識或觀念爲標準，一個舉出自然法；一個以標準爲生有的，一個把他看作發展的，在這幾點上是不同的。

他說客觀的道德法所示的至高原理，是教人重公共幸福，這就是明明白白的敍述利他主義了。促進公共的幸福，就是最高的自然法，是最適合於神心的。一切道德，都含在這裏面。這至高的道德，是有心理的根柢的。所有的生物雖都有利他的社會本能，但這本能祇在人類是特別顯著發展的。這就是至高道德的基礎。因爲公共幸福比較自己的利益更重，所以爲公共的幸福計，就不得不犧牲自己的利益。然而犧牲自己的利益，結局就是得着眞滿足的原因。怎麼說呢？因不求公益而想得自己的利益，不過是一種空想。所有的本務都包含在那所謂由利他而保存自己的至高本務之中。在重公共幸福的一點上，他的學說，也可以看作功利說的一種。

附英國經驗學派（約表）

- 倍根
  - 要旨
    - 1. 明瞭指示經驗的研究是什麼，是近世學術的先導者。
    - 2. 只指示學問的新理想和新組織法，而在學問的組織和實際研究上，並無什麼貢獻。
    - 3. 以天才的政治家入世，過了充滿光輝的生活。
  - 學說
    - 偶像論
      - 偶像的意義：爲達確實的知識，須先除去先入的偏見妄想。
      - 四種偶像
        - 1. 洞窟的偶像：由個人性癖和偶然境遇上而來的偏見。
        - 2. 劇場的偶像：盲信古人傳說和一般流行的偏見。
        - 3. 市場的偶像：由交際而來的偏見。
        - 4. 種族的偶像：由人類本性而來的最執拗的偏見。

歸納法
1. 學術的研究，不可不由經驗出發。
2. 除去先入的偏見虛心平氣實驗觀察事實，而發見貫通於是等事實的法則的歸納法，就是眞的學術研究法。
3. 爲歸納的研究，先不可不蒐集那可以爲基礎的事實(卽事實例)。

要旨
1. 倍根只重歸納法，他卻把歸納法和演繹法併用，看作得到精確知識的方法。
2. 補充倍根的缺點，而從事更有組織的哲學建設。
3. 在近世爲經驗派心理說的開創者，而近世英國的倫理學史，就是由他的學說和反對說而成的。

唯物論
1. 受愷布爾、笛卡爾、卡利里的影響，立機械的世界觀，而把自然爲機械的說明。
2. 所有的存在，都是物體，而所有發生的事，都是運動。自然界的現象不用說，卽精神現象，也不外是物體，或運動。

感覺論
1. 依機械的世界觀，說明認識而倡感覺論。
2. 精神作用中，最簡單的，就是依這外界刺戟所生的感覺，而一切精神現象，也不過全是這感覺的變形。

1. 倡利己主義和相對論，以爲機械的世界觀的歸結。

霍布士

- 學說
  - 道德說
    - 2. 人類所有活動，都是從感覺的快不快的感情而來的。
    - 3. 助自己保存的刺戟，就與以快感，不然就與以不快感。人間的欲求，不外自己的保存，…利己主義。
    - 4. 人類所欲求的就是善，所嫌惡的就是惡，善惡有主觀的性質，…相對論。
  - 民約說
    - 1. 把機械的世界觀施行到政治上，便倡民約說。
    - 2. 人類是利己的動物，若放任於自然，就要過那如狠的生活。相互爭鬬，不能爲幸福的生活，所以相約而組織社會。
    - 3. 既已相約而組織國家，便須設下制定法，國家就以絕對權來強制之，個人就不得不爲絕對的服從。
    - 4. 國家的統一者，是君主。君主的權力，是絕對的。
- 霍布士倫理說的反對者
  - 加道爾斯……道德的觀念本有說。
  - 摩　亞……道德的觀念本有說。
  - 克拉克……合宜性說。
  - 奧拉斯頓……合宜性說。
  - 道德官說。

夏富伯里……利他主義。
哈提孫……道德官說。利他主義。
康樸蘭德……自然法說。利他主義。

第四章 法國純理學派

第一節 笛卡爾

當經驗哲學由倍根和霍布士發生於英國時，而立在反對的基礎之上的純理哲學的萌芽，也出現於法國。法國純理哲學的出現，有如溫特爾邦德所說，不外是依那支配上流社會的精神生活的懷疑空氣，和由眞摯的學者所開拓的數學研究的結果。在德國，宗教改革是國家分裂的原因；反過來，在專制主義的法國，僅被利用於在朝廷黨派而止，新教是得不到政治上權力的，不過是迅速征服了有宗教要求的國民階級罷了。在當時新教徒中間，最有勢力的雖是甲爾文(Calvin)，但他的思想多受奧古斯都的影響，所以因而在新教徒中間，就看出奧古斯都主義的普及。此外，宗教改革在法國學界，差不多沒有給與什麼影響。在法國的上流社會學問研究的精神衰落，而懷疑的空氣，卻很充滿。然而在敏感的法國民族中間，他方面的特殊學問，遂成了長足的發達。所謂特殊的學問，就是數學。感覺的知覺的確實性，雖爲懷疑說所粉碎，但祇有數學公理，卻成爲不可疑的東西。於此就想在數學上尋求哲學的救濟。這純理學派的鼻祖，卽是笛卡爾(Rene Descartes, 1596－1650)。

笛卡爾生於多勒愛耐州(Touraine)的一名家。生而身體雖很虛弱，但早已顯出非凡的才能。八歲時，入色斯托派設立的臘·弗勒西學校，一直到十八歲，都修習經院哲學。他感悟到在學校習得的學問毫無意義，覺得唯有數學爲唯一可信的知識。其後往巴黎，傾心於武藝；然又耽於冥想隱居否鮑古·桑·介魯曼的閑地二年；至二十二歲，爲義勇兵赴和蘭，其後又應募而投入德國軍；但一六一九年十一月十日，在諾依布爾格的兵營中，豁然悟出學術研究的新方針。因歸故國，不久又出而漫游歐洲，遂決心卜居和蘭，着手於其平生事業的學術研究，二十年的長時間，斷絕世間一切繫累。他爲隱祕住所而轉居，前後經了十三回。其間因公刋著述，在學界上，他的聲名日漸增高，同時也從諸方面受了種種的非難和攻擊。一六四九年，他應瑞典女王珂麗斯提娜的招聘，赴斯德哥摩(Stockholm)，他爲凜冽的寒氣所襲，得病死了。他和倍根，都是生長名門，但生涯卻完全相異。燃燒倍根心中的名譽心，他是絲毫沒有的。政治上的權勢，和榮華的生活，在他寧棄之如敝屣。他所要求的，單不過是研究學問的閒暇。他是偉大的哲學家，同時也是非凡的數學家。解析幾何的發見，在數學界留了不朽的名聲。哲學上的著書，有『方法論』(Discours de la mèthode, 1637)，『考察錄』(Meditationes de prima philosophia, 1641)，『哲學原理』(Principia Philosophiae, 1643)，『心情論』(Traite des passions de l'ãme, 1649)和出版於他死後的『人類論』(de l'homme)等。

笛卡爾在諾依布爾格所發見的哲學研究的方法，是什麽東西呢？他有一天在軍旅的客舍，獨自擁爐沈思，反覆感到吾人知識的不完全；言語也罷，歷史也罷，詩歌也罷，絕對都不是傳導眞理的東西；就如天啓也是人類所不得窺知的；而哲學又是異說紛紜，沒有歸着點的。想得眞正確實的知識，不可不把傳襲的學問從根本上推翻，脫離一切因襲和傳說，不向他求，祇求諸自己的心裏。在我心裏考慮而尋求眞理，第一，在思考得明瞭判然者以外，任何事都不容認；第二，當把難解之點，十分用心分析；第三，由簡單而到複雜，爲有秩序的進行；第四，當蒐尋例證，十分吟味：這四個標準都是必要的。總而言之，以直覺的自明的事實爲根據，而徐徐進行，以吟味吾人所見的確否，就是他研究法的骨子。依他從明瞭的根據去究理的地方觀察起來，他的研究法算是演繹法。然而他並不是全然排斥認識法的。他說：『要想在方法論上發見眞理，要把複雜而且曖昧的命題，歸還到比較單純的地方，更從後者出發，而逐漸達到其他的認識。』笛卡爾想從內在於自己中的本原的確實性上，演繹出來其他一切眞理，這是從他最得意的數學上的推論的。因爲數學是以沒有何等疑惑餘地的自明公理爲基礎，一切眞理都從這個公理演繹出來的；所以於數學造詣深的笛氏，就在這裏得到哲學研究的方法。

他爲發見內在於自己的自明原理，先對於所有的東西，一律懷疑。對於外界的存在，不消說是懷疑了，就是對於最確實的數學眞理，也懷疑起來了。根本的懷疑，就是他學說的出發點。生出他的學說的，就是當時法國的懷疑主義的空氣。然而他的懷疑，和當時社會充滿着的懷疑空氣是不同的；他不是爲懷疑而懷疑，也不是絕望的懷疑，而是達到確實知識的手段。他雖懷疑一切，但卻想在疑之中努力發見不可疑的某物。結果他發見的是什麼東西呢？就是我的實在。

哲學說　笛卡爾哲學的根本思想，就在我的實在。我的實在是他從根本懷疑中所發見的。我，是疑一切東西的。但惟有『我疑，』才能不疑。所謂『疑，』就是『疑思』的意思。『我思』的一事，若是確實，那麼我的存在，也就確實了。『我思，故有我』(Cogito ergo sum) 的命題，就是笛卡爾所到達的根本的眞理。在這命題上所表現的『我思』和『有我，』同時就是被知道的直接的自己意識。因有所謂『故』的一語，雖覺好像是把所謂『一切所思者是存在』的前提省略了的三段論法，但這種解釋的錯誤，是許多哲學史家所明言的。卽此命題，已是觀破了自己意識的確實性的。

肯定我的實在的笛卡爾，就演繹的證明神的存在。而笛卡爾爲演繹神的存在，便用了種種論證。

第一，神的觀念是顯然存在於我意識之中的。神是什麼？就是無限而最完全的東西。我是什麼？就是有限而不完全的東西。然則神的觀念，是怎樣生出的？從無不生有，乃是自明的根本原則。無論任何觀念，在生的時候，必不能沒有原因。而原因比較結果，是不能不含着更多的實在或同等的實在的。怎麼說呢？若原因比較結果優，只這所優的是從無而生的。因爲這是屬於不可能的。故我不得爲神的觀念的原因。因爲從有限而不完全的我，絕沒有生出無限而完全的神的理由。神的觀念，不能從我或我以外的有限物生出；那麼，這觀念就不得不說是由無限完全的神而來的。所以無限完全的神的觀念的存在，就是無限完全的神的存在的原因。

第二，因我的存在可以推而證明神的存在。我的存在，是能夠由疑而知的，所以我是不完全的。因爲若非不完全，那就沒有疑了。『我思，故有我，』含有『我是不完全』的意味。然這不完全的認識，是和完全相比較而始生出的，所以我的存在，就是神的存在的證明。

第三，在神的觀念自身中，也含着神的存在。神是完全的東西。而缺了存在者，就不能稱爲完全者，所以完全者，乃是必然可以存在的。這個證明，和有名的安息穆，差不多是相等的。然而他所述的理由，卻和安息穆的論證不相等。『安息穆的論證雖單是說明「神」之一語的意義而止，但我的論旨，是思攷所謂完全者的觀念思考這個同時也就不得不思攷其物爲實在者了。』

笛卡爾從種種方面論證神的存在以後，又論神的性質，以爲神是完全的，所以具有一切圓滿的德。在神所具的諸德之中，也含有『誠實』(Veracitas)之德，所以神是不欺我等的。

神的誠實，可以使彼確認外界的存在。神若誠實，便決不會欺負吾人。神賦與我等以理性。神所以與我等以理性，爲的是使我等認識眞理。故理性所認識的，是明瞭而確實的。神雖不欺吾人，理性的認識，雖是不謬誤的；然而有時發生謬誤，乃因認識力使用的不法。這個罪在我們，並不是神的過失。這樣一來，笛卡爾已對於最初挾了疑惑的五官知覺附與以確實性，而肯定外界(物體)的存在了。

我和神和外界，是笛卡爾從自明的原理演繹而來的三種實在。他名這實在爲實體(Substantiae)。所謂實在，乃是不依他而存在的意思。其中的我和世界，是依藉神而存在的，所以笛卡爾就把神定名爲第一義的實體（無限的實體），把我和世界定名爲第二義的實體（有限的實體）。實體的認識，就是依據他的性質的。他把那表示實體的本質，定名爲屬性（Attributa），精神的屬性謂之思，物體的屬性謂之廣。換句話說，思惟就是精神的本質，而延長就是物體的本質。他又承認屬性的狀態（Modi），狀態是因屬性而始能思攷出來的東西。例如位置，形狀，運動，是延長的狀態；感情，欲望，判斷，是思惟的狀態。屬性不是相互依屬其他而成的，所以精神和物體，是完全相反的二種實體。所以笛卡爾是一位最顯明的二元論者。

笛卡爾以上面的實體論爲基礎，更詳細的述明物體的性質。這就是笛卡爾的物理說。依他說，物體的屬性（即本質），就是延長。除延長以外，再沒有可說是物體的性質的。例如依色聲香味觸等感官而知覺的諸性質，是主觀的東西，而不是物體自身的屬性。物體和延長，是同一的，而延長所在，無不有物體的存在，所謂眞空絕沒有存在的理由。若一器物之內是眞空，那麼他的緣邊就不得不附着了。又延長和物體若是同一，就沒有所謂無延長的物體了。故元子的存在，不得不否定。物體因爲是延長的，所以在有廣袤之點，一切物體都是平等的。唯因其運動相異，而物體中間就發生差別和變化。運動的究竟原因，就是神。神的目的，是吾人所難知的。故他是以如何目的而生的，不當插入於物體的議論裏面。吾人只好將其運動爲機械的說明。他完全把目的論從物理說除外了。他又以物體的運動絕對無增減，沒於一部分，就表現於他部分。他又列舉三個原則，作爲運動的法則。第一，是說物體在某一狀態時，是常常保存他的狀況的（惰性的法則）。第二，物體的運動只要不被妨礙於他物，是一直進行的。第三，運動的物體，觸於他物時，即傳達其運動。

笛卡爾由他的根本思想上發出生物論，以爲人類是精神和物體二元的結合的東西。卽在生物之中，下等動物也不外是一種自動的機械。人類是共有身體和精神的；身體不過是營機械的作用罷了。惹起身體的動作，最緊要的，就是動物精氣。動物精氣，是血液被温於心臟的熱氣，成爲最微細而迴環於全身的東西。外物刺激神經末端時，這個刺激傳達到腦，更傳達到動物精氣而生運動；這個運動，動其神經，動其筋肉，而成爲身體的動作。由生理上觀察，吾人的身體雖不過全爲機械的動作；但吾人是和其他動物不同的，因爲有精神，所以身體的動作是跟着意識而來的。精神活動和物質活動，是完全異其性質的。然而就此兩者相伴而起觀之，卽知其必於任何一方有接觸點。笛卡爾就以其接觸點爲腦的松果腺。依他說，這松果腺就是精神和物質互相結合的靈魂之室。

笛卡爾的心理說雖稍嫌混雜，但他把觀念卽意識的內容，一面分爲能動所動二分，一面分知和意爲二分。所謂能動，是基於純粹的精神作用的，所謂所動，是在身體和精神相結合的地方生出的。屬於能動的知的，謂之理性和悟性；屬於能動的意的，通常謂之意志。又屬於所動的知的，是感覺；屬於所動的意，是物欲，情緒。笛卡爾就說吾人根本的情緒，有（一）驚怖（二）愛（三）憎（四）欲望（五）喜（六）悲的六種；至於其他支派的情緒，都是因這六種情緒的結合而生的。

倫理說　笛卡爾沒有把倫理說作爲系統的述說的。他的倫理說，不過是散在別的著作和書翰等的斷片的意見罷了。把表現於是等的地方概括起來說，他的倫理說就是依意識的能動的作用，以指導所動的作用一句話。在他的倫理說上，占最重要的位置的，就是知識和意志。誠實的神所賦與的理性，就是理論的哲學的基礎，同時也就是道德上的原則單從理性的明瞭的認識而生出的行爲，就是善。他是承認意志的自由的，他所說的意志自由，就是順從那明瞭的理性。理性是意識的能動的知；意志是意識的能動的意。理性和意志，是不可分離的東西。意志自由論和主知說在他的倫理說上，正是結合着的。他很蔑視在道德上的感情的位置。物欲和情緒，是攪亂吾人思想的，是過重外物的價值的不德的根源。依意志之力而制御之，從理性之所指示，乃是道德。

從神的實在的證明，和因果關係的說明等上看來，笛卡爾的哲學還沒有完全脫去中世期的思想。加之，他的學說，既有矛盾，又有缺陷。他從自明的原理出發，以證明神的實在，又證明誠實的神所賦與的理性，足爲憑據；但直到定眞理的標準證明神的存在，都一概依賴理性，由此理性所明瞭認知的就是眞理，所以有許多學者都說他已經陷於一種循環的論證。又他論精神和物體的關係，明言那是完全異其性質而在人類卻又說此二元的結合，這是不可掩的矛盾。再他的倫理說，重視知和意，而很輕視感情的價值，不能不認爲他學說的缺陷。然而他想把學問建設在確實的根據上，而在近世開闢純理哲學門戶的功績，不能不說是很顯著的。

笛卡爾的哲學很受多方面的攻擊。在和他略同時代而反對他的學說的哲學家中，除前述的霍布士以外，最有名的就是在法國內的加蓀底(Pierre Gassendi, 1592—1655)。他是從經驗論的立腳點上，排斥笛卡爾的直覺的，演繹的方法，而始終擁護知覺。

第二節　笛卡爾學派

笛卡爾的哲學，雖受着種種非難，但他以牢不可拔的勢力，漸次普及到和蘭·德意志等國。當他學說普及時，逐漸注目於其缺陷，而想補正他的學說者，就起於其學徒之間了。笛卡爾哲學的最大的缺陷，前面已經述過，就是在心物二元論中所發見的矛盾。即是一面把精神和物體當作不依他力而自為獨立存在的實體；一面又說人類是二元的結合為補救這矛盾而生的，有偶因論 (Causae occasionales)。偶因論是由盧易·岱·拉·否爾計 (Louis de la Folge) 和約翰·克魯伯爾 (Johann Clauberg) 等之說發其端，至愛爾奴·玖郎格斯 (Arnold Geulincx, 1625—1669) 更明白的提倡了。尼古拉士·麥爾伯蘭西 (Nicolas Malebranche, 1638—1715) 的學說，也可算為偶因論的一種。

玖郎格斯　玖郎格斯根據笛卡爾的思想而論心物二元不能相互影響。在我身體運動時，感覺是怎麼樣生的？在我意志時，身體是怎麼樣動的？這就不是吾人所得理解的。身體的動作，並不是使心變化的原因，心也不是發生身體運動的原因。動這個心和身體的，卻在於外，即是神。在意志時而身體動，意志不是動身體的，神乃是動身體的。意志單不過是給緣——即偶因——於神的活動罷了。在動身體時而生感覺，也是由於同一理由。如見心身的相互影響，其一並非其他的原因，單不過為其偶因罷了。玖郎格斯更使這偶因論發展，以為神並不是每於吾人的心和身體動時，而用其心的；恰像鐘錶師製作鐘錶，常使這個針適應那個針的所示；神在造吾人心身時，也設下相互相應而動的機關，所以每一偶因發生，不必要一一運動的。

玖郎格斯由偶因論出發而論道德。以為一切運動，都是基於神的意志而生的。以吾人的心，而與物界以變化，是不可能的。神並不是強吾人以不可能的人，神所要求的，單是善的意志。凡吾人力所不及的，神並不要求。安天命，捨卻外界的欲望，求慰安於我心中，愛神和理性就是道德。他舉出（一）勤勉，（二）服從，（三）正義，（四）謙遜為四主德。

麥爾伯蘭西 麥爾伯蘭西也是研究笛卡爾哲學而倡偶因論的。但他並不知有玖郎格斯及其他偶因論者，只因研究的結果，偶然得到了類似的思想。他從偶因論的立腳點上說明認識。以為若精神和物體為完全獨立的東西，精神想認識物體，乃是絕不可能的。然我等的精神所以能夠認識物體，就因為我等精神是分有神所具備的萬物的觀念。神是最完全的東西，而萬物的觀念，是神所具備的。因為我等的精神分有神的自識，所以能夠觀察萬物。

他用那和認識的說明同一的論法，來論述倫理。以為吾人的意志，不是使身體運動的東西，單不過為運動的偶因罷了。發生運動的原因，就是神。若不依靠神的意志，卽吾人自己的舌，也不得運動了。神是至高的實在，同時也是至高的善。吾人的知識，分有神的自識；同樣吾人的意志也分有神的善。無論任何意志，多少總是求善的。神的處萬物，我等的意志應其完全之度而處萬物，也和神之處萬物一樣。然而我等的愛，不向最高實在的神，而向有限的個物者，就因為精神和肉體相結合，而意志為肉體的情欲所汚瀆。但是精神而與肉體的結合，祇是表示罪惡的可能。使這個實現的，就是自由意志。總之教人如神的愛萬物一般以愛一切，這就是麥爾伯蘭西的倫理說的根本思想。

玖郎格斯和麥爾伯蘭西把一切原因歸之於神的結果，不期而達到汎神論的宗教觀。麥爾伯蘭西更說神有思考和延長，而提倡更加明瞭的汎神論。因為這是笛卡爾的實在論所引進的正當的結論。

第三節　斯賓挪莎

比較麥爾伯蘭西稍先，而提倡更明瞭的汎神論的，就是斯賓挪莎(Baruch Spinoza, 1632—1677)。斯賓挪莎的哲學，從大體上說，雖可屬於笛卡爾哲學的系統；但是他不像其他笛卡爾學派的學者，單繼承笛卡爾的思想，而使之發展便算了事。乃包攝霍布士及其他十七世紀主要的思潮，依深遠的思索，而組織起來獨特的體系的。赫丁格說：「神祕說和自然主義，理論的興味和實際的興味，在十七世紀的其他思想家，凡一個人而受了這等思想的影響，無論程度多少，但總都是互相對立，而且是內的分裂的；惟有斯賓挪莎，使這等思潮為論理的明澈，從這論理的徹底上看來，可看出相互的融合。多數思想家，都是把這等紛糾的思想斷離了，而後單從外面的使其繫合，此外更不知有結合之術；但斯賓挪莎，在這等思想間，不立不自然的限制，寧想依賴由最深的性質所生的調和；在這一點上，就是他的偉大的地方。」

斯賓挪莎生於和蘭的亞靡斯德爾登，他的血統是猶太人。他的父是一位富裕的商人。亞靡斯德爾登的猶太人，受基督教徒的迫害，而從西班牙和葡萄牙移居來的。他幼時入猶太人設立的學校學習經學，可是他的才學，是嶄然出類的，在十五歲時，就被公認為一位非凡的經學家了。然而及至他以後傾心於笛卡爾和卜魯挪的哲學，懷疑於猶太的宗教，同人就認他為變節，詰問他，威嚇他，並且想暗殺他，可是他幸爾身免於難。雖然這樣，他還不變信念，所以猶太教會處他以破門之罰，遂出亞靡斯德爾登。那時他年二十三歲。他因此暫時寓於近傍的朋友家中，改名叫伯奈笛克托，和基督教徒相交際，而逃避迫害，做磨眼鏡業以餬口，益努力於哲學的研究。其後移於拉伊頓的附近林斯布格，乃開始著述，更轉居於否鮑古和巴古等處，到四十四歲死於是地。他從早年就苦於肺疾，但以攝養不怠，仍是天天不忘修學。品性極高潔，無絲毫希望名聞利達之心，和世俗隔離，甘守貧困，只管焦心於眞理，以哲人的生活而終。在他很多遺著中，最著名的，就是『愛曲迦』(Ethica ordine geometrico demonstrata)。他很受神學家所嫌忌，當作無神論者看待，所以這種傳留大名於後世的名著，在其生前，都不能出版。

及至笛卡爾一提倡想由自明的觀念演繹眞理的新研究法，而從他的腦裏想出來的最確實的模範的知識，就是數學。應用數學以改造哲學，以笛卡爾爲始，許多笛卡爾學派學者都想做這件事，而斯賓挪莎卻是實現這種理想的最好的代表。前舉的他的遺著『愛曲迦』，若詳細說來，應當譯爲『從幾何學的順序而證明的倫理學』，所以他的論述方法，全和敍述幾何學一樣，最初舉出定義，次公理，次設下可以證明的命題，最後才與以證明。斯賓挪莎是以數學家對於線、面、和體的態度，來考察世界和人類的。

實體論　斯賓挪莎哲學的中心思想就是實體論。他的實體的定義是：『存在於自身，依自身而思考。』因爲存在於自身，所以是絕對的獨立，不受其他制限，無限而唯一。依自身而思考，所以他的存在根據單在自己。本質含着存在者，斯賓挪莎稱之爲『自因』(Causa sui)。所以實體除了存在以外，是不能思考的，是必然的（脫時間的必然的意味）存在的，就是『永恆』(Aeternitas)。因爲實體是不依他而存在，不依他而能思，所以自身就是自身的原因，因而就是自由。實體又就是實在，所以沒有證明其實在的必要。總而言之，實體乃是自存，無限，自由，永恆，而圓滿自足的實在。斯賓挪莎稱這實體為神。笛卡爾以神為第一義的實體，以精神和物體為第二義的實體，所以他的思想首尾不相應。斯賓挪莎單以神為實體，可免去笛卡爾思想的不徹底弊病。斯賓挪莎之所謂神，就是實體，和當時神學家之所謂神是完全異其旨趣的。

斯賓挪莎以實體（卽神）為萬物的原因，以為一切萬物，都是依神而生的。然而萬物並不是由神流出的。有如由三角形的本質，其內角之和生出所謂二直角一樣；從神的無限本質上，一切事物和法則，都是必然的發生的。萬物是存在於神的中間，有如三角形內角之和，等於二直角，是三角形的性質必然具有的一樣。在神以外，萬物是不存在的，因而神就是萬物的內在的原因，不是在萬物以外而創造萬物的超越的原因。換句話說：那自然界和神，就是相卽不離的東西。有限的世界是所產的自然，神是能產的自然。他提倡所謂神卽自然的顯明的汎神論，而攻擊人格的，超越的神，所以就被認作無神論者，而受了許多神學者的種種迫害。波多野博士著『斯賓挪莎的研究』冒頭就說：『斯賓挪莎汎神論的根本思想，第一是本體卽神（Sabstantia sive Deus），第二是神卽自然（Deus sive Natura）』。

圓滿自足的實體，卽神，所以為吾人所知者，是因於彼的屬性。所謂屬性，就是吾人的知力所認為成為實體的本質的。神雖有無限屬性的，但吾人所能知得的，單只有思惟和延長。屬性成為實體的本質，所以是不依他單依自己而能思考的。在神以外，是任何物都不存在的。個物是神的本質所發現的狀態。狀態是實體的差別相。延長的狀態是物體，思惟的狀態是精神。故一切個物，既是物體，又是精神。卽萬物悉有心，無心的東西，在宇宙內是一個沒有的。精神和物體爲相異的屬性狀態，所以不得互生因果的關係。爲精神的原因的，是其他精神；爲物體的原因的，是其他物體。存於精神和物體間的因果關係，並不相互交叉，而是獨立馳走的。然而物體和精神乃是唯一的實體（卽神）的二屬性的延長和思惟的狀態。由實體看來，祇是一個。不過是同一物的兩方面罷了。他從所謂一切是精神而同時又是物體的並行論的立腳點上，就把笛卡爾所殘餘的難問解決了。

斯賓挪莎又根據獨得的世界觀，而排斥一切的目的觀；物質界的事實不用說，卽心理的現象或國家的組織等，也都完全用機械的說明。依他說，個物單是神的本質所發現而存在的。故他的存在，只是偶然的。然而個物，決不是無原因的，個物的原因，就是其他個物。走至無限的因果的鎖，就連接於神了。所以依屬於神的，就是有限物的全體。稱神爲萬物的原因，並不是順着個物的原因以行，漸漸就達到稱爲神的究竟的原因的意味；乃是成爲無端的因果的鎖而變化出沒的個物的全體，繫着於神的意思。

倫理說　保持因果的關係，而連於無限的個物全體，是依屬於神的。斯賓挪莎從這樣機械觀上，就否定意志的自由了。吾人所想的自由動作，就和吾人投出的石片，自由飛行於空中者相等。畢竟是不知其原因的無知的所致。

斯賓挪莎又根據機械觀而說明情緒。以爲一切事物都是要保存自己的。保存自己的努力，就是事物的本質。這種努力在心之內，就是欲求。充滿欲求時，就感着喜，反於此時，就感着悲。欲求、喜、悲三者，就是根本的情緒。而愛憎和其他所有的情緒，都是由此發生的。

斯賓挪莎的道德論，是由這自己保存的欲求而發出的。他求善惡的標準於自己保存的欲求。卽與此欲求以滿足的就是善，與此以障害的就是惡，善惡的區別不存在於物的自身。依他說，所謂德，畢竟是自家保存的努力。而他於此引出以前的實體論，以爲人心的本質，就是思惟。故使思惟的力完全活動的，就是人心的德。所謂使思惟的力完全活動者，就是得眞正的認識。所謂眞正的認識，就是在永恆之相上觀看事物。所謂在永恆之相上觀察者，就是不把個物看作個物，而視爲因果的連鎖的一部，看作實體本質的必然的結果。他以爲依神的認識而認識一切，而倡導那以道德爲根於理性，由認識而來的主知說。

斯賓挪莎更討論神的認識，以爲若認識神就生出歡喜之情，所以神的認識，就可變而成神的愛；神的愛就是善的最高德的最大的東西。神的愛是神愛自己的無限愛的一部。人依此愛得和久遠之神合一。於此就有眞的自由，眞的不滅。這樣一來，斯賓挪莎的主知的道德說，就和神秘的宗教說相結合。

假若思惟是人心的本質，自己保存的欲求之滿足是善，那麼，人就當自然爲善人；而世中有許多罪惡存在，又是基於什麼理由呢？斯賓挪莎解答這個說：『不完全或不善，並不是積極的實在的東西，是離卻實在甚遠的東西，和那有較多的實在性的東西相對照時，而生出的概念。』這就是他不過單以善惡爲程度的差別。不但善惡，就是能動和所動，力和無力，也都作爲同樣的解釋。那麼萬物有程度的差別，是什麼原故呢？依他的解釋，第一，因爲萬物是依因果關係而被決定於自家本質以外之物的。第二，因爲神有作完全不同的事物的材料，宇宙就是完全的程度不同的萬物的連鎖。從個物上看，雖然也有缺點，但從全體上看，可說是完全的。這就是斯賓挪莎的宇宙觀。

斯賓挪莎關於社會的成立說，是襲取霍布士的契約說的。以為人類是想滿足自己的欲求的，所以在自然狀態上，就不得不起了相互的競爭。社會是為防止競爭而起的，所以設下法律，而促進一般的幸福，而禁止與此相反的。有了社會而競爭和不信方纔發生，故真道德真自由只在社會中纔能夠有的。他和霍布士所不同的，祇有排斥君主的絕對權，而以共和政治為理想的一點。

反對斯賓挪莎的思想者是很多的；猶太人基督教徒，笛卡爾學徒，都一齊憎惡他，都用毒手段，去迫害他。就到他死後，還受種種的誹謗和罵言，甚至於有把他的容貌變作妖怪，而作勸誡不信心者的材料的。因為如此，所以他的思想雖一時葬於輕蔑之中，然真理卻有永遠的勝利。隔着一世紀，他的思想，就復活於德意志的哲學界，藝術界，而動搖了萊心格，嬌泰，非希的，謝林格，休雷爾馬赫等的魂魄了。

第四節　神祕的和懷疑的傾向

反對笛卡爾以後的主知的哲學思想，而倡神祕說或懷疑說的，也很不少。舉其中的主要的，有巴斯加(Blaise Pascal, 1632-1662)，葛璉威爾(Johseph Glanville, 1636-1680)，波勒(Pierre Poiret, 1646-1719)，侯愛(Daniel Huet, 1630-1721)，伯爾(Pierre Bayle, 1647-1706)等人。

巴斯加　巴斯加是有名的數學家，他把數學看做最確實的知識。他以為數學的知識，也和對於道德的或神的信念相同，是吾人心情上所感的，不是以思攷證明的。他排斥笛卡爾學派的主知的傾向，而倡一種懷疑說，更求認識的根據於信仰之上，而使懷疑和信仰相結合。即認識也以為是立於信仰之上的，至於道德或宗教，不用說，更不是思惟反省的事了。他的倫理說，是完全帶着宗教的色彩的。以爲吾人至高的福祉，就是合一於神。所謂德，不外是自覺這至高的福祉。吾人的現在，雖是無價值而可賤的，然而卻有可以和神合一的可能性。吾人要想離此可賤的狀態，而和神相合一，就不能不排除在人性上的惡的根本的傲慢。傲慢就是使人與神相隔，而屬於惡的支配下面的。

伯爾　伯爾在當時懷疑論者之中，是最有名的。他起初雖傾心於笛卡爾的學說，但其後又傾於懷疑說。他的本領，在批評幾多學說而發見其中的矛盾。他懷疑那爲笛卡爾哲學基礎的自識的確實性，以爲：『吾人在每一瞬間都是變遷的，所以不能確知我自己是怎麼樣。』他答覆那質問教會信仰不合於道理者，說：宗教上的信仰，不必是合於道理的。因其不合於道理，所以纔要信他。

他雖發見哲學和信仰中間有矛盾，而懷疑其確實性，卻單把道德心作爲確實的。他說：道德心是吾人本有的東西。思想和信仰無論如何不同，但道德的判斷卻人人都是一致的。

法蘭西純理學派（約表）

- 要旨
  - 1. 對於倍根霍布士所發起的英國經驗學派，而爲純理學派的開祖。
  - 2. 生出彼的思想的，不外法國當時的懷疑的空氣和數學的研究的結果。
- 方法論
  - 1. 根據直覺的自明的原理，徐徐進步而吟味其所見。
  - 2. 爲發見自明的原理，就對於一切的東西都懷疑。

笛卡爾

學說

實體論

1. 懷疑一切的結果，發見了我的實在(我思故有我)。
2. 由我的實在而論證出來的實在，就是神和物體。
3. 我和神和物體的三種實在，就是實體。神是第一義的實體，物體和我是第二義的實體。
4. 稱表現實體本質的性質為屬性，我(精神)的屬性為思惟，而物體的屬性為延長。
5. 屬性不是相互依屬的，故精神和物體，是完全相反的二個實體(二元論)。

物體論

1. 在延長以外，無物體的屬性，物體和延長，是同一的(否定眞空和元子的存在)。
2. 物體的差別相，是由運動而生的，運動的究極原因就是神(排斥目的論)。

生物論

1. 下等動物，不過是一種自動機械。
2. 人類既有身體，又有精神，身體雖不過是營機械的作用，然吾人有精神，故吾人的動作是跟隨意識的。
3. 在人類，而物體和精神的二元是結合的，其接觸點，就是腦的松果腺。

倫理說

1. 神所賦與的理性，是理論的哲學基礎，同時是道德上的原則。
2. 單有由理性明瞭的認識而來的行為，是善。
3. 意志可從明瞭的理性，所以為自由(意志論自由論和主知說的調和)。

- 4. 物欲和情緒，是擾亂吾人思想的不德的根源。

- 反對者
  - 霍布士
  - 加孫底
- 笛卡爾學派
  - 玖郎格斯
    - 1. 偶因論
      - 1. 心物二元，是不能相互影響的。
      - 2. 動心和身體的原因，就是神。
      - 3. 用意志時身體動，身體動時感覺生，故意志身體不過爲神的運動的偶因。
    - 2. 道德論
      - 1. 一切運動，都是基於神的意志而生的。
      - 2. 安天命，捨卻外界的欲望，在心中求慰安，而愛神和理性，就是道德。
  - 麥爾伯蘭西
    - 1. 雖精神和物體完全是獨立的，而我等的精神，仍能認識物體者，是因我等的精神分有神所具備的萬物的觀念。
    - 2. 吾人的知識既分有神的自識，故吾人的善也是分有神的善。
  - 要旨
    - 1. 以笛卡爾思想作中心而擁抱十七世紀的主潮，爲獨得的體系的。
    - 2. 使笛卡爾的新研究法完全成爲數學的。

3. 提倡明瞭的汎神論，而受種種的迫害。

斯賓挪莎

- 實體論
  1. 實體存在於自身，依自身而思考，是自存，無限，唯一，自由，永恆，而圓滿自足的實在，這就叫作神。
  2. 神是萬物內在的原因，萬物是由神的無限的本質必然的生出的，不是由神流出的。
  3. 自然界和神，是相卽不離的，神就是自然(汎神論)。
  4. 神之見知於吾人者，因其屬性，神雖有無限屬性，但吾人所得知的，不過只是思惟和延長。
- 個體論
  1. 個物是神的本質所發現的狀態，狀態是實體的差別相，延長的狀態是物體，而思惟的狀態是精神。
  2. 精神和物體，既是相異屬性的狀態，故不能互爲因果的關係，然而從實體看來，卻是一個。
  3. 個物是神的本質的發現，而其存在雖是偶然的，但並不是無原因，個物的原因是其他個物，走入無限的因果的鎖，全體依屬於神(機械觀)。
-
  1. 意志是不自由的，以此爲自由者，乃是無知所致。
  2. 事物的本質，是自己保存的努力，這本質表於心中的，就是欲求。

倫理說
3. 善惡的標準，就是欲求，在物的自身，是不生善惡之別的。
4. 由以欲求爲標準之說而進，就以道德爲由來於理性的。
5. 因襲霍布士，而說社會契約說。

第五章　英國經驗學派的發達

第一節　羅克

極力反對劍橋的柏拉圖學派和笛卡爾學徒的本有觀念論，而始終高唱經驗主義的，就是約翰·羅克(John Locke, 1632—1704)。經驗主義，自倍根經霍布士，至羅克而大成，而爲堂堂的一個學派。倍根雖闡明自然科學的精神，而創始新的研究法，但經驗哲學還沒有組成系統。霍布士雖想使國家和道德脫離教權而獨立，而從事新哲學的組織，但他的研究法，卻帶着窮理的色彩。羅克雖受了純理學派，尤其是笛卡爾哲學的不少的影響，但經驗哲學，卻依他而成爲顯明的一大組織。所以在嚴密的意味上，可以稱他爲歐洲近世哲學史上經驗學派的鼻祖。

羅克生於英國布立斯多附近的烏林克頓。他父親是一位法律家。起初他想爲宗教家，又想爲醫師，但是他終悟到這些都是不適於自己性格的職業，因而就斷念了。他在牛津(Oxford)大學，讀笛卡爾的書，大大的感着哲學上的興味。後年和夏富伯里侯相識，爲侯爵的顧問，常和他共其運命。到奧倫紀侯維利安即英國王位，而被重用。在他的著書中，最有名的，就是『悟性論』(Essay on the Human Understanding, 1690)，『政治論』(Treatises on Civil Government, 1690) 等。

認識論　羅克以認識論爲哲學研究的主眼。定知識的起原、成立、及限界，乃是羅克最注力的地方。從來哲學家，與其說是研究知識，毋寧說是研究實在。以知識爲哲學研究的對象，可以說是自羅克起的。認識論因羅克而始成爲哲學上的重要問題。

羅克先穿鑿認識的起原，而在本有觀念論上加了猛烈的攻擊。他以爲若本有觀念是實在的，那麼如小兒、白癡、野蠻人等也必定能體會得宗教、倫理、論理等根本原理了。然而小兒的意識，祇有具體的觀念，沒有普徧的原理。他雖能區別得甘和苦，但不能識論理的矛盾。在論者中，辯曰：『小兒雖有若干的觀念是生而具有的，但只是非意識的。』然而祇要有心就有意識，有心而無意識的話，是矛盾的。我等之心，恰如一張白紙，生來是不具有何等特殊的內容的。觀念的起原就是經驗。在那有如白紙的心板上記下觀念者，就是經驗。經驗有內外二種：內的經驗名爲反省，外的經驗名爲感覺。感覺和反省，是引導千差萬別的觀念於心之底的兩個窗口。由感覺和反省而映於白紙之心的原始的觀念，名爲『單純概念』(simple ideas)。單純概念大別爲四：(一)由一個感官而來的（色、音、香、味、温熱之感和障礙之感等），(二)由兩個以上的感官來的（廣袤、形狀、動靜等），(三)祇由反省而來的（覺知思想和意志的作用的觀念），(四)由內外二經驗而來的（快苦、存在、力、一、繼續等）。四種對於外物所感受的感覺，通常謂爲外物的性質。外物的性質就是如屬於物體而不離的廣袤、形狀、數、動靜和塡充性的第一性質，和吾人不過感於五官的色、香、音、味和温熱等的第二性質。把以上的單純概念結合起來，由比較而生出的，就是『複雜觀念』(complex ideas)。複雜觀念更分爲：（一）狀態的觀念，（二）實體的觀念，（三）關係的觀念三種。狀態的觀念，如距離、形狀、容量等，是關於空間的，又如繼續或永恆等，是關於時間的，和關於數的。又因爲若干性質既然常相結合，則不能不有他們的支持者，從這思考而生的，就是實體的觀念。我等所能知得的，只是實體具有的性質。實體自身，是我等所不能知的。關係的觀念，是由二物比較而生的。其最重要的，就是因果的觀念。由甲而生乙時，甲謂之因，乙謂之果。同一和異別的觀念，也屬於關係的觀念。二物是不得於同時占領同一空間的，所以凡同時占有同一空間的東西，就是自身同一的；凡對於此的他，就是異別的東西。種種觀念由吾人心中相聯結相喚起而來的，名曰『聯想』。又傳觀念於他人，則有用記號的必要。記號當中最便利的，就是言語。言語對於複雜觀念的成立，有絕大的關係。

羅克穿鑿了觀念的起原以後，又論認識的價值。依羅克說，所謂認識，就是觀念的合不合的知覺。他分認識爲三種：第一，是直覺的認識。直覺的認識，就是二個觀念的合不合，一目瞭然，最確實的認識。第二，是論證的認識。論證的認識，就是二個觀念間挾着其他觀念，因其媒介，而定二個觀念的合不合的。例如以丙爲媒介，而定甲和乙的合不合的認識。在這個地方，先在甲和媒介者丙的中間，行直覺的認識；更在丙和乙的中間，行直覺的認識，而始定甲和乙的合不合，所以確實的論證，就是直覺的認識的連續。論證的認識，因爲有媒介者介在其間，因而比直覺的認識更容易發生錯誤。第三，是蓋然的認識。蓋然的認識，既不是直覺的認識，也不是論證的認識，單不過是抱着或然的信念的認識罷了。羅克還把所謂觀念的合不合，分爲：（一）觀念的同一或異別，（二）觀念的關係，（三）觀念的共在，（四）對於觀念實在的有無四點，而詳細的述說。直覺的，論證的，確實的認識，屬於前二種類。因為觀念的異同或關係的認識，是不待見其觀念之相應於其他與否，而即為吾人所承認的。數學上的命題，是見觀念和觀念的關係的，所以就是論證的確實倫理學也是決定吾人為人類所當為的事件之關係的，所以也能確實論證。在觀念之共在的地方之合不合的認識，並不一概是必然的。有許多吾人只可認為一性質和其他性質的共在，並不易發見必然的關係。所以關於物質的經驗的研究，畢竟不是學理的。故自然科學是實驗的學問，而所謂給與遍通確實的知識的意味，並不是學理的。對於觀念的實在的有無，並不是確實的認識的範圍。但有例外。第一，吾人是得直覺的認識自己存在的。『我用思慮而感快苦，思慮快苦既顯明，則我的存在也顯明了。縱令疑惑一切事，然我存在乃是顯明的。』我的存在，若既是顯明的，那麽不能不承認生我者的既已存在了。換句話說，就是從所謂我的存在的直覺的認識上，又承認有存在於永遠者的。怎麽說呢？因為從無而生有的事，是絕對沒有的。永遠存在者就是神。神的存在，也是能够論證的認識的。

道德論　羅克的道德論就是根據那為他的認識論的根本思想的經驗哲學。吾人的觀念，一切都是由經驗而生的。故道德觀念，也由經驗而生。所以道德思想雖因時因地因人的相異而不同；然而道德卻沒有不是普遍的。例如道德思想無論怎樣不同，然而善是常被欣賞，惡是常被非難的。雖在惡人中間，善惡的觀念也是儼然存在的。然則所謂善是什麽？惡是什麽？羅克認善惡的判斷，有三個標準：第一，就是上帝的命令（神律），第二，就是國家的命令（法律），第三，就是社會的毀譽（毀譽律）。這三個標準就是給與吾人的行為以善惡評價的原理，並給與反於此者以峻嚴的制裁。

羅克敍述意志的不自由，以爲吾人的意志依欲望而動，因悟性的判斷而決定，所以不自由。然而在意志的決定之先，無論什麼觀念都委於理性的判斷，無論什麼觀念都放在意志選擇之下，這是自由的。然若把意志的過程分爲：(一)欲望，(二)觀念的結合，(三)理性的判斷；(四)決定，那麼因爲第二段是有自由的，所以人不是全然不自由。

羅克又根據自然法說而述社會契約說。以爲人是理性的動物，有平等的權利和自由。然而爲保障這權利和自由，就依契約而組織社會，把自己的權利和自由委於國家之手，是最好的手段。契約不破壞天賦人權，卻是保護天賦人權的。法律是社會的一般意志，故不得不服從。主權者，依公衆所選者充任之。主權者，以公衆的利益爲目的，決不能濫用權力。君主若濫用權力，人民就可依革命而奪其權力；革命就是人民的正當防衛。

第二節　牛頓

較羅克晚十年，而大數學家牛頓(Sir Isaac Newton, 1642—1727)就生於英國的林孔夏了。他起初雖依守家業，爲農夫而牧牛，但好學之心甚熱，遂決志入學於劍橋大學，刻苦精勵，著拔羣的成績，而於二十七歲時，做了該校的數學教授。其後又做了劍橋的代議士。他是近世最偉大的自然科學家，在學界上所貢獻的功績，不遑一一枚擧；就中於世界的科學和哲學上所及的重大影響，就是宇宙引力的發見。

牛頓繼承卡利里(Galilei)分析物體的運動，把他部原因歸於小部分運動的結合的思想承繼下來，而把複雜的東西爲簡單的分析，從結果推而至其原因，這就是他研究的方針。認數學的計算，爲唯一科學的研究方法；他依這研究法而研究重力的法則，證明同一法則，無論在地上或在天體中間，都是存在的。在古代希臘，把天界和地界對比，以爲天界較地界更爲完美。這種思想雖很有勢力，但至近世自然科學的發達，全宇宙中都行同等法則之說，就漸次制勝。今牛頓所發見的宇宙引力的法則，就把全宇宙物質界的同質的事弄得更明白了。

把宇宙物質界，依引力的法則，爲機械的說明的牛頓，於同時又以此宇宙全體，爲造物主所作；而宇宙全體的構造和運動，決不是偶然成立的，必不能不有使他成立者的存在。然而牛頓並沒有把宇宙的調和看做是自然完全的。在天體中間，因爲彗星和遊星的關係，時時生出不規則的運動，所以神有時時矯正此不規則而隄防天體破壞的必要。拉比尼都 (Leibnitz) 攻擊此說，以爲這是把造物主比成一位劣等的鐘錶師了。

第三節　巴克勒

羅克的經驗哲學，依巴克勒 (George Berkeley, 1685－1753) 而遂成更進步的徹底的發展。羅克雖一面以爲存在的是個物，一面又認抽象的概念構成的可能，以爲認識範圍只以觀念爲限，但還容許實體的存在。至巴克勒把抽象的觀念和實體的存在完全放棄，而使經驗論的立腳地更加鮮明。他的著書有『視覺新論』(New Theory of Vision, 1709)，『人知的原理』(Principles of Human Knowledge, 1710) 等。

爲巴克勒思想出發點的『視覺新論』，無論在心理學上，在認識論上，都是生下不少影響的新說。他的要點是：『吾人的眼睛，見物體而知覺其大或遠近，並非單是眼的活動，乃是因爲由其他感覺而得的經驗，結合於視覺而被想起的。』巴克勒以此說爲根據，排斥羅克第一性質，第二性質的區別。羅克把感於五官的色的第二性質，和屬於物體而不離的廣袤和形狀等的第一性質明白分開，巴克勒卻以爲無論物的廣，或空間上的狀態，總是吾人主觀所想起東西，而使羅克的觀念論，達到可以達之處。

巴克勒攻擊抽象的概念，以爲吾人所想起的，以具有某一特殊之相爲限。例如由各個之物，找出共通性質，而形成概念的事，是全不可能的。想起一個物，雖然可以代表其他多物，是能够的；但想起事物共通的性質，是很困難的。他倡的是極端的名目論。

撤去性質上的區別，和否定抽象的概念的結果，遂至也排除實體的存在。羅克雖把實體放在認識的範圍以外，但還承認實體的存在；巴克勒由羅克之說，更進一步，以爲吾人所得想起的，不外乎各個性質的結合。例如說一個桌子，就是形、色、重、大等的性質所結合者，已入於吾人觀念中了，在此等觀念以外，承認如實體的抽象的物體的存在，是不可能的，把羅克還保留着的實體存在，完全放棄了。巴克勒雖排除物體的實體，但他還承認知覺物體的精神的實在，以此精神爲意志的作用，以爲吾人所思的是觀念，而思的作用是意志。吾人俯仰所見的天地萬物，雖都是吾人的觀念，但使此觀念在吾人精神中想起的原因，卻存在於吾人以外；乃是吾人的精神的實在（卽神）。吾人所知覺的天地萬物，不外是神所直接使吾人想起的觀念。換句話說：卽是由神所與的觀念的全體（卽自然）在神的活動中自然存在的秩序，就叫作自然律。總而言之，巴克勒是把那稱爲神的無限精神，和被神所造的有限精神，看作實在的。

第四節 休謨

繼承巴克勒的批評的態度，而更進一步使經驗論達到極頂，同時又在經驗論的必然的歸結上，指出在經驗論上不能容留的事的，就是休謨（David Hume, 1711－1776）。他也是英國偉大哲學家的一人。

休謨生於愛丁堡的資產家，在其地大學哲學。他的著書在『人性論』(Treatise on Human Nature, 1739)『道德的原理』(Inquiry into the Principles of Morals, 1751)等以外，還有幾卷『論文集』(Essay and Treatises on Several Subjects)。

認識論 休謨的認識論，是以印象所與的為最確實的事實，以此為標準，判定吾等所有的觀念的認識的價值，這就是他的根本思想。羅克雖把觀念從起原上分為由感覺而來的和由反省而來的兩種；但休謨卻從強弱明暗上分為『印象』(impressions) 和『狹義觀念』(ideas) 的二類。印象是在感覺感情等現在心的狀態，觀念是把往昔經驗過的印象依記憶等而想起的狀態。所以觀念就是印象的再現，就是影像，就是模寫。在眼前看見桌子是印象；閉起眼睛而追想那個桌子，就是觀念。觀念是印象的影像，所以在由印象而來的以外，是沒有觀念的內容的。若尋求觀念思起的淵源，那就祇有昔時的印象。印象和觀念的差別，祇是強 (force) 和明 (vividness) 的差別，並沒有特別異其性質的作用。因為觀念是從印象來的，所以印象就是所有一切知識的基礎。

休謨把印象看作究極的，對於印象的原因，沒有說明。印象是從什麼東西生出的？如何而生的？到底不是吾人知識所能決定的。吾人雖或把某種對象看作真正實在的，但畢竟不過是印象的強度罷了。印象在新鮮而活潑的時候，就生出實在或存在的觀念。休謨把附隨於印象內容的感情，稱作『信念』(Belief)。

觀念是從於一定的法則，為機械的結合的，休謨由此舉出觀念聯合的三則。第一，是『類同律，』就是說在類似觀念間所行的結合。第二是『接近律，』就是說在空間上，時間上，而接近的觀念間所行的結合。第三，是『因果律，』就是說在做原因結果關係的觀念間所行的結合。第三因果律，歸屬於第二的接近律，所以觀念聯合的法則，約而言之，祇有第一第二兩律，這是休謨所自認的。

休謨把知識分為論觀念相互關係的，和關於事實的二種。第一種，他舉數學為例。數學是基於類似律，而認識數或量的關係的。因而與客觀的事實無關係。所以在自然界，不管三角形存在與否，但幾何學的命題是有效的。數學不是定實在物的關係，是定觀念相互的關係的。分析一個觀念，發見出其中所含的東西，所以數學上的命題，是常常確實的。故數學是唯一的論證的科學。關於第二種事實的知識，更分為：(一)把經驗的事實，卽印象照本有的樣子敍述起來；(二)以經驗的事實為基而推論未經驗的事實二種。前者是基於接近律，後者是基於因果律的。

推論雖基於因果律，但因果的關係，是如何認得呢？吾人是不能直覺一物生他物的因果的關係。吾人所能直覺的，單是單純的異同和隣接的關係。吾人又是不能把因果的關係，依純粹思惟而論證的。因果的關係，是不能分析的東西，所以無論把那為因的觀念怎樣分析，總不能引出那為果的新觀念。吾人也不能依經驗而認出因果關係的。經驗雖是指示事物或發生事件的相次而起，但是並不是指示存於事物或發生事件中間的必然的關係。然則因果律的根據是什麼呢？吾人雖不曾經驗過那存於相次而起的事物中間的必然的關係，但若接觸於一事物，那麼必定豫期其他事物可以相次而來。休謨以此豫期爲因果律的基礎，而以豫期發生的原因歸於習慣。他說：「吾人屢屢經驗到兩個現象相次而起的事情時，因聯想的結果，若接觸一個現象，就立刻生出想起其他現象的傾向。因果律依如斯習慣，故一個觀念乃是以不得不移行於其他觀念的感情爲基。總而言之，因果的關係，不過是依習慣而生的主觀的信念罷了。思惟有若在客觀的事實間，有必然的關係一樣，乃是迷罔的。因果律單不過是蓋然的法則，所以基於此的認識也不過是蓋然的認識罷了。即推論既不是論理的知識，也不是事實的知識，祇屬於一種信念；但此種知識，於實際生活上，是極爲重要的。」這就是他的有名的因果律批評的大要。

休謨用這和因果律的批評相同的方法，去批評那實體的觀念。實在就是對於印象的生氣勃勃的狀態所施之名字。然而我等的知覺，只是個個的事物。實體決不能謂爲印象的內容，故實體也不是實在的東西。把他當作實在的看待，正因爲是印象的結合。吾人若知覺到若干印象共存於空間上時，那麼由聯想思其一時，便自然並及其他了。如此知覺屢屢反覆時，印象的結合就要益加強固，以致思其一自不得不聯想到他。此主觀的感情，移動到這物，便把實體當作存在的看待。例如吾人看見桌子，使色、形、和其他種種印象的內容相結合，自然要想到有維持桌子的實體，把生於吾人心中的觀念的聯合移於桌子，自然要想像實體的存在。不但物質的實體，即精神的實體，也和此相同，所謂我所謂靈魂，所謂人格，都要看作種種觀念的基本，想到統一他的實體者，畢竟都不過是基於習慣的想像之所產耳。

休謨的認識論，雖以經驗說爲出發點，但在種種點上，已離卻經驗說的立腳地，已依前面所述而顯明了。雖有稱休謨爲懷疑論者，但他的學說，對於想論證超經驗的事實的從來的形而上學，固是儼然的懷疑論。然而在以數學爲論證的科學，而認其絕對的確實性的一點上，他又是純理論者。關於由經驗的事實，推論未經驗的事實的事，又是蓋然論者；就經驗的事實的敍述而言，尙能保持着經驗論者的地位。所以在嚴密的意味上以他爲懷疑論者，是不當的。

宗教說　休謨的宗教說，一面完成理神論（deism）的思想，同時又超越他，而把他破壞了。所謂理神論，就是在反對教權而注重知識的新哲學的精神上所建設的一種宗教觀。在十字軍時代，基督教・猶太教・回教等三大宗教在猶太・亞剌比亞地方相接觸，而互相爭辯，自局外中立的當時的哲學家眼光看起來，三教徒同奉一神教，而乃互爭枝葉問題，其愚是很可笑的，因此他們就想組織那超越宗派的理性的普遍教。這就是理神教的起原。至宗教改革以後，罕巴達（Herbert of Cherbury, 1581－1651）承襲這種思想，極力反對天啓和靈感，想建設起來脫離教會、聖書、歷史等而獨立的宗教。他的教旨就是：『眞理是一個，所以眞宗教也不能不是一個。指示眞理的是理性，故依從那理性所命的本務法則（卽人心中本有的善和正的觀念）就是眞正的宗教。凡和理性教相反的，雖是天啓或靈感，也不過是不值一信的迷信罷了。』這個宗教觀，至十八世紀時，在英國有很大的勢力。當時理神論者最著名的，有托蘭德（John Toland, 1670－1722），柯林士（Anthony Collins, 1676－1729），丁達爾（Mathews, Tindal, 1656－1733），秋卜（Thomas Chubb, 1676－1747），莫爾干（Thomas Morgan），波林伯羅克（Bolingbroke, 1698－1751）等。尤其有普及此思想的功績的，就是托蘭德。托蘭德是以決定何者爲天啓的事歸於吾人理性範圍內的羅克說爲根據，以爲宗教上所可承認的，必定是合理的。背理或超理，是不存在於眞宗教中的所以眞實的基督教，不說那毫不可思議的。對於理神論，從神學上試行攻擊者，也不很少。如前所述的坡托拉，卽其一人。他的攻擊要點，就是說：對於天啓宗教所可提出的非難，同時對於自然宗教，也是可以提出的。理神論者，以爲神單救人間之中的少數人，是不合理的，但此例在自然界中卻是常常承認的。落在地上的無數植物的種子，單其一部分生育發芽，人間之中，也不過單是少數者十分遂成道德的發達罷了。坡托拉以上述的議論，來辯護天啓宗教的教義。

休謨是比較坡托拉更爲銳敏，看破了理神論的弱點的。理神論是以道德爲本義的理性的，自然的宗教的主倡。卽眞宗教是由理性而生的自然的一神教，而謂天啓宗教是自然宗教的退化之理神論者的主張。在這種主張中，可顯明的觀察出來含着兩種謬誤。其一，是以宗教爲基於理性而生出的獨斷；其二是不顧宗教的歷史的發達。休謨着眼在這種謬想上，以爲宗教是自然生的東西。然所謂生於自然，並不是說由理性而生的；宗教與其說是由於理性，還不如說是依恐怖、希望、驚愕等的感情而起的。且原始的宗教，並不如理神論者所倡，爲高等合理的一神教，而是下等的多神教；可是吾人思想的進步同時宗教也就漸次進步了。他在宗教上的功績，主要的就是宗教的心理的發達史的方面的研究。

倫理說　休謨的倫理說，從經驗論出發，而求道德的行爲的主要素於感情，以道德的價值，爲行爲結果的功利主義。

休謨承認感情爲道德的主要素。他如同依觀察和分析而研究知識的一樣，以爲研究道德的行爲，也用此種方法。如同說知識是由觀念的聯合而成的，觀念是由印象而來的一樣，以爲意志或行爲畢竟是基於快不快的感情而生的。苦樂是行爲的最簡單的要素。這個要素一動，便生出種種的行爲。意志，道德的判斷，良心，德行等，都不是單純的事實，而是種種感情的共同作用。於此，便不得不說意志是不自由。

動意志的，不是知識，而是感情。知識雖然選擇達到意志的目的的手段，而不得成爲意志的動機。所謂理性制御感情，不外是一個感情攻勝其他感情罷了。知識不是意志的指導者，所以對於行爲不能下善惡的判斷。然則善惡判斷的基礎是什麼呢？休謨以爲善惡的判斷，是行於直觀的。吾人接近某行爲時，謂適意者爲善，不適意者爲惡。然則所謂適其意者不適意者的區別，是依何而生的呢？休謨於此便引起功利的見解，以行爲的結果，對於自己或他人，而能與以快感與否爲區別的標準。所以照他說，結果與以快感的行爲是善，而反於此的行爲是惡。他這種結論，就是明瞭的功利說。

吾人讚賞或非難他人的行爲，是基於如何理由的呢？休謨說：吾人以自己經驗的苦樂爲基，而聯想的得以經驗他人的苦樂。換句話說：就是得依同情而評價他人的行爲。這就是休謨的同情說。他更說：因爲以同情爲標準，而屢屢評價他人行爲的結果，就生出由他人的見解而判斷自己行爲的習慣者，就是良心。良心的起原，由他弄得很明瞭。

照休謨說，所謂德，畢竟是與以快愉之感或與以利益的行爲或心的性質。德可以分爲四種類：第一，是與快於自己的（歡喜勇氣自信慈愛等）第二，是與快與他人的（謙遜，禮儀，恭敬，機智等）第三，是與利益於自己的（意志強固，勤勞，節儉健康悟性，其他能力）第四，是與利益於他人的（慈善和正義）。第四之社會道德，慈善是自然的，正義是人爲的，即依契約而生的德。人是有利己的感情，同時也有利他的感情的。以爲利他的感情，是由利己的感情所引起的，那便錯了。利己是第二次的情緒。人有原始的欲望，由充滿此欲望而生快樂，然後想得到快樂的利己心纔發達。在因愛他人而得快樂時，就生出爲得到快樂而愛他人的慈善的德。慈善的根本的動機，並不是利己心。凡社會所存在的地方，必定有法律。法律不是待國家而生的，國家單不過是法律的保障罷了。法是由所謂公共利益的感情發生的，並不是依形式的契約而起的。這也是表現休謨思想的功利的傾向的。

第五節　亞丹·史密斯

使休謨的同情說與夏富伯里之說相結合，而說那對於行爲的動機感情的直接同情者，就是休謨的朋友亞丹·史密斯（Adam Smith, 1723—1790）。他生於蘇格蘭的加克耶爾岱，學於格剌斯哥大學和牛津大學，晚年公刊名著『富國論』，稱爲近世經濟學的鼻祖。倫理學的著書有『良心論』（Thory of Moral Sentiments, 1759）。

亞丹·史密斯也如休謨以道德的判斷的根據爲良心，以良心的要素爲同情；但對於同情的對象，和休謨完全異其意見。休謨是依行爲的結果定道德的價值的。照休謨說，對於他人行爲而生善惡的差別，就是說能得同情於其行爲的結果與否。亞丹·史密斯卻不然，他依對於那爲行爲動機的感情之有無同情，而定其道德的價值。吾人對於他人的行爲而與以賞讚，並非單因爲其行爲的結果爲有益，乃因爲吾人想像其人的地位，而同情於其人所感的感情。然有時也有不同情於行爲動機而與以賞讚的。例如吾人賞讚慈悲的行爲，並不是爲同情於行慈悲人的心狀，乃是對於受慈悲的人的快樂和因其快樂所生的感謝而同情的。所以吾人接到他人的行爲，而認爲道德上的功德 (merit)，就是指着對於行爲者的動機所生的直接同情，和受了他的行爲者的感謝的間接同情而言的。

有如吾人表同情於他人的心情，而得對於行爲下善惡的評價一樣，可以把自己置於他人的位置，而同情於其心情，以定行爲的道德的價値。在這個地方吾人自己分爲以第二個我(判斷者)判斷第一個我(行爲者)的。此第二個我即是良心。所以良心就是自己假設立於公正旁觀者的位置，而是非自己的心情的心。是同情的命法的形式，是內部的神聲。他在那視同情爲人性所固有的一點上，乃是繼承夏富伯里的直覺主義者；而在那承認同情的命法的形式爲內部的神聲的一點上，卻又是康德無上命法的先驅者。

第六節　聯想學派

關於良心起原的說明，有先天說和後天說。先天說以良心爲吾人生而有的自然的能力，坡托拉之說即屬於這一類。後天說不以良心爲先天固有的能力，以爲是由經驗而生的，休謨和亞丹·史密斯之說，即屬於這一類。此外又有人雖把良心看作由於稱曰同情的其他能力而形成的，但由和彼等相異的立腳點上說明良心起源，這是後天說的一種。即是以良心的形成，爲歸於觀念聯合的法則的聯想學派。依觀念聯合的法則而論認識說倫理的，有羅克・休謨等；可是在嚴密的意味上，聯想學派的鼻祖，就是赫德里(David Hartley, 1704－1757)。

赫德里　赫德里把自然科學上所用的機械的說明方法用到心理上的研究，以為複雜的物理現象，是由機械的單一運動形成的，吾人的高等精神現象，也是由單純的感覺和觀念的複合而成的。他的著書名為『人類觀察』(Observation of Man, 1749)。依他說，一切精神現象都是單一的觀念的機械的聯合。吾人精神作用中，最單純的東西，就是感覺。這感覺就結合而生想像，生欲望，而成為自愛同情，成為宗教心，終成為良心。良心雖是最高等的精神現象，然亦不外是單純的觀念結合而成的。吾人的性質，雖本是利己的，但逐漸反復行其利己的行為時，其動機便忘卻了，而生同情，而生良心了。所以利己的感情，是最劣等的感情，捨此劣等感情，而服從良心，就是所以得最大幸福者也。

赫德里述聯想作用的生理的根據，以為腦神經的微細部分振動，而其振動，便相結合。無論什麼精神現象，必有與此相對應的生理作用。所謂生理作用，即是腦神經的微細部分的振動。簡單的觀念，有簡單的振動，複雜的觀念，有複雜的振動。聯想就是基於此振動結合而生的。他以醫為業，所以精神現象的說明，也就自然着眼於生理的方面。他的學說，還不得稱為唯物論。

布立斯多　到了布立斯多，而赫德里之說，更加進到唯物論的方向。布立斯多(Joseph Priestley, 1733－1804)是發見酸素的著名自然科學家，同時又是反對三位一體教義，而提倡酉尼太利安式思想之神學家。赫德里不過承認觀念的聯合和腦神經微細部分的振動是相隨的罷了，而布立斯多卻完全把心理的作用的原因歸於生理的作用。他以物質爲或爲牽引或爲反撥的勢力，而名其勢力的中心爲原子。他既把物質看作勢力，所以在物質以外，就失卻承認那所謂精神的實體之必要。他自稱自己的學說爲唯物論(materialism)。

第七節　鮑雷士

先劍橋的柏拉圖學派，雖提倡道德的判斷爲直覺的自明的；而鮑雷士(Richard Price, 1723—1791)因襲此直覺說的立脚地，而以善惡正邪的判別，爲依理性的直觀而定。然而鮑雷士的直覺說和劍橋柏拉圖學派，在內容上不能不認爲顯然相異的。鮑雷士的倫理思想可約爲三點：第一，行爲自身存有正邪善惡的性質。故行爲的自己，有正的有不正的。行爲者的性質和行爲的目的等，對於道德的判斷，是沒有何等影響的（尤其鮑雷士，有些地方並不把這等事情完全疏外）第二，正邪善惡觀念是單純而不可分析的。第三，得依理性的直覺力而直覺正邪善惡的觀念。故如想爲正邪善惡的觀念和直覺力下定義，不過是積累同義的異語罷了。

在以善惡判斷的根據歸於理性的直覺力一點，鮑雷士雖然類似於劍橋的柏拉圖學派和克拉克，但他採取夏富伯里的思想，而承認知力上的直觀作用，和感情的要素相伴的。正邪善惡就是行爲的客觀的性質，道德的美醜的感，就是主觀的觀念。知覺正邪善惡時，必然要發生美醜之感。前者是根本的，後者是第二次的。

鮑雷士以爲形式善較實質善爲重，結果雖是惡，祇要動機是善，那麼對於該行爲，也不負何等的責任，罥有不能豫想其惡結果的知的缺乏的責任。鮑雷士對於德的意見雖然不明，但他說：『最自明的直覺的原理，就是求進自他的幸福』他提倡康朴蘭德等所謂仁愛的義務，此外還承認如報恩，誠實，正義等種種的義務，這等義務，都是訴於常識而能直覺的。

第八節　蘇格蘭的常識哲學派

在休謨，其分析的研究已達到極點的英國經驗哲學界，又生出一種反動的傾向，排除觀念的分析，而承認判別正邪善惡的常識(commonsense)的本有，想於其上組織哲學和倫理學，稱曰蘇格蘭的常識哲學家的一派又生出來了。這學派是亙於第十八十九兩世紀在英國思想界的一部佔有一大勢力的。在十八世紀此學派的代表的學者，就是初次創倡的黎得(Thomas Reid, 1710-1796)和彼的(James Beatti, 1735-1803)，奧斯娃爾德(James Oswald, +1793)，士圖華德(Dugald Stewart, 1753-1828)，伯魯温(Thomas Brown, 1778-1820)，侯墨(Henry Home, 1696-1782)，巴凱(Edmund Burke, 1728-1797)等。此學派入於第十九世紀，更有許多學者相繼而起，待詳於後。

黎得是有名的常識哲學派的始祖，是亞波頓和格剌斯哥的教授。著書中有名的，有『知識論』(Essays on the Intellectual Power of Man, 1785)，『實踐力論』(Essays on the Active Powers of Man, 1788)等。

黎得以休謨之說為羅克哲學的當然的結論，結論的誤謬，就是前提的誤謬。休謨之說所以達於如此誤謬的結論者，因為為前提的羅克之說含有誤謬，而想不離經驗說的根據，以正其誤謬。黎得說：『無論何事若由論理而溯其理由，便不得不達到若干自明的究竟的原理。這究竟的原理，是吾人心中所本有的，所以就像羅克把心看作白紙，那是誤謬的。』他把這究竟的原理的總稱，叫做『常識』(common sense)。然則所謂吾人心所本有的自明原理(卽常識)是什麼樣的性質呢？黎得把他看做包括着根本的趣味，根本的道德感情，根本的悟性之三者的本有的直觀的能力。這根本的道德感情就是良心，而良心有直覺這道德公理的能力。他把良心所直覺的道德公理分爲必然的公理，偶然的公理二種。以(一)文法的，(二)論理的，(三)數學的，(四)道德的，(五)形而上學的五公理爲必然的公理，而偶然的公理則列舉十二項。摘記其中主要的，就是：(一)吾人所意識的東西是存在的，(二)吾人的思惟，是保證吾人之存在的，(三)吾人的記憶，是示吾人以吾人之同一的，(四)事物有如吾人所知，是存在的，(五)吾人有支配自己行爲的能力，(六)吾人所交的他人，也如吾人一樣，是有生命和理性的，(七)天然的現象，是齊一的。黎得又述良心的性質，不單把他當作判斷善惡的知的能力，實是意志這個的。

他還倣着坡托拉，以爲人性中有統御的原理(卽良心)和被統御的衝動，更把後者分爲：(一)如習慣和本能的機械的衝動，(二)如體欲，欲望，和對人的感情的動物的衝動二種。

在黎得以後的十八世紀常識哲學家中，有士圖華德，組織並解釋其師黎得的學說；有彼的，侯墨，巴凱，在美學方面，進行研究；有奧斯娃爾德是反對懷疑論者，而由常識立腳地防衛宗教的；有伯魯溫是創立愛丁堡評論，而致力於康德哲學的解說的。

英國經驗學派的發達(約表)

要旨
1. 反對本有觀念論，而始終以經驗主義爲高潮。
2. 使經驗哲學成爲一大組織，而稱爲近世經驗哲學的鼻祖。

羅克

認識論

1. 以認識論爲哲學研究的主眼，而最注力於決定知識的起原成立和其界限等。

2. 我等的心有如白紙，於此上記以觀念者，就是經驗吾人並不是生來就具有特殊觀念的內容的（反對本有觀念）。

3. 經驗是有內的經驗（反省）和外的經驗（感覺）；反省和感覺，就是引導千差萬別觀念於其心的窗口。

4. 依感覺和反省而映於白紙之心的原始的觀念，謂之單純概念，稱單純概念的結合者爲複雜概念。

5. 認識就是觀念的合不合，把這個分爲：（一）直覺的認識，（二）論證的認識，（三）蓋然的認識三種。

道德說

1. 吾人的觀念，是由一切經驗而生的，所以道德的觀念，亦由經驗而生。

2. 所以道德思想，是因時因地因人之異而不同的，然而在道德中，普遍的東西，並非不存在。例如善惡的觀念，是儼然存在的。

3. 善惡判斷的三標準

（1）上帝的命令（神律）

（2）國家的命令（法律）

（3）社會的毀譽（毀譽律）

4. 吾人的意志，是依欲望而動的，是依悟性的判斷而決的，所以意志是不自由的。然而先於意志的決定，把無論什麽觀念都委於理性的判斷，把無論什麽觀念都放在意志選擇之下，這是自由的。

5. 基於自然法說而述社會契約說。

牛頓

1. 較羅克約晚十年而生的偉大的英國自然科學家。

2. 繼承卡利里的思想，把複雜的分析爲簡單的，以由結果推而至於原因，爲研究的方針，承認數學的計算，爲唯一的科學的研究方法。

3. 發見宇宙引力的法則，而與哲學觀世界觀以多大的影響。

巴克勒

1. 使羅克的經驗哲學爲更加徹底的發展。羅克雖說認識的範圍祇以觀念爲限，然仍是容許實體的存在的；至於巴克勒，卻把實體的存在完全放棄了。

2. 著視覺新論，以爲吾人的眼看見物體，而知其大和遠近者，並非眼之自身的活動，乃是依其他感覺而得的經驗，結合於視覺而想起的。

3. 否定抽象的觀念的存在，以爲吾人所想起的，以具有某一特殊相爲限，因而如實體那樣抽象的觀念，是不存在的。

休謨

- 要旨
  - 1. 繼承巴克勒的批判的態度，而更進一步。
  - 2. 使經驗論達於極頂，同時指示經驗論的必然歸結，是不能止於經驗論的。
- 認識論
  - 1. 以印象所與的爲最確實的事實，以此爲標準判定吾等所有觀念的認識的價值，這是他的根本思想。
  - 2. 把觀念分爲印象和狹義的觀念二種。印象是感覺和感情之現在的狀態，觀念是把往昔經驗過的印象由記憶等而想起的狀態。
  - 3. 觀念是印象的再現，模寫，影像，因而在由印象而來的以外，沒有觀念的內容。印象和觀念的差別，單是强弱及明暗的差異。
  - 4. 把印象看作窮極的東西，對於印象的原因，是不說明的。
  - 5. 觀念是從一定的法則，而機械的結合的，舉其聯合的法則爲：(一)類同律，(二)接近律，(三)因果律三則。
  - 6. 知識
    - 論觀念相互的關係者……基於類似律。
    - 關於事實的
      - 1. 把印象照本有的樣子敍述者……基於接近律。
      - 2. 以印象爲基，而推論未經驗的事實者……基於因果律。
  - 7. 因果的關係，是不能認爲直覺的，不能依思惟而論證，不能依經驗而知，在接一物時，豫期他物可相次而來，這就是因果律的基礎。

8. 所謂實在，就是指着那印象的活潑的狀態而言的。實體不是印象的內容，因而不是實在。

宗教說

1. 完成理神論的思想，同時又把彼破壞了的。
2. 理神論是以道德爲本義的理性的，自然的宗教的主倡，卽眞宗教是基於理性而生的自然的一神教，而天啓宗教，爲自然宗教的退化。
3. 休謨指摘理神論的謬想，以爲宗教雖是生於自然，但不是依理性而生，是依感情而生的；原始的宗教，是下等的多神教，和吾人的思想進步，同時而至於今日的發達。

倫理說

1. 由經驗論出發，求道德的行爲的主要素於感情，以道德的價值，爲行爲結果的功利主義。
2. 行爲主要素是感情，感情最簡單的要素是快不快，這要素結合起來，乃生種種行爲。
3. 動意志的，不是知識，乃是感情，知識是選擇達到意識目的的手段，不能爲意志的動機。
4. 善惡的判斷，是行於直覺的，適意的是善，反於此的是惡，適意不適意就因其結果能與快感與否而決(功利主義)。
5. 贊賞或非難他人，是基於同情的，依同情而屢屢評價他人的結果，就生出從他人的見解以判斷自己的習慣，這就是良心。
6. 德畢竟不外是與愉快和利益的行爲，或者是心的性質。

- 亞丹·史密斯
  1. 使休謨的同情說與夏富伯里之說相結合，而說那對於行爲的動機感情的直接同情。
  2. 和休謨相同，以道德的判斷根據爲良心，而以良心的要素爲同情；但對其同情的對象，休謨是想依行爲的結果以定道德的價值；史密斯卻是想依對於動機感情的有無同情而定道德的價值。
  3. 在把自己置於他人的位置，而同情於其心情以定行爲的道德的價值的場合，而自我分爲二個判斷：第一個我的行爲者，爲第二個我的批判者；此第二的我，就是良心。

- 聯想學派
  - 要旨
    1. 想把良心的起源爲後天的說明（反於坡托拉等的先天說）。
    2. 把良心的形成，歸於觀念聯合的法則（雖同爲後天說，而和休謨，亞丹·史密斯不同）。
  - 學者
    - 赫德里
      1. 把心理作用爲機械的說明。
      2. 一切精神現象，都是單一的觀念的機械的聯合。
      3. 精神作用中最單純的是感覺，感覺結合而生想像，生欲望，成爲自愛同情，成爲宗教心，成爲良心。
      4. 論聯想作用的生理的根據。
    - 布立斯多
      1. 使赫德里說更向唯物論的方向發展。
      2. 把心理作用的原因完全歸於生理作用。

鮑雷士

- 要旨……把正邪善惡的判斷歸於理性直觀的直覺說。
- 學說
  1. 正邪善惡的性質，是存於行爲自身的。
  2. 正邪善惡的觀念，是單純而不得分析的。
  3. 正邪善惡的觀念是依理性的直覺而自明的。

英國常識學派

- 要旨
  1. 認判別正邪善惡的常識爲本有，而排斥觀念的分析。
  2. 由十八世紀至十九世紀，在英國思想界的一部佔有很大的勢力。
- 學者（十八世紀）
  - 黎得
    1. 排斥休謨，羅克的學說。
    2. 無論任何事象，若循着論理而行，一定要達到若干自明的究竟的原理。
    3. 此究竟的原理，是吾人心中所固有的，這就是常識。
  - 彼的……美學研究。
  - 奥斯娃爾德……反對懷疑論，而由常識的立脚地防衛宗教。
  - 士圖華德……組織並解釋黎得說。
  - 伯魯溫……致力於康德哲學的解說。
  - 侯墨……美學研究。
  - 巴凱……美學研究。

第六章　啓蒙時代的法國哲學

把近代法國思想變遷史翻開一看，見自和英國的霍布士略同時代的笛卡爾出來創倡純理哲學，他的影響，忽及於隣近諸國：於和蘭則出斯賓挪莎，於德意志則出拉比尼都，都成爲和經驗哲學相對抗的近世思想的一大系統。然而純理哲學在德意志無論如何顯然的進步發達，但在那爲其淵源地的法國，卻不大振興。在笛卡爾生時，英國學界雖曾受他多大的刺激，但從十七世紀到十八世紀，所謂啓蒙時代，卻是法國容納了英國的思想，而使其經驗哲學達到極端的結論。就笛卡爾的思想和影響而言，前面既已述過了；在這裏只敍述啓蒙時代法國思想的大勢。

第一節　感覺論和唯物論的勃興

初把英國思想傳播於法國的法國學者中最有名的，就是孟德斯鳩（Montesquieu, 1689－1755）和福祿特爾（Voltaire, 1694－1778）。他們讚美英國的立憲制度，歸法國以羅克的思想爲基礎，排斥當時的專制政治和貴族僧侶等的階級的專權，而鼓吹新的政治思想的，就是羅克生後約百年即一七三二年的事情。

孟德斯鳩　孟德斯鳩在他所著『法意』（亦譯「萬法精理」Esprit des lois, 1748）上，論一國的制度及法律，和其自然狀況有密切的關係；而制度及法律就是基於其國的風土，風俗，宗教，和國民氣質等的自然狀態而成立的，不是人力創造的。故一國的法律及制度，是那一國的特殊東西。這個雖然也有適於他國人民的，但不過是偶然的結果罷了。他承着羅克的政治思想，倡三權分立論，闡明立法，司法，行政的觀念，且以英國的立憲政治爲理想的制度。孟德斯鳩的思想，雖缺乏創見，但在當時的思想界，是有很大的影響的。

福祿特爾　孟德斯鳩專盡力爲理想的制度的鼓吹，福祿特爾卻不然，他不但在當時制度上加以猛烈的攻擊，而使世論沸騰，並且基於牛頓的自然科學的世界觀，宣傳理神論的宗教思想。他是承認神的存在和靈魂不朽的。然而他把神看作至高至大的道德的存在者，把信神看作基於道德上的要求。除尊敬這個道德的存在者以外，其他一切都斥爲迷信。福祿特爾雖以神爲善的東西，但卻不把神看作全能的，承認有妨礙神的所爲的物質的存在，而以二元論說明世界。他的思想，雖也缺乏獨創之見和深邃之思，但他的文章有一種魔力，對於世俗給與了非常的感化。他以銳利的論鋒所極力攻擊的，就是貴族和僧侶的專權。故他在一般民衆方面受着如神的崇拜；而反過來在貴族和僧侶社會方面，就被着如惡魔的嫌惡，而不絕的蒙着嚴重地迫害。

從英國移入的羅克的觀念論誘起了認識論上的感覺論，牛頓的自然科學的機械觀，就成爲生理上的唯物論；感覺論和唯物論相結合，又成爲宗教上的無神論，成爲倫理上的極端的利己主義。感覺論，唯物論，無神論，利己主義，就是在法國啓蒙思想的特徵。這時代的代表學者，有康底拉克(Condillac, 1715—1780)，希爾維休 (Helvetius, 1715—1771)，夏爾·綳耐 (Charles Bonnet, 1720—1793)，波芬 (Buffon, 1708—1788)，羅賓奈 (Robinnet, 1735—1820)，梅特里 (La Mettrie, 1709—1751)，第特羅 (Diderot, 1713—1784)，霍爾伯克 (Baron von Holbach, 1723—1789) 等。

康底拉克　康底拉克研究的是福祿特爾所不注意的心理學和認識論的方面。他把羅克的經驗主義，發展而爲純然的感覺論。他的著書可舉的有『人知底起原』(Essai sur l'Origin de la Connaissance Humaine, 1746)『感覺論』(Traite des Sensations, 1754)『論理學』(Logique, 1780)等。

康底拉克把那爲自然科學研究方法的分析法，應用到精神現象的研究上，而把羅克的認識論，引到終局的結論。羅克把觀念的起原歸爲感覺和反省二要素，以爲此二要素是向如白紙的心導入千差萬別的觀念的窗口；但康底拉克更把一切精神作用歸爲更加單純的要素，單從感覺上說明。他當說明複雜的精神現象是從感覺上發展來的時候，用下述的很巧妙的譬喻。即假定有和吾人體制相同的立像。此立像最初得到嗅官，在此時，單不過是知覺香氣罷了。若在其前有一枝薔薇，那麼，立像的感覺，僅被其香氣充滿了。然而意識在集注於單一的感覺時，就生了注意。及其薔薇被取去後，香氣的痕跡，即止於記憶。再次放下其他物體，從這個物體所生的香氣，就要和薔薇的香氣相比較，而起快・不快的感情，至生出希求其一排除其他的意志。其他判斷，推理，反省，抽象等，無論任何精神作用，都沒有不是由感覺發展的。所以感覺可說是一切精神現象的淵源。

康底拉克雖這樣明白提倡感覺論，但不是唯物論者，也沒有否定神的存在。他保持着笛卡爾學派的二元論，承認心物的相異。物體決不是營精神作用的，故身體的運動沒有生感覺的理由。感覺的主體，是在身體以外的；身體的運動，單不過是發生精神現象的因緣罷了。然則，生感覺(即精神作用)的，是什麼呢？康底拉克以爲這個到底不是吾人的知所可知的。可見他於形而上學，是一個懷疑論者。

希爾維休　希爾維休把康底拉克的感覺論適用於倫理上，而提倡極端的自己的快樂說。照他說，行爲的唯一動機，就是得快樂的努力（即利己）。利己是道德界的法則，恰等於物質界的運動法則。任何道德，沒有不是以此利己爲基礎的。例如正義或博愛的美德，也不外是利己的產物。所謂道德家，其愛他人，正欲間接的利我；所謂不道德家，就是說欲直接達利己的目的的人。

希爾維休在認識論上，和康底拉克相同，是純然的感覺論者。感覺是一切精神作用的淵源。如記憶，判斷等複雜的精神作用，也是基於感覺而生的。感性和自愛心，是吾人先天具有的兩個能力，而此能力，雖然無論何人都是遍有的；但因境遇的不同，而生出個人的差別。這就是他把個性的由來歸於環境的力量。

他在道德上，雖大膽的倡利己主義，但他不是唯物論者，也不是無神論者。在宗教上設下理神論的見解。他一度倡了利己主義，種種的迫害就脅迫他，使他沒有方法，不得不避難於外國。然而他天性極富於善心，把他的財產拋於公共事業，一點也不顧惜。在後出來的邊沁受他的益處很多，這是邊沁自己所說的。

夏爾·綳耐　夏爾·綳耐使經驗哲學者的心理學和認識論上的研究，結合於生物學和生理學上的觀察，是和康底拉克從不同的立腳點上而倡自然科學者中之一人。在所謂一切精神作用都是基於感覺的一點上，他的學說，和康底拉克及希爾維休相同。然而他述感覺發生的理由，以爲非物質的靈魂，是對於感性的刺激而反應時而起的，比希爾維休更進一步。他對於靈魂的說明，以爲吾人的靈魂，是和物體結合而存在的。沒有無靈魂的身體，也沒有無身體的靈魂。身體是在吾人通常的思惟以外，由精微的『以太』質的物質而成的。這種物質就永遠不死滅，和靈魂相結合，於肉體死後回想現世的生活，而爲構成新的來世身體的原因。這就是他的靈魂不滅論。

緥耐述精神現象的生理的條件，以爲一切精神現象都是基於和此相應的腦纖維的振動的。被感覺機關所喚起的興奮，傳播到腦，就在腦纖維中起了振動，這種振動就是精神現象的起因。一旦生變動的腦纖維，雖在興奮去後也生痕跡；再遭遇同一的刺激時，就能認這個爲往嘗經驗過的，這就是記憶。他在研究精神現象的生理的根據一點上，使人想起赫德里。

他也像希爾維休以行爲的動機爲自愛。他以爲幸福是一切努力的終極的目的。他的靈魂不滅論是和幸福論有密接的關係的。因爲要眞幸福，就不能不假定靈魂的不滅。他的學說，對於德國心理學者，尤其有顯著的影響。

波芬和羅賓奈　波芬和羅賓奈把夏爾・緥耐所試過的心理的和生理的方面的自然科學的說明更加發展，以一切的現象爲機械的觀察，遂達到唯物論。

波芬在他所著的『自然史』(Histoire naturelle générale et particulière) 中，敍述了有機的分子說。以爲有機的分子是一切生物的原質。是不假他力而自行繁殖的原子的結合。一切的有機體，都是這有機的分子機械的相集而成的，——就是他的有機的分子說的要旨。他的學說，胚胎於斯賓挪莎，是很顯明的。

羅賓奈也是受着斯賓挪莎和拉比尼都的影響，而提倡類似波芬的有機的分子說的臆說。他在他所著的『自然論』(De la nature, 1761) 中，述說萬物是精神和物質二要素以相異的比例混合，而爲無數連續發展的等級的。這是受了拉比尼都的單子論的影響。羅賓奈以爲作此二要素中基礎的，是物質，而精神是由物質而出，復歸返於物質的東西。

羅賓奈的思想在以物質爲精神的基礎一點上，可稱爲唯物論。然他並不否定神的存在，祇認神爲萬物不可知的原因。

梅特里　梅特里較羅賓奈更早而提倡更爲明瞭的唯物論。他的性質最勇敢最高傲，敢大膽發表他的所信。他起初雖以軍醫爲業，但爲發表所著『精神的自然史』(Histoire naturelle de l'Âme, 1745)而失職，避難於和蘭。可是在其地又公表有名的『人間卽機械論』(L'Homme Machine, 1748)又因而釀起物議。

梅特里把笛卡爾學派的物理說應用於人類，以爲一切精神作用，盡爲物質的活動。人的身體因爲組織不同，故精神作用也因而發生差別。這就是物質爲精神作用的基礎的證據。精神附屬於肉體，單依肉體纔能認知。故精神也不得不和身體共同死滅。笛卡爾雖言動物爲器械的，但人類也不外是器械。人類和動物，不過有程度上的相差罷了。所謂靈魂，不過是那營身體中精神作用的部分的名稱罷了。腦髓依精巧的筋肉而營精神作用，等於脚依粗糙的筋肉而營步行。

梅特里是先於希爾維休而倡利己主義的。以爲吾人的目的，就是爲求快樂的。吾人的精神，是從屬於肉體的，所以畢竟除身體上快樂之外，是沒有快樂的。然而在快樂中是有強而短的和穩而永續的區別。前者名爲感覺的快樂，後者名爲精神的快樂。所謂德行，就是致社會一般幸福的行爲。社會雖依法律而禁惡，依名譽而獎勵善，但所謂善人，所謂惡人，是必然的被決定的。吾人的意志，是不自由的；故如懲惡獎善之類，是徒勞無益的。惡人就是病人，沒有被冷酷待遇的理由。信仰無神論，是最幸福的；無神論者所組織的國家，是最幸福的國家。唯物論是教人博愛，與人慰安，使人脫卻宗教上的迷信和恐怖的。

第特羅　第特羅是詩人，是哲學家，而為有名的『Encyclopedie』的編輯者。這書是以普及那關於當時學術和技藝的新思潮於一般讀者為目的而成的，所以從一七五一年至一七七二年出二十八冊；一七七六年和其次年再出拾遺五卷至一七八〇年，又出別冊二部。編輯是以第特羅和達倫伯爾為主體，以丟爾高(Turgot)，格黎牧(Grimm)，霍爾伯克(Holbach)等為後援，而福祿特爾和盧梭，也執過筆來。

第特羅的思想，幾經變遷。最初雖從理神論的立腳點上攻擊那信天啟宗教的成立，和否定神的存在者；但其後傾於懷疑說，晚年又變到自然論的萬有神教。在道德方面最初也和夏富伯里相同，以為吾人是先天的具有能判斷善惡邪正的道德心的；但以後又改變其說，以為道德心是微少的許多經驗結合而成的。

霍爾伯克　至霍爾伯克，而啟蒙時代的思想已盡量的發展。他的著書『自然的體系』(Systeme de la Nature, 1770)是把感覺論，唯物論，無神論，利己主義等凡當時所有的思潮都作為有系統的收集，使其趨向得以盡量的發揮，故稱為無神論者的聖經(Bible)。這書先用假名出版，不是成於霍爾伯克男爵一人的手筆，而是集於男爵之家而談論的一團學徒的合作。也有一部分是前舉的第特羅，格黎牧和數學家蘭格倫紀(Lagrange, 1736—1813)所做的。

這書是以自然論的機械觀說明在世界上的一切事物。茲將在此書中所表現的思想略述於左：

無神論　存於宇宙的東西，只有物質。物質是具有運動的力量的，運動有引力和拒力。基於此二力，而一切運動以起，依種種運動而多樣事物之相以生。一切的現象，都可依物質和運動而說明的。實體如同精神或神，不是存在的東西。吾人以爲在身體之外，有所謂精神的實體的存在，就是因爲在身體的變化之中只能直接知覺外部的運動，而內部精微的運動，就不能知覺，所以把他的原由歸於精神的作用，要不外是把自己看作二重的罷了。這個和那相信在世界以外有神者相同，因爲吾人在世上不能發見所經驗的種種災害的原因，因而就把這個歸於神的作用，而把世界看作二重的。神的觀念，因爲災害和對於災害的恐怖之念，便由人類的無知而發生，但假定神的存在，是謬誤的，是無用的，是自相衝突的，是有害的。爲什麼呢？因爲說明自然界的運動，而假定非物質的運動的主宰者，是謬誤的。宇宙是存在物的總體，假定有神在其外，是無用的。神一面與以無限，非物質等消極的，形而上學的性質，而一面又與以和彼不相調和的道德的屬性，乃是矛盾的。又神的觀念是厭離現世，求快樂於彼岸，而攪亂心的和平，所以有害。總而言之，神是無用的廢物，是爲御愚民，由僧侶而說的迷妄。吾人的幸福，是從打破這樣的迷妄，而信無神論得來的。

感覺論和唯物論　所有精神作用，都是基於感覺而起的，而感覺就是腦分子的運動。腦分子是純然的物質分子，而其運動和其他物質運動的性質無異。這物質分子，在結合時，就生感覺。物質分子自身並不是有感覺的。依物質運動而說明精神作用，欲由身體之力引出精神之力，這就是現於『自然的體系』的心理說的要旨。

利己主義　一切行爲都是基於利己主義而生的。人類的自愛性，可比以物理界的惰性。惰性或爲引力，或爲拒力，是所有一切運動之基；自愛性成爲愛憎之性，是所有行爲的原因。無論什麼行爲，沒有不基於自愛的動機。努力的目的，在得幸福；然而爲得自己的幸福，也不能不尊重他人的幸福。所謂德行，不過是以他人的幸福爲自己幸福的方術罷了。因爲所有行爲都是以利己爲目的，所以善人和惡人的區別，畢竟是依身體的組織而決的。要之表現於此書的倫理說，是想以自愛說明道德的。

『自然的體系』的著者，否定意志的自由及靈魂的不滅，作爲唯物論・感覺論的歸結。以爲人和一切事物相同，都是受那必然的關係支配的。如所謂意志的自由，不過是爲不使神負那存於此世的罪惡的責任之迷妄罷了。若說意志自由而還有可行刑罰的理由，就恰如止川而防止氾濫。精神作用是基於物質運動而生的，肉體死後靈魂存留的道理，是沒有的。說靈魂不滅，也是顯然的迷妄。

第二節　盧梭

到了霍爾伯克，而法國的啓蒙思想，已達到極點。此時對於文藝復興以來，駸駸進步的文化，加以徹底的批判，而一新世界思想者，就是盧梭（Jean Jacques Rousseau, 1712—1778）。

盧梭生於瑞士的日內瓦，從幼時放浪諸國，而爲富於種種波瀾的生活。三十八歲時，因懸賞論文『學術技藝論』當選，初露文名。其後公布有名的『民約論』（Du Contrat Social on Principes du Droit Politique, 1762）和『教育論』（Emile ou sur l' Éducation, 1762），纔把全世震動了。但因此又受政府和人民種種的迫害，避難四方，遂客死於法國。

盧梭的根本思想就是自然主義和主情說。他反抗法國啓蒙思潮的主知的，無神論的，感覺論的，唯物論的，利己主義的傾向而不但想把哲學組織於感情之上，並且對於文藝復興以來顯著進步的文化放開銳利批評的眼光，否定學問和藝術上的價值，而以復歸自然狀態爲理想。

宗教觀　盧梭根據其根本思想而論宗教，肯定神的存在，把信仰的基礎放在感情之上。以爲物質是不能自己活動的，與以活動的東西，一定是存於物質以外的。世界的構成可十分證明神的存在。然而使確信眞的神的存在和靈魂的不滅的，就是感情。何故神的意志是自由的呢？神如何創造世界呢？精神如何活動物質的呢？雖不能以知力了解，但其事實的正確，是能以感情發明的。知識之所與的結果，或終於唯物論和無神論，也未可知。吾人的理性，或者承認他也未可知。然而我等的感情，到底是不能滿足的，是企求更高的東西而不止的。

基於感情的自然宗教，乃是眞宗教，就是基督教的眞髓。像那歷史的宗教，不過是無用的廢物罷了。

道德說　道德說也是成立在那爲根本思想的自然主義和主情主義之上的。他以自然狀態爲理想，而敘述從原始社會而來的人類漸次墮落的次序。以爲人類最初雖是各自獨立，自由生活的，但爲防猛獸之害，爲得食物，就使知力發達，漸次造茅屋居住，開家族生活的端緒，發財產所有的萌芽；及至造成村落，而爲集合的生活，就生出許多的不平等和惡感情。但這時人情還是質朴，而欲望也很少，大概還爲幸福的生活；後來產業發達，貧富遂顯然懸隔，利益的爭奪發生，而猜忌和憎惡之情就逐漸激烈。財產所有者因感着很大的危險，便相謀而以保持正義安寧爲口實，設下一種制度，作爲財產的保護。貧民被欺於彼等的奸謀，而服從制度的束縛，人類自然享有的自由，遂消滅無餘了。盧梭以爲像霍布士所說的人類爭鬬生活，並不是自然的狀態，而是文化發展的社會所有的。盧梭以文明的發達爲可以咀咒的。認定文明不能使人類社會善良，反使成爲腐敗，猜忌，憎惡，爭鬬，壓制，遊惰，文弱，繁文縟禮，件件事都是隨文化而來的弊害。所謂『回復自然』就是盧梭所舉的理想之一。

人類的性質本來雖極淸潔，但隨社會的發達而漸次汚穢了。人性生汚穢的原因，在學問和技術的進步。所謂學問和技術只是基於知力的。知力雖能闡明事物的關係，而分解其性質和狀態，然若不借感情的力量，就不容易確認他。單想理解善而行之，那就不得不陷於種種的疑惑，但感爲善而行之，那就能成眞的善行。感情就是最後的裁判者。單是知力發達，自然要發生許多罪惡。吾人所有的根本的感情，是有同情和自愛心的，基於同情和自愛心而生活，常能得到幸福。若偏重知力，便生出抑他人而益自己的利己心。爲滿足此利己心，種種的學問就發達，而益使社會的罪惡增多。所謂排斥知力，尊重感情，就是盧梭所極力主張的。照盧梭說，所謂良心，畢竟不外是感着善的感情罷了。他以爲在良心支配下而活動，一切的欲望，都可說是善的。

現在的社會脫離純朴的自然狀態，而達到腐敗墮落的極點。雖然不能使他回復到原始的社會，但不可不依教育而匡救其弊害。因此便在他的大著『教育論』中，詳述他的教育意見。

民約說　盧梭在其所著『民約說』中，敍述理想的社會制度。他說：人類生而有平等自由，強者支配弱者的權力不是固有的。國家的成立，是由人類相互契約的。人類爲基於本有的同情和自愛心，遂成自然的發達，因相約而組織成國家。所以國家乃是保護個人發達的機關。國家如抑制個人，就不能不說是違反自己的目的。國家的意志，就是國民的意志。故統治權屬於國民，君主不過是行使權力的服務者罷了。人民立契約而組織國家，個人對於全體的意志，使不得不服從。法律是表現全體意志的，所以目的是與人民以自由和幸福的。個人任其欲望而動作，並不是眞的自由，眞自由是因服從法律而得的。君主是國民委任的統治權的行使者。君主若濫用權力，人民就可以解除其委任。倡民約說者，在盧梭以前有霍布士，羅克，孟德斯鳩等，但在不把國家權力分割，以行政權隸屬於立法權一點上，盧梭學說是和羅克孟德斯鳩不同的；在始終不使統治權和人民分離的一點上，而和霍布士說是完全相反的。

盧梭的學說，不但是法國大革命的導火線，就在思想上，對於康德，非希的，哥的，侯爾德，雅各伯和其他十八九世紀的『浪漫主義』(Romanticism)等也與以偉大的影響。

啓蒙時代的法國思想(約表)

- 孟德斯鳩
  - 1. 三權分立論。
  - 2. 讚賞英國制度。
- 福祿特爾
  - 1. 攻擊當時制度。
  - 2. 二元論：神和物質。
- 康底拉克
  - 1. 感覺論：一切精神作用，都由感覺發達。……
  - 2. 懷疑論：生感覺的原因不明。

法國啓蒙思想

- 希爾維休
  - 1. 感覺論……感覺是一切精神作用的淵源。
  - 2. 利己主義……行爲的唯一動機是利己。
- 夏爾・綳耐
  - 1. 感覺論……把一切精神作用歸之於感覺。
  - 2. 利己主義……把行爲的動機歸於自愛。

（希爾維休、夏爾・綳耐之感覺論）……羅克感覺論終局的結論。

- 羅賓奈……唯物論……有機的分子說。
- 波芬……唯物論……精神是出自物質，而還原於物質的。
- 梅特里
  - 1. 唯物論……人類卽器械。
  - 2. 利己主義……吾人的目的，是爲求快樂的。
- 霍爾伯克
  - 1. 無神論……神是無用的廢物。
  - 2. 感覺論……精神能力是由感覺發達的。
  - 3. 唯物論……人類卽器械。
  - 4. 利己主義……吾人的目的，就在利益。

（梅特里、霍爾伯克之唯物論）……比笛卡爾更進一步。

- 要旨
  - 1. 使達於極點的法國啓蒙思想一新。
  - 2. 以自然主義和主情說爲根本思想。

盧梭

- 宗教說
  1. 肯定神的存在，而置信仰基礎於感情之上。
  2. 以自然宗教爲眞宗教，以歷史的宗教爲無用的廢物。
- 道德說
  1. 以回復自然狀態爲理想。
  2. 排知力而重感情。
- 民約說
  1. 國家是依契約而成的。
  2. 國家的意志就是國民的意志。
  3. 統治權在國民，而君主只是行使權力的機關。
  4. 君主若濫用權力，人民就當解除其委任。

第七章　德國純理學派的發達

第一節　拉比尼都

發自倍根和霍布士的英國經驗哲學，至羅克而生個體論；發自笛卡爾的大陸純理哲學，至斯賓挪莎而生汎神論；兩者全是到達異其方向的結論的。然而這兩學派在承接近世自然科學的精神，把自然界作機械的說明一點上，都是一致的。較斯賓挪莎稍後而生於德意志，在一方面是企圖純理學派的實體論和經驗學派的個體論的調和，在他方面是企圖自然科學的世界觀和宗教的考察的融合的，就是拉比尼都 (Goottfried with Leibniz,

1646－1716）拉比尼都的哲學雖所謂調和就是他的特色但從思想的系統上說他是屬於純理學派的。

拉比尼都生於德國的來比錫（Leipzig）。父為哥丁弁（Gottingen）大學教授。他從幼時在其父的書齋，涉獵文學歷史哲學等書籍，長而入其本地的大學修哲學，又在亞特爾大學專攻法律學。其後被麻因茲侯伯奈布爾格招聘盡力法典的改正，二十四歲時，為該處控訴院的判事。次遊倫敦・巴黎，到處受歡迎，而與知名的學者相交。一六七七年，為漢那維爾的宮中顧問，即在其地終其餘生。因漢那維爾公之女嫁於巴郎丁堡公（其後為最初普魯士王）的緣故，屢屢往來於伯林，盡力於伯林學士院的創立，而被舉為最初的會長。及王妃歿後，與伯林的關係，自然疏遠，而和維也納宮廷相親密；一七一一年，被任為加爾四世的宮中顧問因封為男爵。他在法學和哲學以外，如史學數學物理學等，是無一不精通的。他的博覽強記，而富於獨創之才，是和古代亞里士多德可以並稱的。加上他又富於實務之才，或參與政治，或當外交之衝，曾博得赫赫的名聲。他受了各國宮廷的多大的優遇，得國王的尊信，而終其充滿光榮的生涯，也可以亞里士多德相擬。然而相傳他在晚年，不但和曾受恩寵的宮廷關係相疏遠，並且被看為不信仰者，而受許多宗教家的排斥，歿時送葬者是很少的。他沒有遺留有系統的大著述，他的思想，只可從他隨時公刊的小著上看出。在他的著書中，『單子論』（Monadologie, 1714），『辨神論』（Theodicée, 1710），『自然和神恩的原理』（Principes de la Natur et de Gréce, fondés en raison, 1714）等是最有名的。

實體論（單子論）　拉比尼都的哲學，也是從實體論出發的。他的實體論，一方面想避掉斯賓挪莎的汎神論，同時又想使自然界的機械的說明包含着目的觀。拉比尼都認斯賓挪莎的汎神論為笛卡爾哲學的論理的結論。

然而在爲避掉這樣難承認的結論，就不可不直溯於笛卡爾哲學的根本思想，故他着眼於笛卡爾的實體論。笛卡爾是把實體看作不變動的單一的。到了斯賓挪莎，以此爲發生汎神論的結論的原因，他基於物理學的考察，卻以實體爲活動的力量。所謂物是存在的，就是說物是活動的。沒有不自己活動而存在的東西。然而活動的東西就是力。祇有這個力可稱爲實體。活動力的單元，是無限的。這個單元他稱作單子(monad)。

單子就是實體，就是活動力的單元。是非延長的，非物質的，而爲獨立自存的個體。因爲單子不能延長，所以不能分割。故不似元子論者所說的元子，還是可分割的，乃是眞的單一的。故單子不是自然生起，自然消滅的，他的生滅，是依着一個超自然的奇蹟。單子又是獨立自存的非物質的個體，所以不受其他的影響，只把自己的狀態爲自發的開展。他說：『單子沒有使任何東西都得出入的窗口。』

單子本來具有雜多的狀態，而爲漸次開展其狀態的渾一的活動力。所以單子的活動，就是自己的開展；自己的開展，就是自己的表現。不是生全無的東西，乃表現出來具有可能性的東西。在移行於表現的一階級時，要經過存於其間的所有的階級。決不是隔隙而飛躍的，是順從連續律的。（這個連續律，就是拉比尼都哲學的一貫的法則）單子是從連續律而活動的東西，所以已然表現的狀態，也含於現在的狀態之中；將要表現的狀態，也可以在現在的狀態中豫想得到的。若以明知去看，有如櫟的實是表現櫟的樹一樣，想由一階級而飛過所有一切階級，是不可能的。

單子不單在一個狀態上表現全體，還可以表現其他一切單子的狀態。所以一個單子，就是表現宇宙全體的，故他是宇宙的縮圖，是宇宙的活動鏡，是小宇宙。沒有窗孔的各個單子能映着宇宙，不是依各單子相互的影響，乃是各個的單子自己一致造成的，即單子是由表現自己而表現宇宙的。

一切單子，依從連續律，而不能飛躍，以次第表現自己。故凡是存在的東西，都各具有特殊之相，沒有一物能完全和他物相同的。換句話說：在宇宙間，兩個以上相同的東西是不能存在的。二物若是相同，那就不容易認爲二物。互相類似的東西雖是有的，但完全相同的東西在宇宙間是不存在的。然而單子一切都是縮寫同一宇宙的。萬物雖各具有特殊之相，但他們的差別卻不是絕對的差別，不過是程度上的差別罷了。一切反對都是相對的。萬物雖是在程度上有差別，但在事實上全是相類似的。所以吾人可依類推律，由一物的狀態，以類推他物的狀態。（拉比尼都的類推律，是連續律的特殊的場合）

拉比尼都適用這類推律，遂達到萬物有心論。吾人把在外的東西表現於內，而得明白認識多含於一，就是依我等自身的意識作用。所以各個單子之表現宇宙而開展自己，就是一個心的活動。故外物若是眞的實在，那麽便一定要是和我等相同的心的存在者了。

無限的單子都是表象（他是視表象和表現同一的）同一宇宙的。然表象有明暗的差別。無限的單子可依表象的明暗分爲三階級。在最下階級的是『裸單子』（monades nus）。裸單子的表象是最不明顯的，恰如在昏睡的狀態中，是無意識的。他把這個表象稱爲『微小表象』。在第二階級的是『靈魂』（âmes）。靈魂的表象，比較裸單子頗覺明顯，而有感覺的意識。屬於此的，就是動物的靈魂。在最上階級的是『精神』（esprits）。精神的表象是最明瞭的，不但有自己意識之能，並且具備有分析自己所有的表象，而為普遍的認識的理性。人類和天使之心，都屬於此。上級的單子，必具有下級的表象，所以人類或天使的精神中，也含有『微小表象』。一切單子，都有從一個表象移到其他表象的動向。所謂意志，不外就是存於理性的表象中間的動向。

世界觀（豫定調和論）　拉比尼都以單子論為基礎，而述樂天的世界觀。照他說：宇宙萬物，是由無限單子而成的。單子雖各異其明瞭之度，但內容完全同一，所以差別之中，自有統一。最大雜多之中，有最大的統一，這就是宇宙的眞相。宇宙中有這樣調和的存在，就是神所豫先附與單子的性質的結果。所以宇宙的調和，就是豫定調和。神不是內在於自然之中的（和斯賓挪莎的神不同），是超越於自然以外而存在的；在作成單子而附與性質以後，就不干涉他的活動。單子是依神所附與的性質而自己活動的。現實的世界，是由神選擇的最良世界。在神的知力中，有無數可能的世界存在，而神的全能，能把任何世界一一實現起來。神所以從許多可能的世界中選擇現實世界，就因為現實世界在神的知力所能實現的世界中是最良的世界。現實世界不是因為由神所選擇而最良；而是因為最良，所以由神選擇。

然則在這最良的現實世界中，為什麼有不善的存在呢？拉比尼都把不善分為三種：第一、是形而上學的不善；第二、是物理的不善；第三、是道德的不善。所謂形而上學的不善，就是說萬物的有限性，而物理的不善（疾苦和災禍）和道德的不善（罪惡）一個個都是由此而生的。故形而上學的不善，就可說是一切不善的根元。換句話說：可以說不善是由制限（卽缺乏）而生的。為什麼神要以有制限的個體製造此最良的世界呢？拉比尼都答道：個體的有限性，乃是世界存在的不可缺少的制約。沒有制約，世界就不得存在。因爲個體有有限性，所以生出種種物理的.道德的不善；然不但不因此而妨害世界的完美，並且如以少許的不調音來調和全體音曲，以少許的醜色彩來增加畫面全體之美一樣，倒反可以助長世界的完全。凡存在於世界的事物或現象，必有其存在的理由。(此理由律，也是拉比尼都哲學的主要原理) 不善既已存在於此世界中，故也有十分存在的理由。總而言之，不善是消極的東西，他的存在是不足負累神的全知的。

拉比尼都的世界觀，是把自然科學的精神的機械觀和目的觀巧爲調和。照他說，自然界的諸物，雖都以機械的關係而活動，但其活動的究竟原因，就是含着那所謂世界完全的目的觀的。

人性論　世界的生物，一個個都是許多單子的集合，由物理學上觀察，雖是個體，但從形而上學而言，就不是個體了。集合而形成一生物的多數單子中的一個握有主權，而其他一切都從屬於他。爲主權者的單子，名爲靈魂，而從屬的單子，名爲身體。生物必定是由此靈魂和身體而成的。人類也是生物的一種，故和他生物相同，也是由靈魂和身體而成的。靈魂是身體的主宰者。然因爲單子並不是相互影響的，所以稱他爲主宰者，就是說靈魂的單子，比較身體爲更明瞭的表現，有靈魂的狀態而身體的狀態更容易理解。靈魂和身體，雖不是互相關係而活動的，但可由那存於各單子間的豫定調和而得向調合的方面進行。恰像巧妙的工人製造兩個鐘錶，雖無何等相互關係，而自然調和，常常表示同一的時刻一樣。

世界萬物都是依豫定調和而決定的，所以吾人的意志是應該不自由的，但豫定調和，並不是在單子以外支配單子的法則，乃是在單子之中決定單子的法則。使決定意志的動機存在於意志的內部，卽制約意志的法則存在於意志的自身之中。畢竟意志的決定乃是基於意志內部的性質的自家決定，所以吾人的意志是不自由的，而同時又卻是自由的。決定吾人意志的表象如果明瞭，在明瞭的限度內吾人的意志是自由的。然而吾人的意志是不能絕對的自由的，意志絕對的自由只有神。

依拉比尼都說：生物無論已，就是無生物也是活物，而在宇宙中沒有眞死的東西。怎麼說呢？雖芥塵之微，其實體也有單子，因爲單子一總都是精神的個體。

由單子論出發的生物觀，遂使他否定生死。形成生物身體的單子，有時增加，有時減少，到了甚減少的時候，就是死。然而死並不是身體完全失卻單子。又所謂生的時候，就是單子著著增加。一切生物無論是靈魂，是身體，都是不滅的。人類尤其和其他生物不同，死後也有自己意識，也有道德的責任。

認識論　拉比尼都把單子論應用到認識論上，而主張本有觀念說。他的本有觀念論，一方面反對羅克的經驗說，一方面又和那以爲吾人生具有明瞭的知識的笛卡爾及英國本有觀念論者之說不同。他說：單子是沒有窗孔的；是不受相互影響，而爲自發的開展的個體。故一切的觀念，都是由最初就具有於吾人心中的。然而吾人在幼時，並不能意識這等觀念；觀念在生出時，祇是無意識的具有這些觀念，隨着知力的發達，纔漸次表現而爲意識的。所以人心並不是像羅克所說如白紙一樣的，是具有可以啓發一定觀念或原理的特殊之性的。人心表現出來本有的觀念和原理者，乃是依從單子的連續律，所以由於占精神最高地位的理性而認識的原理或概念，也是最初就無意識的含於感官的知覺中很可以說：『感官中所未曾有的東西，知力中也無有。』唯知力自身是依固有之性而開展的，所以不在此限。

倫理說　拉比尼都的倫理說，是基於那所謂單子的連續的自己開展的根本思想的。以爲吾人生而無意識的具有道德的觀念。所謂道德畢竟不外是此無意識的本有觀念現出於意識中罷了。單子依從連續律而表現自己，所以並不是一躍而從最不明瞭的表象達於最明瞭的表象的。故雖在道德上，想從不德的狀態一躍而入於有德的生活，也是不可能的。不外徐徐的循着向上的道路向理想方面進行耳。道德不外是對於理想的向上努力，他把所謂道德進步發達的思想說得最爲明瞭。

單子的表象之最明瞭的，就是理性。故所謂依從理性，就是想從表象不明的狀態移至於表象明瞭的狀態，這是吾人所常想望的。所謂道德的生活，就是依從理性的生活，所謂有德之人，就是理性活動最旺盛的人。故他的道德論終不得不歸到主知說上。

理性是使人明瞭認識神和世界的調和的，所以依從理性的生活，一定就是順應神和世界調和的生活。順應世界調和的生活，就是我的生活，給幸福於他人，即不外親愛他人。那麼依從理性的生活，就是跟隨那對於神和同胞的愛的意識的努力而來的。所謂至善畢竟就是稱此純潔的愛，除愛之外，沒有所謂道德。斯賓挪莎雖也從主知說出發而說愛，但他是只注重親愛神聖。而拉比尼都卻不曾認對於神的愛，和對於同胞的愛有所輕重的。照拉比尼都的見解，各個人都是縮寫宇宙的神的面影之鏡，所以說愛同胞，即是愛神。

拉比尼都的思想，是把種種思想爲巧妙的調和的，所以仔細吟味，在他的學說中，就不得不發見種種的缺陷。尤其是他的神的觀念，可以看作是爲說單子的調和而附加的，所以有許多史家常指摘他顯然有不統一之感的地方，和單子自發的不明的地方。

和拉比尼都同時代的啓蒙哲學者　這一類的哲學者有屠馬休斯(Christian Thomasius, 1655－1728)，則倫侯遵(Graf Walter T'schirnhausen, 1651－1708)，紇林亥謨(Hieronymus Hirnhaym)歇愛夫來爾(Johann Scheffler, +1677)，溥芬道富(Samuel Pufendorf, 1632－1691)等。屠馬休斯是最想把哲學試行通俗的論述的人，他的學說傾於折衷主義。則倫侯遵尊重經驗的事實和數學的知識，而企圖經驗論和純理說的調和。紇林亥謨是以知識的渴望爲可恐的疾病，而主張懷疑說。醫師而兼詩人的歇愛夫來爾提倡一種神秘說。又溥芬道富想把霍布士和格羅丟調和起來，以爲自然法雖然基於神的意志，而認識他的還是理性，他是法理學家，又是歷史家。

第二節　瓦爾夫和其學派

瓦爾夫　把拉比尼都的思想爲系統的論述，而廣爲傳播於學界的，就是他的弟子瓦爾夫(Christian Wolff 1679－1754)。他是德國北勒斯勞人。在愛那和來比錫兩大學修神學，哲學，物理學，歷任來比錫大學和哈列大學教授職。瓦爾夫在德國哲學上的功績，就是開了以德國語論哲學的先例，把哲學作爲系統的敍述。他把吾人的精神作用分爲『知的能力』『意的能力』二種；又把哲學分爲屬於知的能力的理論哲學，和屬於意的能力的實踐哲學二部。又設下論理學作爲入門的準備。更把理論哲學分爲『總論』『各論』二種，把各論分爲宇宙學，心理學，神學。實踐哲學也分爲『總論』『各論』二種，各論更分爲道德學經濟學政治學。他的哲學研究法，特注重以吾人的概念，去推究的分析法，明白主張純理派的特色。瓦爾夫的思想，差不多是拉比尼都哲學的照樣繼承者。不過僅在單子觀念或豫定調和之說上，略改師說罷了。而他在師說上所加的變更，反把拉比尼都的深遠的思想變成淺薄的思想。例如豫定調和之說，瓦爾夫單以此爲限於身心的關係，拉比尼都的思想就被他弄得不成樣子了。

他的哲學的組織井然有條，用任何人都容易入門的研究法而說出所以能成爲一大學派，而一時握了德國思想界的霸權。此學派就稱爲『拉比尼都·瓦爾夫學派』。屬於這學派的學者，有丟遊美(Rudwigphilipp Thümmig, 1697—1728)，畢爾芬格爾 (Georg Bernhard Birfinger, 1693—1750)，美愛爾 (Georg Friedrich Meier, 1718—1777)，波麥迦頓 (Alexander Gottlieb Baumgarten, 1714—1762) 等，其中最有名的就是波麥迦頓。

波麥迦頓把瓦爾夫的所組織的學說更加整頓，在他所定的哲學上用語中，被康德所用，而傳流於後世的很不少。他的學說可以大書特書的，就是他的美學上的意見。瓦爾夫雖設下論理學作爲哲學入門的豫備學科；但波麥迦頓卻在論理學之外，置 Aesthetica (審美學)，以爲論理學是論明瞭的認識，Aesthetica 是論漠然的認識的。所謂漠然的認識，就是認識感官的知覺(卽美)的心的狀態。故 Aesthetica 於此生出美學的意義。他說美的觀念，以爲所謂美，不外是事物的完全之相顯現於五官的情形。將完全之相，拿明瞭的知識了解之，就是眞；用意欲接觸過的，就是善把眞、美、善的區別明白分開。由自然是可想世界中最完全的東西的拉比尼都之說出發，而把自然看作美的最高模範，說藝術的職分，就是自然的模倣。

反對拉比尼都，瓦爾夫學派的，有劉笛格爾(Andreas Rüdiger, 1673－1731)，克魯休斯(Christian August Crusius, 1721－1776)等一些人。

第八章　啓蒙時代的德國哲學

通常稱爲『德國啓蒙時代』就是從拉比尼都至康德的期間的意思。這時代的哲學，可以分爲四種：即(一)拉比尼都時代的啓蒙哲學者，(二)拉比尼都・瓦爾夫學派和其反對者，(三)通俗哲學者，(四)信仰哲學者。嚴格說起來，代表啓蒙思想的，就是通俗哲學者。對於拉比尼都時代的啓蒙哲學者和拉比尼都・瓦爾夫學派，已在前面述過了，所以在此只述其他學者。

通俗哲學者　所謂通俗哲學者，並不是有這樣的學派，乃是使哲學爲平易通俗化，以教導世人的一般人們的名稱。可認爲這類的代表學者，有美特而索(Moses Mendelssohn, 1729－1786)，尼哥勒(Nicolai, 1733－1811)，亞巴忒(Abbt, 1738－1766)，愛伯爾哈德(Eberhard, 1738－1808)，斐德爾(Feder, 1740－1821)，恩格爾(Enger, 1741－1802)，加爾維愛(Garve, 1742－1789)，布拉托奈爾(Platner, 1744－1810)，梅奈爾斯(Meiners, 1740－1810)等，以學說論，似無可特別詳記的。

其他還有以神學家而振起勢力者，就是萊馬爾斯(Reimarus, 1694－1768)。他一方面以瓦爾夫的哲學爲根據，大攻擊無神論；一方面對於天啓的宗教的信仰，又下了毫無顧恤的批評。在帝王之中，也有如弗勒得里大王，在哲學上造詣甚深。大王立腳在瓦爾夫的哲學和羅克，福祿特爾，伯爾等思想調和的見地上；在倫理學方面，又折衷司托亞學派和愛辟克魯斯學派，而特重義務觀念；在政治學方面，卻反對麻克伯利，而排斥君主專權。在認識論上試爲羅克的經驗說和拉比尼都．瓦爾夫學派純理說的調和，而開拓獨得的領域者，有藍謨伯托(Lambert, 1728－1777)。把從來多數學者所採用的精神作用的二分法（知力意志）換而爲『知』『情』『意』的三分法，在心理學上倡一新說的，有泰丁士(Tetens, 1736－1805)。泰丁士的論敵，有羅休士(Lossius)，結合羅克和拉比尼都之說者，有諦德曼(Tiedemann, 1748－1803)。以波麥迦頓說爲根據，進而爲美學上的研究者，有蘇魯在爾(Sulzer, 1720－1779)和毛里子(Moritz, 1757－1793)。教育學者有巴塞杜(Basedow, 1723－1790)，康派(Campe, 1746－1818)，伯斯達羅齊(Pestalozzi, 1745－1827)等。若一一列舉，那就有無限際的學者出來了。茲把他們概括起來，稱爲德國啓蒙時代的通俗哲學者。在此時代，在通俗哲學者中出人頭地的，有列新格(Lessing, 1729－1781)。

列新格　列新格有博學多能的天才。他是詩人，是歷史家，是神學家，是批評家，是哲學家，無論在何方面都可以獨成一家的。尤其是精通美學和神學，他關於詩和彫刻等的意見，雖至今日，還有足觀者不少。他的哲學說想把拉比尼都的個體論和斯賓挪莎的汎神論試行調和，使那久已埋葬的斯賓挪莎復活於思想界的，就是他的功勞。

依他說，神是有生命的最高的統一體。萬物都包在神之中，是神的圓滿相的分支。所以萬物一個個都是神的部分，是有限的神。萬物雖一個個都有生命有靈魂，而本質相等，但是程度不同，隨等級而發達。這是他的意思。

列新格亦受了那爲啓蒙時代的特色的理神論的影響，而以理性的宗教爲理想。但他容納歷史的發達的觀念，以爲理性的宗教是最後纔有的，達到這個極致，須經過種種的階級。在這些階級上的諸宗教，乃是神教育人類的方法。然則天啓決不是無用的，乃是神所行的人類教育法。

信仰哲學者　所謂信仰哲學者，就是反對啓蒙時代的主知的傾向，而是認夏富伯里和盧梭之說，是寧輕知識而重信仰的人們。哈曼(Hamann, 1730—1788)，黑爾德(Herder, 1744—1803)和以反對康德而著名的約可比(Jacobi, 1743—1819)都屬於這一派。黑爾德以拉比尼都哲學爲根柢，而論人類歷史；以爲人類社會不是依契約而成的，也不是由神制定的，乃是依從人類天賦之性而自然成立的。人類的歷史是經過種種階級，而遂成自然的發達的。由那包含於人性中的一切能力十分伸長而得到完全的調和，就是歷史發展的終局。這就是有名的黑爾得歷史哲學的要旨。

德國純理學派(約表)

- 要旨
  - 1. 謀純理學派的實體論和經驗學派的個體論的調和。
  - 2. 謀自然科學的世界觀和宗教的考察的融合。
- 單子：活動力的單元，是非延長的，非物質的，而爲獨立自存的個體。

拉比尼都

- 實體論（單子論）
  - 單子的活動
    1. 自己的開展（表現）…把那具有可能性的東西表現出來。
    2. 不但是在一個狀態上表現全體，並且表現其他一切單子的狀態，故單子就是宇宙的縮圖。
  - 單子的三階級
    1. 裸單子…只有微小表象。
    2. 靈魂…有感覺的意識。
    3. 精神…有自己意識之能和理性。
- 世界觀
  - 豫定調和說
    1. 宇宙萬物是由無限單子而成的。
    2. 單子雖是異其明瞭之度，但內容是同一的，所以於差別中有統一。
    3. 於差別中有統一，是神所附與的預定調和。
  - 最良觀
    1. 現實世界是在神的知力中的可能世界中的最良世界。
    2. 惡是消極的東西，故有惡，並不傷神的全知。
- 人性論
  1. 生物是由靈魂和身體而成的，靈魂是握主權的單子，身體是從屬的單子。
  2. 世界萬物是依豫定調和而決定的，所以吾人的意志是不自由的，然而決定意志的，不是外部的法則，是存於意志的動機，因而意志是不自由，而同時也是自由的。
  3. 生死的否定。

- 認識論
  - 1. 反對羅克的經驗說，而主張本有觀念論。
  - 2. 反對笛卡爾和英國本有觀念論者，而倡特殊性能的本有。
  - 3. 人心不是如羅克所說的白紙，然而也不是把一定的觀念照樣具有的，乃是具有可作爲觀念而發達的特殊性的。
- 倫理說
  - 1. 道德是發達的。
  - 2. 道德的生活，就是依從理性的生活（主知說）。
  - 3. 至善就是純潔的愛，在對於神和同胞的愛以外無德。
- 繼承者
  - 瓦爾夫
    - 1. 雖是差不多照樣繼續師說，然亦少有所更改。
    - 2. 有人非難他改變師說，而使深遠的思想變爲淺薄。
    - 3. 學說有系統而易入，故一時風靡德國的哲學界。
  - 拉比尼都・瓦爾夫學派
    - 丟遊美
    - 畢爾芬格爾
    - 美愛爾
    - 波麥迦頓……美學者
- 反對者
  - 劉笛格爾
  - 克魯休斯

- 德國啓蒙思想
  - 和拉比尼都同時代的啓蒙哲學者
    - 屠馬休斯
    - 則倫侯遵
    - 紇林亥謨
    - 歐愛夫來爾
    - 溥芬道富
  - 拉比尼都·瓦爾夫學派(見前)
  - 通俗哲學者(廣)
    - 通俗哲學者
      - 美特爾索
      - 尼哥勒
    - 神學者……萊馬爾斯
    - 認識論者……藍謨伯托
    - 心理學者
      - 泰丁士
      - 羅休士
    - 美學者
      - 蘇魯在爾
      - 毛里子
    - 巴塞杜

- 教育學者
  - 康派
  - 伯斯達羅齊
- 列新格……與通俗哲學者同時，而出入頭地。
- 信仰哲學者
  - 哈曼
  - 黑爾德
  - 約可比

第九章　康德

啓蒙時代的德國思想界產出了最偉大的哲學家，就是茵馬奴爾・康德(Immanuel Kant, 1724－1804)。康德是近世哲學的泰斗，而其學識的深遠，是古今無比的；自他出現，而近世哲學不但是劃了一個新紀元，並且生於其後的哲學者而不受其影響的，可以說是簡直沒有。

康德生於普魯士的哥寧斯堡，其家本是從蘇格蘭移住的，他的父親，是個馬具匠。他十六歲時，入其地的大學聽哲學，神學，數學，物理學等的課，可是他特別嗜好哲學和數學。二十二歲卒業，由此九年間被聘於二三家庭爲私宅教師；一七五五年被任爲大學講師，在職十五年，講授論理學，純正哲學，物理學，數學，倫理學，人類學，地文學等。四十六歲時，始被擧爲正教授，擔當論理學和純正理學的講座。其後受愛那・愛爾藍根・哈列諸大學招聘，辭而不應，一七九六年爲衰老而去職，一八〇四年以八十歲的高齡而歿。他的性質很是溫厚快活，而規則嚴正，淡於名利之念而富於研究之心。一生中除一度赴但澤(Danzig)以外，其餘未出故鄉一步。著書中最有名的就是『純粹理性批判』(Kritik der reinen Vernunft, 1781)『實踐理性批判』(Kritik der praktischen Vernunft, 1788)『判斷力批判』(Kritik der Urtheilskraft, 1790)這三種書，是指示着康德哲學的根本思想的。就中『純粹理性批判』一書是成於多年的思索，至五十七歲時纔公布的。其他如『布羅來高邁納』(Prolegomena, 1783)『關於計算生活力的意見』(Gedanken von der wahren Schatzung der lebendigen Kräfte, 1746)『關於天體發生的論文』(Allgemeine Naturgeschichte und Theorie des Himmels, 1755)『關於論證神的存在的論文』(Der einzigmoglichen Beweissgrund zu einer Demonstration des Daseins Gottes, 1763)『關於消極量的論文』(Der Versuch, den Begriff der negativen Görssen in die Weltweisheit einzufuhren, 1763)『Träume eines Geistessehers, erläutert durch Träume der Metaphysik』(1766)等。

序說　康德的哲學，以拉比尼都．瓦爾夫學派爲出發點，而進行其思索。他綜合牛頓的自然哲學，羅克的經驗論，夏富伯里的道德哲學，休謨的經驗論的懷疑說，盧梭的自然主義等，凡啓蒙時代所有的思想都兼收並蓄，以建設批判哲學，而在近世史上別開一個新生面。從來的哲學者，無論純理論者，經驗論者，都是確信認識的可能的。只對於認識的起原發生異議，關於達到確實認識的手段發生異說罷了。然康德以爲區別認識的起原和價值，以明認識的性質，必定要一方面用心理學的方法闡明其起原，一方面又用批判的方法以決定其價值。決定認識的價值，並不像從來的哲學者獨斷的確信其可能。究竟可能不可能？若是可能，那就不可不明白果在如何條件或原理之下方纔可能。他對於從來哲學者想念所不及的認識的可能，就先懷着疑念了。認識果然是可能的麼？這就是刺激康德頭腦的第一個大問題。康德所以感觸此大問題，多得自休謨哲學的暗示；他在『布羅來高邁納』序文中曾說：『休謨的教訓，是破我獨斷之夢的』的話。所謂獨斷之夢，就是指經驗論而言的。認識的可能上的必要條件或原理等，就是先於認識卽經驗而存在的先天的要素，所以於這樣先天的要素研究的意味上，他就把自己的立腳地稱爲『先驗哲學』(Transcendentale Philosophie)，又因爲用批評的方法，故又呼爲『批判哲學』(Kritische Philosophie)，以別於從來的獨斷論(Dogmatism)。

一切認識雖都以判斷的形式而表現，但此判斷從主辭和賓辭的關係上，得區別爲『分析的判斷』(Analytisches Urteil)和『綜合的判斷』(Synthetisches Urteil)二種。所謂分析的判斷，就是在主辭之中含着賓辭的；例如說：『一切物體都是延長』，是爲說明判斷；而所謂綜合的判斷，就是賓辭全表現新的意味，例如說：『一切物體都有重量』，這是擴充判斷。延長是物體的本質。所謂物體延長，不過是確言既存的知識罷了。至於重量乃是因物體相互的關係而生，並不是物體自身必然具有的，所以說物體有重量的話，乃是兩個獨立概念的綜合。分析的判斷，是不待經驗而自明的，卽是先天的。綜合的判斷，若不依經驗就分不得眞僞，卽是後天的。兩者相比較，先天的分析的判斷，是有必然的普遍的性質的；後天的綜合的判斷，是有偶然的特殊的性質的。然則，不依經驗而於賓辭附以新的意味的事，是不能的麼？換句話說：就是先天的綜合判斷是不可能的麼？若是這個不可能，那科學就完全不得存在了。怎麼說呢？經驗只是教導各個場合。任憑怎樣重複他，也是不能盡其一切的。所以由經驗而導入普遍的必然的法則的事，是不可能的。科學所求的，就是普遍的必然的法則。沒有先天的判斷，而科學就不得存在。然而即在先天的判斷中，如分析的判斷只將含於主辭的概念在賓辭中確實言出這種說明判斷，不得把新的意味附加於賓辭，所以科學所求的普遍的必然的法則，不依先天的綜合的判斷就不易成立。康德把超越經驗的東西稱爲『阿・普里奧里』(a priori)；把由經驗而來的東西稱爲『阿・泡斯太里奧里』(a posteriori)。『阿・普里奧里』的綜合的判斷，果然是可能的麼？這是康德批判哲學的根本問題。他從知・情・意的各方面來研究這根本問題。因爲他是已依從如泰丁士等那樣的當時心理學者之說，而承認精神現象的三方法。關於『阿・普里奧里』的綜合的判斷的知的方面的研究，爲『純粹理性批判』；意的方面的研究爲『實踐理性批判』；情的方面的研究，爲『判斷力批判』。『純粹理性批判』就是認識論『實踐理性批判』，就是倫理學『判斷力批判』，就是美學。康德的哲學體系可以從此三批判窺察出來。

認識論（純粹理性批判）　康德把吾人的知性名爲『純粹理性』，認純粹理性有（一）直觀（Anschauung），（二）悟性（Verstand）（三）理性（Vernunft）三階級。以爲直觀是綜合那感覺所供的材料，悟性是綜合直觀而作經驗，理性是綜合經驗的判斷而作形而上學的認識。高的知性的作用，是包含着低的知性的作用的。康德認數學爲直觀之學，認自然科學爲悟性之學，認形而上學爲理性之學；所以先天的綜合判斷是否可能的問題，就歸着於（一）純粹數學是可能的麼？（二）純粹自然科學是可能的麼？（三）形而上學是可能的麼的三問題了。他在『純粹理性批判』中的『先驗的感覺論』(Die Transcendentale Aesthetik) 上討論第一問題，在『先驗的分析論』(Die Trans. Analytik) 上討論第二問題，在『先驗的辯證論』(Die Trans. Dialektik) 上討論第三問題。後二部合稱爲『先驗的論理學』(Die Trans. Logik)。茲把『純粹理性批判』的體系示如左表：

- 純粹理性批判
  - 先驗的原理論
    - 先驗的感覺論…(如何而純粹數學是可能的呢？)
    - 先驗的論理學
      - 先驗的分析論…(如何而純粹科學是可能的呢？)
      - 先驗的辯證論…(如何而形而上學是可能的呢？)
  - 先驗的方法論

先驗的感覺論（如何而純粹數學是可能的呢？） 欲知先驗的感覺論，先有把感覺·感性·直觀等術語的意義弄明瞭的必要。依康德說，『凡對於對象的直接關係的認識作用，名爲「直觀」，而由那受對象感觸而得到表象的能力，叫作「感性」。依此感性，而對象就給與我等而生直觀。當我等從對象受感觸的時候，那對象對於表象能力的結果，就叫作「感覺」。』這等術語，不外是把同一的心的作用從種種方面命名。所謂先驗的感覺，就是在感覺當中不依經驗的東西，即謂爲經驗的基礎的東西。所謂『純粹直觀』(Reine Anschanung)，所謂『直觀形式』(Anschaungsform)，都是同一東西。

所謂不依經驗而成爲經驗基礎的先驗的感覺，即純粹直觀果然是存在的麼？康德卻肯定其存在。以爲吾人知覺事物，必定該事物在一定場所一定時間存在的。此時間和空間，就是雖爲事物知覺的必不可缺的形式，但不是由經驗而生的概念是當我等經驗之際，必然存在的制約。卽是『阿・普里奧里』的直觀形式，卽是純粹直觀。然而謂時間和空間是『阿・普里奧里』的直觀，並不是說我等生而具有的直觀，乃是說那在我等直觀對象時，必不可不從的法則。也就是說那知覺的內容卽千差萬別，然卻不能不依此形式，以受領其內容排列其內容的制約。

數學是直觀之學。數學的概念和公理的根柢，並非是純論理的過程，乃是直觀的活動。休謨以數學的命題爲論理的分析的產物，像這樣思惟，是很謬的見解。例如就那所謂『直線是二點間的最短距離』的幾何命題而言，所謂直線的概念，雖任何分析，也不能發見最短距離。唯在二點間引直線，直觀那比此再短的距離不存在，而始得理解其命題的眞義。又所謂『五與七之和爲十二』的數學命題，也不是表示分析主語概念的結果的。是將點等直觀的計算的結果。然則，如此命題的所以精確者爲什麼呢？這並不是從各個經驗或經驗的總和而來的，是由直觀的活動的必然性和普遍妥當性而來的。在直觀的最必然的而富於普遍妥當性的，就是『阿・普里奧里』的直觀，卽時間和空間的形式。數學就是以此『阿・普里奧里』的直觀爲構成的要素的，這就是數學的命題所以被認爲最必然的・普遍妥當的。

數學上的命題是有客觀性的，是絕對的確實的。然而所謂客觀性，和從來在形而上學上的客觀性，是完全異其意味的。不外是在我等的主觀上有實在的意義的意思。換句話說：不過是有經驗的實在性罷了。和離卻我等的主觀的絕對的實在，卽物自身(Ding-an-sich)是完全相異的。要之，數學的絕對的確實性，限於我等的主觀的範圍，故所謂客觀性，畢竟也等於所謂普遍的・必然的主觀性，單在現象的方面，承認認識的可能，把物自身作爲繫識範圍以外，這是康德的立腳點最明瞭的地方。

先驗的分析論（如何而純粹科學是可能的呢？） 時間和空間，雖是確實那數學的綜合判斷的根據的，但只有時間和空間也不能使數學成立。怎麼說呢？以數學爲始，一切的知識都以判斷的形式而表現。判斷乃是思惟的作用，是論理的認識。因爲單依直觀而構成判斷的事，是不可能的。

那麼，思惟的作用（卽悟性）有怎樣『阿·普里奥里』的形式存在呢？康德把此悟性的先天的形式稱爲『純粹悟性概念』(Die reine Verstandesbegriffe)，或『範疇』(Kategorien)依形式論理學的判斷表，而表出如次的十二範疇。

	〔判斷〕		〔範疇〕
分量	全稱的	凡甲皆是乙	全體性
	特稱的	某甲是乙	雜多性
	單稱的	此甲是乙	單一性
性質	肯定的	甲是乙	實在性
	否定的	甲不是乙	絕無性
	無限的	甲是非甲	制限性
	斷言的	甲是乙	實體性

關係 { 假言的　丙若是丁，那麼甲就是乙……………因果性
　　　 選言的　甲是乙呢？是丙呢？……………相互性

模樣 { 蓋然的　甲是乙罷……………………………可能性
　　　 正然的　甲是乙………………………………現實性
　　　 成然的　甲必不可不是乙……………………必然性

以上十二範疇中，康德以眞範疇看待的，只有關係的範疇。他所特別注重的，是因果的範疇。他因休謨的刺激，最初注目在這個範疇，漸次進行思索而得十二範疇，把他做成有系統的組織。其後叔本華排斥這些範疇，單單保存着因果的範疇。十二範疇一個個別爲三項，最初二項示着互相反對的性質，最後一目，呈有總合最初二項之觀。到了赫格爾，遂成系統的發展，而爲辯證法之因。

康德所謂範疇，就是思惟的先天的形式，就是確實那悟性的認識的先天的要素，就是完全超越經驗的純粹的概念。範疇在概念的一點上，是和時間及空間相異的，是沒有如時間和空間的直觀的。悟性是用以思惟對象的『阿·普里奧里』的形式。

爲悟性的先天的形式的範疇，有客觀的妥當性的理由，是怎麼樣呢？這問題的解答，就是康德八年間苦心思索的成果。康德在純粹悟性的先驗的演繹章中討論到此。他的要旨，是說：我等所謂對象，所謂自然，以爲是無關係於主觀的實在，然而實是依主觀而成立的。換句話說，客觀世界，是依悟性的先天的形式（卽範疇）的制約而成立

的。範疇有客觀的普遍妥當性，是當然的。由時間和空間的形式，而直觀所與的表象，是雜多而不統一的。若沒有與此表象以統一的東西那麽有聯絡有秩序的自然界的認識，就是不可能的。與統一於直觀的，不外是悟性。所謂火生熱的客觀的事實，並不單是依赤色和熱的表象而成的。依因果的概念而統一，然後纔得為有秩序的事實。不依悟性的先天的形式（即範疇），而客觀世界就不得成立。所以自然是純粹思惟的所產。是悟性依自己的法則所創造的。若以為範疇有客觀的妥當性，那麽把範疇由概念之形式改變為關於自然界命題之形式的自然科學，是客觀的真理，就不用說了。

因為悟性給與直觀以統一，而有秩序的自然界的認識纔可能，但悟性如何而得和直觀相結合？換句話說：就是範疇如何而得和認識的內容相結合呢？康德以範疇圖式論回答之。所謂圖式論，就是論說悟性形式所可入的直觀形式。直觀形式中能够直觀的構成悟性者，就是時間。時間是屬於直觀形式的，不但關於一切直觀，並且在先天點上，是和悟性形式相同的。在直觀和悟性中間由直觀所供給的材料，作成該當於概念的像的，就是想像力。在這想像力以範疇為時間的決定使他為具體化的時候，範疇和直觀就聯絡而成經驗的法則。即所謂範疇的圖式，就是在時間形式之語上嵌以範疇的。康德所示的圖形列如左：

時間系列 (Zweitrehe)……………………分量

時間內容 (Zweitinhalt)……………………性質

時間順序 (Zweitordnung)…………………關係

時間總括 (Zweitinbegriff)……………………模樣

依圖式表示範疇是能和直觀相結合的，因而知關於經驗世界的事實下先天的綜合判斷是可能的。此後康德就論到自然科學的根本原理。他舉為自然科學的根本原理是(一)直觀的公理(Axiome der Anschauung)，(二)知覺的豫料(Antizipation der Wahrnehmung)，(三)經驗的類推(Analogien der Erfahrung)(四)經驗的思惟一般的公準(Postulate der empirischen Denkensuberhaupt)四類。這四個原理依從於範疇的四綱。即第一、直觀的公理，是量的原理。吾人的直觀，是一切都有延長的。第二、知覺的豫料，是質的原理。在所有現象的感覺的對象，是有所謂強度，即程度上之差的。第三、經驗的類推，是關係的原理。經驗只是依所謂知覺必然的結合的觀念而可能的。他更於此原理中，承認下列的幾種原理：即(一)在現象變化之際而實體和分量，是恆常不變而無增減的恆常原理；(二)所有變化，都是從因果法則而起的繼續原理；(三)一切實體在併存的限內，站在相制作用之下的併存原理。第四、經驗的思惟的公準，是模樣的原理。他所舉為公準的，是(一)經驗的形式的條件，即直觀及悟性相一致者，是可能的；(二)經驗的實質的條件，即和感覺相一致者，是實存的；(三)依經驗的一般的條件，和實在相結合者，是必然的。

康德依先驗的分析論而到達的結果，就是所謂悟性即自然的立法者。所謂自然，就是依從悟性的法則把所與的感覺排列起來的現象。故自然不外是主觀的產物。那麼與吾人以感覺的，是什麼呢？就是物之自身。物自身就是感覺之源。是使現象發生的東西，而並不是現象，故不得為認識的對象。就是說範疇有客觀的妥當性，也祇以在現象的範圍內爲限。對於非現象的實在，是沒有何等權利的。純粹自然科學是客觀的眞理的話，也不用說，是自有制限的了。

先驗的辯證論（形而上學是果然可能的麽？） 在先驗的感覺論和先驗的分析論，把認識的對象單限於經驗的事實（卽現象），否定超越現象而爲現象之源的實體（卽物自身）的認識。承認關於現象的數學和自然科學的可能的康德，在先驗的辯證論上說超經驗的世界的形而上學的不可能，就把從來哲學者所陷入的迷妄一齊打破了。

吾人不是只依範疇以統一知覺，而獲得經驗的認識的，更要依理性所與的原理而統一經驗。康德把這理性的原理名爲『伊代』（Idee）卽『觀念』。就是從柏拉圖的『伊代亞』採取來的名稱。『伊代』雖也像範疇，是先天的概念，但他和範疇相異之點：第一、是沒有如範疇那樣對應於此的對象；第二、範疇是與法則於直觀的構成的原理，而此爲統一悟性認識的整理的原理。由判斷的形式引出範疇的康德，又由推論的形式引出『伊代』了。因爲悟性是判斷的力，理性是推論的力。作爲對應於推論的三式，卽『定言的推論』，『約結的推論』，『離接的推論』。舉出『靈魂』（Seele）『世界』（Welt）『神』（Gottheit）之三種，而爲形而上學三分科的『合理的心理論』，『合理的宇宙論』，『合理的神學論』，可與這三種『伊代』相當。

伊代是超經驗的統制原理，是吾人的理性，作爲究竟的目的，所揭出的無制約者。認識畢竟不外是發見存於此現象界的普遍的必然的聯絡罷了。然而現象界的萬物，是受相互的制約，而連屬於無窮的，所以要理解其一，就要理解其二，也就不得不理解其三。遂至於不知其所終局，因而達認識的目的的事，也就不可能了。我等的理性爲得到最後的滿足而設的，就是伊代。伊代是認識的目的。形而上學把這爲認識的目的的伊代誤認爲認識的對象。故康德對於形而上學的三分科加以激烈的批評。

在合理的心理論中，雖承認那稱爲靈魂的實體之存在，作爲吾人精神作用的統一者；但把他當作統一吾人精神的實體，不外因他在吾人意識上有統一作用。故在意識以外，是沒有什麽精神作用的統一者的。依合理的心理論，我等的判斷，都是跟隨着『我思』的自己意識而來的。故判斷的主體就是我；我就是所謂『思』的狀態的實體。然而『我思』之『我』乃是認識的主體，並不包含實體的意義。從這爲認識主體的『我』，一直論證那爲實體的『我』，乃是論理上的誤謬。即是把判斷的主體，混同於狀態的主體，而以同一名詞，表示完全異其意義概念。合理的心理學的諸說，都是基於此謬論的；而康德對於當時的形而上學者認爲不滅的眞理的靈魂不滅論，也下攻擊。雖然他並不是否定靈魂不滅，因爲靈魂不是認識的對象，所以就把那在知識範圍內論結他的謬誤喝破了。

合理的宇宙論，雖以宇宙的全體爲對象，而想認識於先天的東西；但世界全體，不表現於吾人的直觀，因爲缺乏經驗的條件，所以不得爲認識的對象。若依這樣的見解立言，那麽就有種種矛盾反對的命題成立於同時。康德把這完全矛盾的判斷的肯定，名爲『安提撓密』(Antinomie)；從範疇的種類，而舉出四種『安提撓密』。

〔定立〕

第一　世界在時間和空間上爲有限的。

〔反定立〕

世界在時間和空間上爲無限的。

第二　世界是單純的部分的集合。　世界不是單純的東西。
第三　世界有不依因果律而支配的無限約的原因。　世界是依一切因果的理法而生起的。
第四　世界有絕對的必然的東西，卽是神。　世界是沒有絕對的必然的東西的。

康德的『安提撓密』，就是表示在古代哲學史上互相反對的二大思潮。卽定立是代表唯心論的傾向，反定立是代表唯物論的傾向的。就所以生出這樣邏輯上互相矛盾的定立和反定立的理由而言，康德以爲這是基於拿完全在經驗的範圍以外的世界全體爲認識對象的虛僞的前提。然康德適用這個解決者只是第一和第二的『安提撓密』而對於第三和第四的『安提撓密』，就取稍稍不同的態度。卽就此二『安提撓密』而言，定立和反定立是得同時爲眞的。若認定立在物自身的世界，反定立在現象的世界，那麼定立和反定立，是得兩立的。換句話說，在物自身的世界，定立是正的，在現象的世界，反定立是正的。

關於合理的神學的康德的批評，是最有名的。關於從來所行的關於神的存在的三個證明，卽(一)實體論的證明，(二)宇宙論的證明，(三)物理學的證明，對之而試下嚴密的批評，他說一個個都是終於失敗的。

第一實體論的證明，就是分析至高實在的概念而論證其存在的。因爲神是至高的實在，所以不能不完全具有一切屬性。因而不得不把那爲屬性之一的實在性當然具有了。但存在並不是概念的屬性，所以就是分析概念也不能分出來的。實際的百金和想像的百金，作爲概念都是同樣的。單依所謂存在的屬性的有無而相異。這就是康德對於實體論的證明的攻擊。

第二宇宙論的證明，就是由偶然的個物的存在，論證必然的神的存在的。世界的個物，一個個都是偶然的存在，而受着其他所制約的。無論什麼個物，都不能以為他自身是存在的。其存在的原因必存於其他事物。若次第循其原因而行，一定可以達到最後的原因。此最後原因比較什麼都不受制約，乃是自有原因的必然的存在（卽神）。雖然這論證不但是在把現象界的有效驗的因果範疇適用於超經驗的世界之點有誤謬，而在所謂因為世界的究竟原因，在論理上不能不存在，所以實在之點，不能說不是已經假定實體論的證明了。實體論的證明，既然不能成立，那麼這種證明也就不得成立。這就是康德對於宇宙論的證明的批評。

第三物理學的證明，也可以說是目的論的證明。因為世界有統一，有秩序，有調和，而適合乎目的，所以在此世界必不能不有具着睿智的創造者。所謂神，卽不外是其創造者的話，就是他的論證大旨。可是這論證雖能證明有附形相於世界者的存在，並不能證明創造世界的資料者的存在。加之這是由結果的偶然而及於原因的必然者，所以不外是宇宙論的證明的假裝。這就是康德批評的要旨。

他這樣對於形而上學的三分科盡行否定其學問的性質，以認識的對象為只限於現象界，把超越經驗的物的世界放在認識的範圍以外。這是康德的認識論當然有的結論。

康德的認識論，得約說為二點：卽是眞的認識一定是『阿·普里奧里』，而為認識對象的現象界，乃是主觀之所產的。所以他的認識論，是純理說，是唯象論（認識論上的唯心論）。他雖是把認識可能的範圍限定於現象界；但還承認超越經驗的物的世界是儼然存在的。此物的世界為道德的舞臺，幷承認自由不滅和神。這樣一來，康德的哲學就打破當時的淺薄的唯物論，無神論，而使道德宗教的根柢安全。

倫理學說（實踐理性批判） 康德在『實踐理性批判』之中，敘述倫理學說。康德之所謂實踐理性，就是和純粹理性同一的理性表現於意志方面的東西。即同一理性活動於思惟方面的，爲純粹理性；活動於意志方面的，爲實踐理性。實踐理性是在人心中占最上位置的，所謂道德，是依從實踐理性所示的法則。這就是康德的倫理學說的大綱。超越經驗的物在純粹理性上，全是不可知的東西。但對於實踐理性，卻是不可疑的實在。這實在世界，即可想界（intelligible welt），乃道德的舞臺。他在認識論上，將那閉塞的實在世界爲道德而放開。

道德律（無上命法） 依康德說：所謂道德，就是依從實踐理性所命的法則（即道德律）。然則這實踐理性所命的道德律，有如何的特色呢？康德第一把這個和自然律分開，以爲自然律是以必然（Müssen）之形而表現的；而道德律卻是以當爲（sollen）之形而表現的。其次康德又把道德律和他律的法則分開，以爲這是意志自己給與自己的自律的法則。這自律的法則，不但是主觀的妥當，並且有客觀的普遍性。而把這個由自己的主觀是認時，叫做『格率』（maxime）；在多數客觀的是認他時，則名爲普遍律或命法（imperative）。其次康德把道德律和那祇在某條件下纔有效的假言的命法（hypothetische imperative）相區別，以爲這是不受何等條件拘束的無上命法（kategorische imperative）。道德律就是無上命法。不拘其目的或其結果如何，總是道德律所以是應當遵守的東西。道德律是由超越因果的觀念的實體界而來的。這就是道德律所以爲無上命法了。

善惡的區別是依道德律而生的。從道德律之所命（即本務）就是善，反於此就是惡。道德律乃是不爲其他條件而受制約的無上命法。並不是像那想得到幸福或快樂纔盡本務的假言的命法。因而幸福或快樂和善，是完全異其性質的幸福·快樂，是爲某種目的而相對的存在的，至於善，是不拘泥於目的結果而絕對存在的，彼的自身就是目的。由於幸福·快樂等別的動機的行爲，並不是善。所謂善，就是尊敬那實踐理性所示的無上命法，而拒絕那爲利己的動機而動的意欲的要求，行那爲本務的本務。絕對的善只有善意。除外善意，是思惟不出絕對的善的。任怎樣的東西若不基於善意，是不得稱爲善的。

康德的道德律無論在主觀的，客觀的，都是有妥當性的自律的法則。他把這個以『汝的行爲的格率，須如同時爲萬人行爲的普遍的法則的那樣行去』的公式表出來。人都是自律的依從此道德的，所以人格是和所有事物相異，他自有價值，難以其他事物兌換的。所以康德更與以第二公式說：『於汝自身也罷，於他人也罷，須把人當作目的待遇，勿把人當作方法看待』。以爲這公式是可從前面的公式必然的演繹出來的。社會是由有實踐理性而自有價値的人格所結合而成的團體。康德把這社會觀念引來而與道德律以第三公式。第三公式就是說：『爲依有人格者所成的團體的一員者須照着使其團體成立的樣子行去』。這第三公式，是從第一和第二公式自然生出的東西。

道德的三公準　道德律是實踐理性自律的所與的法則，所以道德律就是以意志自由爲前提的。在意志自由所不存在的地方道德律也是難以成立的。現象界的萬物，是完全依因果的關係被支配於必然的法則，沒有何等自由的；所以自由是不存在於現象界的，僅在物自身的世界卽可想界中方可承認道德律的可能，是以意志自由爲前提的意志自由就是吾人不單是被現象界的必然的·機械的法則的支配的，是說在可想界中是實在的。所以吾人在現象界不自由的我以外卽經驗的性格(empirischer charakter)以外，不得不相信還有在可想界中的本體我存在，卽可想的性格(intellgibler charakter)的存在。純粹理性不過是有現象界的認識能力，在可想界的自由，是唯有這實踐理性熟知之。實踐理性是在純粹理性之上的東西。

實踐理性所要求的至高善(卽完全的德)的實現，若不以靈魂不滅和神的存在爲前提，那就是屬於不可能的。康德以爲服從道德律爲本務而行本務乃是善。至如幸福，雖是不當顧慮，但在最高善的概念中也包含着幸福，完全的善和適應於此的幸福相一致，就可稱爲最高善(bonum supremum)。德在終極之點，是和福一致的東西。然而在現世到底不能達到此至高善。因爲我等有理性，同時又有感性；這個感性是妨礙我等的意志的至高善的實現，是要無量的精進的，故靈魂不能不是永遠存續的。加之，在現世中，如惡人榮昌善人終於不遇的例子，是不少的。德和福的一致，須有全知全能的神的存在，以懲惡而與善以最後的勝利，始能實現。

道德的神學 這樣一來，康德就把從前在形而上學上所否定的神又復活起來，使爲道德上的公準。所謂靈魂不滅，所謂神之存在，卻決不是認識上的問題。我等不能認識神，也一點不能知道神，然而卻不能不相信神的存在。若是否定神，那最高的善和至上的目的，也都完全是幻妄，這是我等所不能堪的。我等是從道德上的要求而信神，信永遠，信自由的。神學若是可能，那就祇有道德的神學。

康德把道德看作宗教的基礎，卽在這個立腳點上批評歷史的宗教。像那無緣於基督教的道德之歷史的制度的要素，並不是屬於宗教本質的；眞的教會，是在神的道德律之下，相親相愛的目所不見的道德的團體。

康德的倫理學說，是以服從實踐理性所命，及爲本務而行本務爲道德的；因爲沒有示出道德的內容，所以就被稱爲嚴肅主義或形式說。他的倫理說，是全然排斥感性，而傾向於嚴肅主義的，以爲只在主觀的端正吾人的意志上有效，而並沒把客觀的內容闡明，在這幾點上，雖當說是短處；但反對當時的主知的傾向而主張主意說，排斥卑俗的感覺說幸福說，而使知本務的尊嚴，說自由主義以高其人格的權威，這些地方，又是他最偉大的功績。

美學說（判斷力批判）　在純粹理性批判和實踐理性批判中把現象和物自身，經驗界和可想界，必然和自由，嚴爲區別的康德，在『判斷力批判』中，又求那暗示這兩者可合一的事實於自然界。於玆發見的，就是藝術和有機體，換句話說，就是美和生物。

照康德說，所謂美，是對象的形式，在喚起吾人認識能力的調和的活動時，依其調和而生的無關心的快感(uninteressierten wohlgefallen)。美是對象的形式，對於主觀的關係而生的。對象的實質如何，是無關係的。美是無關心的快感，是離卻一切欲求而歡欣吾等的。所以美是形式的主觀的，無企圖的合目的性。美的對象，是從其自身的法則，必然的活動，而與快感於吾人之精神的。美的對象，是必然和自由相結合的。

有如生物的有機體，也是有合目的性的。吾人的悟性，雖是想把自然物爲機械的理解；但生物是難像其他自然物爲機械的說明的。生物是不能作爲部分的機械的集合，而得理會其全體的。寧可看作部分是依全體的觀念而規定的，把全體當作部分的目的觀察。就在生物，也是機械論和目的論，自由和必然，相並立的。

康德(約表)

- 要旨
  - 1. 以拉比尼都，瓦爾夫學派為出發點，而加以思索，綜合種種思想，建設批判哲學。
  - 2. 由認識果然是可能與否的問題而出發。
  - 3. 把『阿·普里奧里』(先天的)的綜合的判斷可能與否，從知、情、意三方面去研究。
    - 知‖純粹理性批判(認識論)
    - 意‖實踐理性批判(倫理學)
    - 情‖判斷力批判(美學)
- 認識論
  - 要旨
    - 純理說……真的認識，不可不是阿·普里奧里。
    - 唯象論……認識對象的現象界，是主觀的所產。
  - 主因
    - 物自身(事物的本質)……超越認識而為認識之源。
    - 現象(物自身表現於吾人的形姿)……是認識的對象。
  - 要素
    - 直觀……通五官而來的外界刺激。
    - 範疇……聚收外界刺激的心的活動……分為十二種。
  - 純粹理性批判的三問題
    - 先驗的感覺論……純粹數學的可能。
    - 先驗的分析論……純粹自然科學的可能。
    - 先驗的辯證論……形而上學的不可能。

康德倫理學

- 要旨
  - 形式說……不示客觀的道德的內容。
  - 嚴肅主義……以服從道德律卽把爲本務而行本務的事當作道德。
- 道德律
  - 1. 意義……實踐理性所命的法則，卽爲道德律。
  - 2. 特色
    - 1. 以當爲之形而表示。
    - 2. 意志就是自己給與自己的自律的法則。
    - 3. 不拘泥何等條件的無上命法。
  - 3. 善
    - 1. 所謂善就是依從道德律所命（卽本務）。
    - 2. 善是不拘泥於目的結果，絕對的存在，他自身就是目的。
    - 3. 絕對的善只有善意。
  - 4. 三公式
    - 1. 汝的格率，如同成爲普遍律的那樣行去。
    - 2. 在汝自身也罷，在他人也罷，須以目的看待。
    - 3. 爲有人格者團體的一員者須照着成立其團體的樣子行去。
- 道德的三公準
  - 1. 是說道德成立的必要前提。
  - 2. 三公準
    - 自由。
    - 不滅。
    - 神。

道德的神學
1. 對於神一點無所知，然不是不相信神的存在。
2. 若神學而為可能，那只有道德的神學。

美學
1. 美是由對象的形式生出的無關心的快感。
2. 美是形式的・主觀的・無企圖的合目的性。
3. 所以在美的對象上，現象和物自身，必然和自由的合一，是被暗示着的(生物也有合目的性。)

第十章　康德以後的德國哲學

康德的批判哲學，聳動當時的學界，他的名聲亦赫赫聞於四方，負笈於哥寧斯堡者，也很多。反對他的學說者，繼承他的學說而使其發展者，對於贊同者的反對，對於反對者的駁擊，在議論上生議論，在異說上生異說，不到四十年，德國的哲學界，就可與希臘比美，而入於極盛的時代。

康德學說的反對者　對於康德哲學，而由拉比尼都・瓦爾夫學派的立脚點上放攻擊之矢者，就是愛伯爾哈德(Eberhard, 1738－1809)。他為攻擊康德的哲學，而創辦雜誌，由經驗論的立脚點而試為反駁者，有塞勒(G. Selle, 1748－1800)，威士侯布托(Weishaupt, 1748－1830)，笛泰爾(Tittel, 1739－1816)，笛德曼(Tiedemann)等。前邊列入信仰哲學者的哈曼侯爾德約可比，列入通俗哲學者的美特爾索尼哥勒等，也是康德哲學的反對者。在他們之中，最著名的，就是約可比。

約可比因爲康德移那只可適用於現象的因果範疇，以認物自身的存在，而以之爲感覺的原因，因此便非難他不合理。縱令把這個不合理看過去，然而因在現象範圍以外不容許數的適用，所以物自身是單一的呢？還是雜多的呢？是不明白的。再若使康德的認識論爲合理的徹底，那就可歸於純粹的唯心論。認識物自身的只有信仰，康德的哲學沒有說到此點，乃是很大的缺陷。

康德哲學的繼承者　繼承康德學說者，稱爲康德學派。在康德以後的哲學者，而不受康德的影響的，差不多沒有；所以康德學派的範圍，是極廣的。廣義的康德學派，通常可分爲二種：其一是康德的祖述者，這個是狹義的康德學派。其二是把非康德的要素混合於康德哲學之中，而使彼發展的，這可稱作半康德學派。至晚近雖尙有所謂新康德學派發生，但當在後面再述。如這康德學派和半康德學派的區別，很沒有十分嚴密的意義。

關於康德的直觀形式的創見，最先注意的，就是泰丁士和赫爾茲。其後美特爾索和加爾維愛等，也對着康德的學說試其批評，但還沒有十分理解康德的價值。介紹和批評康德的著書，而盡力於其學說的普及的，有休爾在(Johann Schulze, 1761－1833)，雷因霍爾德 (Karl Leonald Reinhold, 1758－1823)，秀米德 (Ch. E. Schmid, 1761－1812)，馬易門 (Salomon Maimon, 1757－1800)，伯克 (Jak Sigism, Beck, 1761－1842)等。在嚴密的意味上，可稱爲康德學派的，就是指着這些人們。發展康德哲學的最初之偉大思想家，就是非希的。

康德在批判哲學中，使(一)感性和悟性，(二)純粹理性和實踐理性，(三)可想界和經驗界(物自身和現象)等二元互相對立。他雖假定在根柢上是有相一致的東西，但終於沒有發見其統一的原理，而把這個爲一元的說明。繼承康德哲學的許多學者第一先注目的就在這康德所殘餘未解決的一點統一原理稱那以發見此統一原理爲己任者，爲『同一哲學者』(identitats philosophie)。這就不能不數非希的，西爾來爾，休勒格爾，休雷爾馬赫，謝林格，赫格爾，叔本華等爲其代表者了。非希的求純粹理性和實踐理性的統一原理而倡倫理的唯心論；西爾來爾試爲感性和道德的調和而倡倫理的，美的唯心論；休勒格爾於美學上倡主觀的，美的唯心論；休雷爾馬赫於宗教上倡美的，宗教的唯心論；謝林格和赫格爾求可想界和經驗界自由和必然等的統一原理；前者倡物理的，美的唯心論，後者倡論理的唯心論。這些學說，一個個都是倡合理的唯心論的，至於叔本華和赫脫曼卻倡主意的唯心論。同一哲學者雖在其立脚點上有種種的相異，但在歸到唯心論的一點上，卻是個個相等的。

反對同一哲學者，超越的求統一的原理而以意識的統一爲可以經驗的認識的事實，想依事實的分析以解決康德所提出的問題的就是非里斯和比尼克等的心理學派。又海爾巴脫專心埋頭於本體論的研究，這些心理學派和實在論派，從反對同一哲學一點上說，總稱爲『非同一哲學』者。茲列表於左：（這種分類依據北澤定吉氏所著『哲學史綱』的爲多。）

合理的唯心論派
- 非希的……倫理的唯心論，主觀的唯心論。
- 西爾來爾……倫理的・美的唯心論。
- 休勒格爾……主觀的・美的唯心論。
- 謝林格……物理的・美的唯心論，客觀的唯心論。

康德哲學繼承者
- 同一哲學者
  - 休雷爾馬赫……美的・宗教的唯心論。
  - 赫格爾……論理的唯心論。
  - 非理的唯心論派
    - 叔本華
    - 赫脫曼
- 非同一哲學者
  - 實在論派……海爾巴脫
  - 心理學派
    - 非里斯
    - 比尼克

第一節　唯心論派

一　非希的

同一哲學的名稱，是起於非希的的。非希的(Johann Gottlied Fichte, 1762—1814)生於奧伯爾魯濟茲的廊曼塢。他的家境很貧寒，但受助於米魯提治侯，而在愛那和來比錫大學學神學。他讀康德的書，大爲敬服，因草『默示的批判』作爲介紹書，以會晤康德。康德見之，大爲驚異。依其斡旋於翌年以無名出版，世人都以爲這是康德的著作，名聲忽然喧傳於四方。他在愛那，愛爾藍根，柏林諸大學教授哲學，年五十二歲而歿。以『知識學原理』(Grundlage der gesammten Wissenschaftslehre, 1794)，『倫理學體系』(System der Sittenlehre nach principian der Wissenschaftslehre, 1798)，『權利哲學』(Recht philosophie, 1796)等爲始，而公刊了很多的著述。一八〇七年法軍侵入柏林時，為愛國的熱情不易緘默，實行『告德意志國民』的大演說，是很有名的逸話。

哲學說　非希的的哲學，是使康德哲學的二元歸着於絕對我（純我）的一元。他以為我等所稱為外物的，畢竟也不過是我的表象罷了。康德所謂範疇，也不外是我的活動。所稱為物自身的，也是屬於我的思想。直觀，思惟，意志，離卻我都是不能獨立存在的，皆是我的作用，是以我為中心而由我演繹一切的。這就是他的學說的要旨。他稱自己的哲學為『知識學』（Wissenschaftslehre）。他所謂我，並不是個人我，是絕對我，即純我。純我的特色，就是無限的活動。依這無限活動，而非我（即是一切萬有）以生；對於非我，而個人我就被限定了。我產出非我，若限定非我和我，那麼兩者便相互制約了。依非我之制約我的事，而認識生；依我之制約非我的事，而實踐生。總而言之，非我和個人我，都不外同是絕對我的所產的罷了。這樣一來，就否定康德的物自身的存在，而樹立那總括一切於自我的原理的哲學體系。這就是他的哲學說所以被稱為主觀的唯心論或絕對的唯心論的原因。

然則絕對我又何故產出非我呢？依此解答，而他的哲學，以道德為根底的事，就很明白了。所以與他的學說以倫理的唯心論的名稱，就在這個地方。

倫理說　照他說，絕對我而生非我，為的是使道德的活動實現道德的活動，是努力向上的，是打勝障害而前進的。所以道德的活動一定不能不有妨害我者。這就是絕對我所以生非我的原因。非我是對於我的東西，對的東西，就是反對的東西，有所反對，就有活動；有所活動，就有勝利。如此而道德的活動就漸次實現了。非我就是自然界，就是一切萬物故謂非我是爲道德的活動而存在，就和謂世界萬物都是爲道德的方便而生的相等。把實踐理性（即道德的意志）放在認識能力的上位的康德之說，至非希的，就以道德的意志爲世界根本原理的倫理的理想主義。

把努力向上看作道德的活動的非希的，就以『請活動喲』一語爲本務的一般形式。依他說，活動就是道德，不活動就是罪惡。活動的結果雖生出快樂但活動的目的，並不是快樂。以欲活動和自由的道德的本能（即純粹衝動）而支配那希望靜止和快樂的感覺的衝動，就是道德律的要求單依從自己的良心爲活動而活動，那就好了。康德的嚴肅主義的形跡，猶殘留於此。依『勿違反良心而活動』之形，以示他的道德律。

非希的又把道德分爲(一)本能的活動，(二)快樂主義的道德，(三)專制主義的道德，(四)眞道德四級。所謂眞道德，就是認自己的自由同時又認他人自由而爲本務而盡本務的活動。非希的又把本務分爲(一)有限一般的本務(二)無限一般的本務(三)有限特殊的本務(四)無限特殊的本務四種。以自家保存的本務爲第一種，尊重他人的生命和自由的本務爲第二種，職業選擇爲第三種，對於職業的活動爲第四種。

他初在愛那的當時，雖把絕對我即道德的秩序和神同一看待，解釋神爲非人格的；但移居柏林時，他的思想一變，在活動的絕對我以上，又承認有超越的靜止的人格神。

二 西爾來爾和羅曼提克派

西爾來爾 倡那以道德的生活和美的生活爲人生至高目的的倫理的美的唯心論者，乃是以詩人著名的西爾來爾(Johann Christoph Friedrich Schiller, 1759—1805)。他因有感於康德在『判斷力批判』上求可想界和經驗界自由和必然機械觀和目的觀的結合於美的學說，而悟到美的生活爲可重，就以爲人生至高的狀態，是在乎『美魂』(der Schönen Seele)。所謂美魂就是道德的衝動和感性的衝動善爲調和的狀態，換句話說，就是感性的衝動被純化了的。這樣一來，他就對於以道德的衝動壓迫感性的衝動的康德和非希的的嚴肅主義，表示反對。他的思想，是依其友人喬太(Göthe, 1749—1832)和漢保得(Humboldt, 1767—1835)並其他人們以發展，而爲『美的人類主義』(der Arthetische Humanismus)，與當時的思想界以不少的影響。

羅曼提克派　西爾來爾的倫理的，美的唯心論，由羅曼提克派的人們而遂成爲主觀的美的唯心論，倫理的要素完全被他除外。所謂羅曼提克派，就是十六七世紀時發端於伊大利和西班牙的文藝美術上的一種傾向，在十八世紀後半，普及於歐美各國，尤其在英，法，德三國，是特別隆盛的。這文藝美術上的傾向，在宗教和哲學方面也與以多大影響；非希的，西爾來爾，謝林格，休雷爾馬赫，赫格爾，叔本華等，多少都帶有這類的色彩。在哲學史家中間，也有把這些學者總括起來，稱爲羅曼提克派的哲學者的。在發展西爾來爾美魂說的羅曼提克派哲學者中，特別可舉的，就是謔爾智兒(Friedrich von Schlegel, 1772—1829)。

謔爾智兒倡那極端的主觀主義，給感情以絕對的價值，以爲如道德，不過是無用的束縛，承認徹頭徹尾的本能的活動者爲理想的人物。

三　謝林格

謝林格(Friedrich Wilhelm Joseph Schelling, 1775－1854)是瓦敦堡州(Würtemberg)列溫堡人。十五歲時，入邱萍根大學修文獻學神話學和康德哲學；其後又在來比錫大學學教育哲學自然科學和醫學等；更來至愛那而師事非希的。學校終了時，在瓦敦堡泯痕愛爾藍根蘭普拉忒柏林等諸大學教授哲學，在柏林，曾和其學友赫格爾論戰甚久。他是非常早熟的人，年十七時，發表關於聖書中一部的論文，卽驚駭世人。他的生平傑作，主要的都是在青年時代發表的。

謝林格被稱爲哲學的詩人，其說不但頗富於想像，而且有直觀的比論的，透入於事物底蘊之概。因而他的學說，缺乏像非希的，赫格爾那樣論理的徹底。他的思想是屢屢變遷的。其變遷的路徑可分爲：(一)自然哲學和超越哲學時代(1797－1800)，(二)同一哲學時代(1801－1809)，(三)神智學和積極哲學時代三期。舉其著述的主要者，第一期是：『自然哲學』(Ideen zu einer philosophie der Natur, 1797)『超越的唯心論體系』(System der transscendentalen Idealismus, 1800)，第二期是：『對話篇布爾納』(Bruno ein Gespräch, 1802) 第三期是『自由的本質』(Über das Wesen der Menschlichen Freiheit, 1809)『神話和顯現哲學』(Philosophie der Mythologie und Offenbahrung, 1842) 等。

自然哲學時代　此時代謝林格思想的特徵，就是承認了自然的客觀的存在。他是不像非希的拿自然看作受動的所產的，以爲於其自身是有生命的活動的段階，卽未發展的精神，以爲萬有是依此發展而來的。所以他所說的自然並不是客觀對象的自然，而是能產的・活動的無意識的精神，卽世界精神。和非希的相同，雖把一切看作絕對的活動發展的但非希的是把絕對由精神的·道德的寫象之,而謝林格則是把這個由自然的·物理的寫象之。前者就是主觀的道德的唯心論,後者就是客觀的物理的唯心論。

對於那萬物之由能產的自然(卽世界精神)而生的過程說道:『爲由無限的能產的自然而生成有限個物,先一定有障害。那障害就是依自然的二重性(Duplizität)或有極性(Polarität)而起的。所謂二重性或有極性,就是相反的根本二原力(卽引力和拒力)共同活動。此二原力結合而生重力。依引力,拒力,重力,而構成物質。更在物質上加光,而生力學的作用。對應於引力的是電氣,對應於拒力的是磁力,對應於重力的就是化學作用。重力和光所結合的生命,加於力學的過程,就生出有機現象。有機現象也是對應於力學的過程三段階,而分爲生殖,反應,感覺,三段階的』。以上就是謝林格所倡的自然哲學的要旨。

他以和自然哲學同一的態度,而討論那認識,道德,和藝術。這個就是他的精神哲學或超越哲學。他的精神哲學,就和非希的的知識哲學構想相等,而關於知識,道德,差不多就是因襲非希的說的。但對於藝術,他有獨特的說明,以爲美是主觀和客觀,理論和實踐,自由和必然,意識和無意識的結合。他說:藝術就是達於哲學所難達的最高尙而神聖的東西。

謝林格的自然哲學,依據亞里士多德,布爾納,拉比尼都,侯爾德等的思想處,是很不少。

同一哲學時代　在自然哲學時代,謝林格所認爲絕對的自然,是未發展的精神,而所謂自然和精神,並不是根本的相異的,單不過是異其程度罷了。而此思想進而就變爲說世界的根本是同一,自然和精神,畢竟都是歸於一的絕對觀就稱這時代爲同一哲學時代。絕對就是精神和自然(卽主觀和客觀)的同一。在同一原理以外，世界也沒有萬有也沒有以同一爲同一，認作無限的東西，統一的東西者就是理性的作用；把這個表象爲有限的東西差別的東西者就是想像的作用。萬物完全是絕對的同一的顯現，所以任怎樣的東西，也都不能不存着同一的性質。因而沒有絕對客觀的絕對主觀的；換句話說沒有純自然的，或純精神的。只有分量上的差別，勢能上的差別。不過依分量和勢能的孰勝，而或成爲自然，或成爲精神罷了。他的思想是從亞里士多德，斯賓挪莎，拉比尼都等受着很多的暗示，這是很顯明的。

神智學時代　由那絕對的同一，而現象是如何生出的呢？換句話說：有限，不完全，惡，是由何而來的呢？這就是他在神智學時代所解決的問題。因爲斯賓挪莎採取了汎神論而陷於豫定說定道論，所以不能說明惡的由來。他爲避免立脚於汎神論的斯賓挪莎所走之道，就於絕對卽神之中，認有自然卽非神的原理的根據。雖在完全的全知全能的神之中而消極的自然的原理，也是存在的。有如此原理的存在者，就是因爲神尙欲遂成更完全的發展。神也是不絕的由不完全而完全，由無意識而意識，以徐徐的發展進步。有如完全的現實的神，是不完全的神的可能性的實現，現實的神也是包含着還可更向將來發展的可能性的。那麼，所謂存於神之中的自然的原理，是什麼呢？就是無意識的衝動，是暗的意志。這暗意志，是向往於知和善的，是於其處有發展的可能性的。在世界，所謂完全，美善，是由來於神的知性，所謂不完全，醜惡，是由來於神的暗意志的。換句話說：一切事物都是包含着由知性而來的一般意志 (Universalwille)，和由暗意志而來的個別意志 (Partikularwille) 之二重原理的。吾人是有任從何者皆可的意志的自由的。從一般意志，那就是善，從個別意志，那就是惡。在這時代，他的思想，由於康德和波邁者很多，這是一般學者所共認的。

在這時代，謝林格又把存在 (das Dass) 和本質 (das Was) 分開，以為本質是依理性依思惟而得認識的，存在是只能直接經驗的。而倡積極哲學或實證論。

謝林格學派　在謝林格見重於德國學界的當時，集於他的周圍的學徒，就稱作謝林格學派。可是這謝林格學派，不只是他的弟子，也含着和他一齊相互研究，而受了很多感化影響的友人等。可稱為純粹謝林格學徒的，就是克拉茵 (Klein)，司徒齋曼 (Stutzmann)，阿斯托 (Ast)，李克斯納 (Rixner) 等。在和他同學說而協力從事研究者的當中特有名的，就是自然哲學家司泰芬斯 (Steffens, 1773—1845)，奧鏗 (Oken, 1779—1851)，休伯爾 (Schubert, 1780—1860)，迦盧士 (Carus, 1789—1869)；同一哲學家瓦格耐爾 (Wagner, 1775—1841)，克勞茲 (Krausse, 1781—1832)，藻爾該 (Solger, 1780—1819)；宗教哲學家巴德爾 (Baader, 1765—1841)，愛森邁爾 (Eschenmeyer)，休蕾愛爾馬赫 (Schleiermacher) 等。其中奧鏗，克勞茲，休蕾愛爾馬赫，等是同時代的偉大學者。奧鏗把神和宇宙視為同一，至說在最高等的人類神是認識自己的；克勞茲使萬有神論發展，而想調和有神論 (Theismus) 與汎神論 (Pantheismus)。對於休蕾愛爾馬赫，另章詳述於次。

四　休蕾愛爾馬赫

休蕾愛爾馬赫 (Friedrich Ernst Daniel Schleiermacher, 1768—1834) 生於北勒斯勞，在哈列大學修

神學，經過哈列大學神學教授，柏林三位一體教會的說教師等，而爲柏林大學的教授，服務二十餘年。他是一位熱心的宗教家，他的學問範圍雖幷心理學·教育學·政治學·哲學史·倫理學·神學等而一一研究之，但關於神學的造詣是特別精深的。舉其三兩種著述有『關於宗教的論說』(Reden über die Religion, 1799)『倫理學批判原論』(Grundlinien emer Kritik der bisherigen Sittenlehre, 1803)『倫理學』(Sittenlehre, 1835)『辯證法』(Dialektik, 1839)等書。

哲學說　休萫愛爾馬赫從謝林格的同一哲學出發，而論認識。他以爲認識是由有機能力(感性)和知的能力(悟性)的協力而生的東西。有機能力的優勢的認識是知覺，知的能力的優勢的認識是思惟。知覺和思惟，並不是根本異其性質的東西，故其對象也是同一的。雖然知覺是雜多地將他認識，思惟是統一地將他認識，但都是同一的有。從雜多方面看起來，就是混沌界，從統一方面看起來，就是宇宙。混沌的外界是實在，宇宙的外界是理想，所以混沌界和宇宙，實在和理想，也並不是相反的東西，而是同一的。意識此同一的是自我，自我是自己意識的根柢，神是世界統一的根柢。神是絕對的同一，是超越一切的矛盾衝突的。神的認識，是絕對的知。絕對的知，只是作爲理想而存在的，到底是不得以吾人的認識而達的，只是依感情而得感知的。這樣一來，彼就排斥神的知的認識，而爲宗教開了信仰之道。

神的認識，是不可能的。附神以種種的屬性，或視神爲有人格，皆是使無限的神性成爲有限的。然惟神的活動是不得不承認的，因爲若是不認神的活動，就難免爲無神論了。神的活動是和自然的因果相等的，所以神不是先於世界而存在，也不是存在於世界之外的；在世界上所有一切的事物，都完全是神。世界是依神之活動而生的，所以這世界就是最完全的世界。這樣一來，他的世界觀，就成爲汎神論，最良觀，樂天觀。

確認神之存在的是感情，而直接感知神性的是直觀。宗教是發於感情，依感情和直觀的合一而成的。宗教的起源和本質，不是知，不是意志，而是感情。感情是精神生活的中心，而宗教的感情就是感情的根本。這樣一來，將宗教看作精神活動的極致。這就是他的宗教哲學的大要。

倫理學說　他的倫理學說的特色，第一可舉出的，就是反對像康德那樣把道德律和自然律嚴爲區別的一事。他是從必然論者的立足地上排斥兩者的區別，而以爲道德律也是一種自然律，就是理性的意志的法則。

其次，他的倫理說，是顯然尊重個性的。他說人是有平等如一的理性，而同時有個性的；所以道德是當隨個人性而被特殊化的。他明白注意在從來倫理學所等閑的道德的個人的方面。然而他的個人說，和完全不顧社會關係的抽象的個人說是全不相同的。

其次，他的倫理說把近世學者比較的付諸等閑的至善，當作重大的問題看待。在他的倫理學中，把至善，德，本務三者合併討論，以爲至善是成果（目的），德是力（出發點），本務是活動（中間的行程）。所謂至善，就是在理性活動而和自然相結合時所生的善的總和。他把善分爲（一）普遍的組織的善，卽關於社會的東西，（二）特殊的組織的善，卽關於財產的東西，（三）普遍的標號的善，卽關於知識的東西，（四）特殊的標號的善，卽關於宗教的東西四種。所謂德，就是稱那理性所以支配感情的方法。舉出知，愛，謹愼，忍耐，爲四主德。又把本務分爲社會的本務和個人的本務，更分成(一)關於權利的，(二)關於愛的，(三)關於職業的，(四)關於良心的四種。

五　赫格爾

使康德哲學的唯心的方面達於頂點的，就是赫格爾 (Georg Wilhelm Friedrich Hegel, 1770－1831)。他十八歲時，爲研究神學而入了邱萍根大學，可是他在學生時代或因爲其才學未發達的緣故，倒被那比他小五歲的年少同學謝林格的穎才壓倒了。卒業後在瑞士其他各地任私宅教師，暇輒翻讀哲學書不輟。一八〇一年，爲愛那大學講師，經五年而進爲正教授，但爲拿破崙戰爭，而學校被封閉，所以去愛那而到邦堡爾爲新聞記者，在諾爾痕堡 (Nurnberg) 爲額謨那計溫校長等，經了種種的境遇，而一八一六年爲哈得堡大學的哲學教授，一八一八年轉柏林大學，繼非希的之後，一八二九年進爲大學校長，但經二年後，即染虎疫而歿。他的著述中特著名的，有『精神現象論』(Phänomenologie des Geistes, 1807)，『論理學』(Wissenschaft der Logik, 1812)，『哲學體系概論』(Encyklopädie der philosophischen Wissenschaften im Grundriss, 1817) 等書，就中『哲學體系概論』，是把他的學說作爲最有組織的敍述的。

序說　赫格爾的哲學，就是把理性即論理的進行認爲絕對，想把世界爲合理的解釋的論理的唯心論。繼承康德思想的哲學家，都專心於發見那統一康德所遺的物自身和現象的二元對立的一元的原理，非希的先舉出自我作其原理，把非我歸於自我的產出；而謝林格又以自然爲絕對，把自我認爲自然之所產。非希的之說，是很偏於主觀的，而謝林格之說，又太過走入客觀。謝林格雖在後又倡同一哲學，而說那統一兩者的絕對；但他的絕對，是除去那對於世界的反對之抽象的產物，並沒有說明他的反對的具體的實在。

赫格爾排斥以絕對看作抽象的謝林格的思想而把他當作潛在於差別界之底的具體的實在。絕對並不是超越差別界的東西，是內在於差別界而繼續的發展的東西。在世界之外，絕對是不存在的，世界自身就是絕對。世界萬物，不外是絕對的繼續發展的段階。然則所謂絕對是什麼東西呢？就是存於個物之中的普遍。他依柏拉圖把這個稱為觀念而做希臘思想呼為『羅高斯』(理性)。理性是論理的進行，是思想的開展。自然和精神，都完全看作是此理性的顯現。這就是他的立脚地被稱為論理的唯心論及汎理性論的原因。

赫格爾認為在絕對卽理性的繼續的發展上有一定法則的存在。他的法則，就是說：『一種思想必生反對的思想；其矛盾的兩思想，更綜合為更進一層的高等的思想，如此而進行於無限。』換句話說那正(These)——反(Antithese)——合(Synthese)的形式，就是所謂思想的開展卽絕對進行的法則。赫格爾依此法則，以思維思想的進行，當作哲學的研究法。有名的赫格爾的辯證法，就是這個。

以理性(絕對)為研究對象的赫格爾哲學，徹頭徹尾是精神哲學。然其理性，是發而為自然界和精神界的，所以赫格爾把他的哲學體系分為三部。論純粹理性的，稱為論理學；論發現而為自然界的理性的，稱為自然哲學；論發而為精神界的理性的，稱為精神哲學(狹義)。最鮮明的指示出來赫格爾的哲學體系的，就是『哲學體系概論』。哲學體系概論分為論理學，自然哲學，精神哲學的三部；而論理學是由有論，概念論，本質論的三章而成的；自然哲學是由機械學，物理學，有機學的三章而成的；精神哲學是由主觀的精神，客觀的精神，絕對的精神的三章而成的。

精神哲學中的主觀的精神，是論心理學的，客觀的精神，是論倫理學的，絕對的精神，是論藝術，宗教，哲學的。若想表示他的哲學體系，可列表如左：

哲學體系概論

- 論理學
  - 有論……(1.質，2.量，3.單位。)
  - 本質論……(1.爲存在的根據的本質，2.現象，3.現實態。)
  - 概念論……(1.主觀的概念，2.客觀，3.觀念。)
- 自然哲學
  - 機械學……(1.空間和時間，2.物質和運動，3.絕對的機械論。)
  - 物理學……(1.普遍的個體的物理學，2.特殊的個體的物理學，3.全一的個體的物理學。)
  - 有機學……(1.地質的自然，2.植物的自然，3.動物的有機體。)
- 精神哲學
  - 主觀的精神…(1.人類學，2.精神現象論，3.心理學。)
  - 客觀的精神…(1.權利，2.道德，3.人倫。)
  - 絕對的精神…(1.藝術，2.宗教，3.哲學。)

論理學　赫格爾的論理學，是研究純粹精神的範疇的學問。所謂純粹精神，就是世界的根本原理，即理性之尚未能實現化者。他就說這個是『先於世界創造的神』，說這是『在神之心中的現實世界的模型』。所以赫格爾的所謂範疇，並非如康德範疇爲悟性的形式，乃是世界思想的開展形式。故赫格爾的論理學，是範疇之學，而同時又是形而上學。

赫格爾的論理學，是由所謂『有』的最普遍的，抽象的，及貧弱的概念出發，依辯證法而漸次進行於具體的而且豐富的概念，以開展範疇全體的體系。他作為第一範疇的有，只是『有』而無何等規程的自觀的概念。只是有，什麼也沒有，所以是任什麼都不是的『無』。有就是無。即於此生出第二範疇的無，然而無，決不是止於無的，無即是被思索的無，就是有。有成為無，無成為有。第三範疇的『成』，就於此發生。到了成，那有和無的矛盾雖然消滅，而他又成為更高的有之形了。這就是『定有』。『定有』是一定之有，就是『是什麼是什麼』之謂。是對於其他物的有，是對於他的質。若總括那以正，反，合的辯證而使次第開展的多數的範疇，就以有(Sein)本質(Wessen)，概念(Begriff)三者為基本。有之下有質，量，單位的三種；在本質之下，有本質，現象，現實三種；在概念之下，有主觀的概念，客觀的概念，觀念三種；在這等各範疇之下，更附屬有多數的範疇。將其複雜的範疇，一一詳述於此，是很困難的事，所以就省略了。

自然哲學 自然哲學是以顯現於純粹精神的外界的自然為對象的。成為意識的精神，為何就表現為無意識的自然呢？赫格爾答道：『因為在那為自然的最高段階的人類發現意識的自己故。』何故意識的必定要成為無意識的自然，必定要再回復到意識的狀態呢？這是不明瞭的。因為自然是純粹精神的顯現，所以自然的發展進化，和那在論理學上的範疇的發展進化相等。他把自然哲學分為機械學・物理學・有機學的三章；機械學是對於有論的，物理學是對於本質論的，有機學是對於概念的東西。機械學就是空間和時間的綜合，即位置和運動的研究。在機械學中還不能當作個性看待的物質，在物理學中，討論有一定的形體(卽個性)以明其形式和其相互關係。若認他爲質的變化，就是化學的過程。而此形式和質的綜合的東西，卽爲有機界。有機界是可分爲(一)地質的，(二)植物的，(三)動物的三種。地質界是如生命消失的死骸的東西，植物界是以類化和生殖爲特性的，而動物界是以有植物界以上的自由運動和感覺爲特性的。動物界到了人類，達到發展的極度。在人類而理性本來的自由，始行表現成爲完全的個體。這就是自然哲學的要旨。

精神哲學　精神哲學的對象，就是爲純粹精神的發現的精神界。在那遂行了最高發展的有機體(卽人類)上，純粹精神(理性)的本質的自由的發現第一步，就是主觀(個人)的精神。故精神哲學先從那以主觀的精神爲對象的心理學上開始。

主觀的精神　理性的本質是自由的，所以人類元來也是自由的。然人類並不是生出就自由的，起初被束縛於氣候·風土·人種·生活方法，並其他種種境遇，和他動物同樣在不自由的狀態。赫格爾就把如此的精神狀態稱作靈魂，或自然精神，把論此靈魂的學問，稱作人類學；可是他在此所稱的人類學和現今所說的，意味很不相同。靈魂發展而生感覺，生感情，生自己感情，生意識，意識更成爲自意識，自意識遂進而成精神(理性)。由靈魂而至於理性的過程，就是『精神現象論』的對照。精神是先現而爲理論的精神(卽知)的；知是經直觀·表象·思考的順序而成實踐的精神(卽意志)的；意志是經衝動·欲望·偏向等的順序，而到達自由精神(卽理性的意志)的。精神的對象，就是心理學(狹義)。

客觀的精神　把自由精神即理性的意志的客觀化者，就叫作客觀(社會)的精神。客觀的精神，先作爲法律(權利)而發現。法律是人類過協同生活所不可缺少的制約。由法律所承認的自由的個人，稱爲人格。法律就是發見於所有・契約・刑罰的三形式。人格必在其支配之下，所有某種財產；相互的人格有爲交換所有物而自由使用的契約；對於破契約者加以制裁，爲期正義的實現，而製造刑罰。刑罰的目的，不是矯正，也不是威嚇，而是正義的實現。刑罰是破壞正義者當然要受的報應，所以如死刑等本來也是正當。可是個人的意志，不必是和正義相一致的。

個人的意志，也並不是說不反對刑罰的強制的。爲解決這樣的法律的矛盾，把客觀的正義，移於主觀的內部的，就是揭出於下的道德。

道德(Moralität)　道德就是客觀的精神的第二階段。道德是從良心之命的。良心是想一致於正義的主觀的意志。法律是客觀的制約，而道德卻是主觀的制約。在道德，是有決意・目的・善之三要素的。任何人只要有良心，那就沒有不希望正義的實現的；對於正義的侵害，不得不是認當然的報應(即刑罰)。故法律上的正義和個人的意志的衝突，在此就消滅的。然而元來良心是完全主觀的，所以雖認這個爲善，也不限定是現於行爲之上而爲善。所以單把良心作根據的道德，決不能說是最高的道德。

眞道德就是爲客觀的精神開展之第三階段的人倫(Sittlichkeit)。所謂人倫，並非只服從良心的命令，而又服從社會一般的精神的。換句話說：就是服從良心，與一致於社會安寧秩序的道德。在人倫的發現，也有家族，社會，國家的三階級。家族是由於結婚而生的；結婚成立的必要條件，就是男女的性別，契約，愛之三要素。結婚的結果生家族，家族集而成社會；社會的各員，爲謀身體和財產的安全，就組織國家。社會是承認個人獨立的，但國家卻不承認孤立的個人。在社會的個人，他自身就是目的，但在國家的個人，卻不過是手段罷了。國家是人倫發現的最高階段，祇有依靠國家，纔能達到至善。國家的理想組織，是君主政體；如共和政體，就很難稱爲完全的政治組織。道德的觀念的強盛的國家，併吞其他國家，這決不是不當的處置。世界的歷史，不外是優秀的國家，常爲實現其理想，而併合劣等國家的優勝劣敗之跡。赫格爾的思想，是由不甚重特殊而祇是重全體的普遍主義出發，而達到全然使個人隸屬於國家的國家至上主義。赫格爾的關於國家說，和柏拉圖及亞里士多德等古代學者的見解相一致，這是很明白的。

絕對的精神，若精神到了認識自家是絕對者的時候，主觀的精神，便更開展而成爲絕對的精神。絕對的精神，現於藝術・宗教・哲學之三形式。藝術就是絕對的精神爲直觀的表現的。在藝術之中，也有建築・彫刻・繪畫和音樂・詩等的段階。建築只是暗示着觀念，至於彫刻，而觀念就十分的表現，及進爲繪畫和音樂・詩，那就更成爲觀念了。在詩也有敍事詩・敍情詩・戲曲的三段階。戲曲就是位於最高的段階，而爲一切藝術的綜合。

戲曲是任怎樣也要把完全絕對的精神爲直觀之形表出的。這就不能使人感知其爲何物了。把他表見於感情和表象之形，就是宗教。但宗教也還是不能表出絕對的完全的。絕對就是論理的進行，把這個開展於概念之形的哲學，就是最適合本質的。哲學是絕對的精神開展的最高段階，而爲最完全的眞理。所謂哲學是什麼？就是以上所述的東西的全體表出哲學的問題和解釋所必然開展下來之跡的，就是哲學史。所以哲學史是位於赫格爾哲學的頂上的東西。

赫格爾的哲學雖一時成爲普魯士的官學，而出了許多繼承者，但對於這些赫格爾學徒，當在第十九世紀哲學中述說之。

六　叔本華

反對赫格爾的論理的唯心論者也很多。抱着相同的唯心論，而由主意說的立脚地上試行反對的，就是叔本華(Arthur Schopenhauer, 1788—1860)。他生於德國的但澤，他的父親是銀行家，母親是小說家。十七歲時，依其父意受商業教育，但以不適於自己的性格而廢學；二十一歲時，入學於哥丁弇大學修醫學，然其後轉習哲學，走柏林，列於非希的的講席，移威馬爾(Weimar)而和喬太相交；然而偶讀印度古典優婆尼淨士，思想忽一變，靜居於德勒斯達凡四年，而公刊『意志和表象的世界』(Die Welt als Wille und Vorstellung, 1819)的第一卷。其後爲柏林大學講師而講哲學，可是終於不成功，纔退而專心從事於著述。著書是很多的，除前揭以外，有名的，就是：『充足原理的四根』(Über die vierfache Wmzel des Satzes vonzureichenden Grunde, 1813)。

哲學說　非希的，謝林格和赫格爾等，任誰都是排斥康德的二元論，而以理性爲根本原理，試爲萬有的說明的，但叔本華卻固執着物自身和現象的區別，而以康德的眞正的繼承者自任。

叔本華以爲認識的對象只限於現象界，所謂認識，就是感覺依知力的範疇而排列時所生的東西。康德以爲認識上的所謂『阿・普里奧里』的形式，除了直觀形式（卽時間・空間）之外，還認那爲悟性的形式的十二範疇。但叔本華只承認康德十二範疇中的因果範疇，在這上頭加上直觀形式，而呼爲認識的充足原理。康德把直觀形式和悟性的形式分別出來，但叔本華卻說在感官直覺中有因果法則的存在，幷把吾人通常以爲只依感官而得的直觀，也當作悟性的所產。

我等依知力所能認識的，只是表象。世界是我的表象，然而世界並不單是我的表象。表象世界若如懸於空中的蜃樓，一切都是依我的表象而成的東西，那麽，我等就能容易把世界完全認識出來了。然而我等的知力，不能把全世界纖塵無遺地認識出，世界並非單是知力的所產，是有離開知力而獨立的實在，卽物自身的領域的。那麽，所謂物自身是什麽呢？康德以這個爲不可認識的實體；但叔本華卻以這個爲非理性的，無意識的，盲目的意志。物自身之爲盲目的意志，是如何而得知的呢？叔本華從自己直覺的認識，以類推世界的本質。對於自己的身體思考時，由外面表象的，可以由內面直接當作意志而意識的。我卽是意志，而一切現象悉是同於本質的東西。個體的差別，只是在空間和時間之中存在的，而在時間和空間不存在的地方，萬物就當歸於一了。世界的本質，是一而一切的。世界本質也和我的本質一樣，不能不是意志。水是要想岩而流的，磁石是想吸鐵的，生物是要保存生命的；人生和自然的現象，一總沒有不表示其本質之爲意志的。世界本質的意志也並沒有一定的目的，只是盲動的，卽是盲目的意志，無意識的意志，非理性的意志。叔本華稱他爲『生活意志』(Wille zum Leben)。此生活意志，是從最下到最上，爲整然的段階表現於定相的。在無機界的自然力，在有機界的動植物的種類，在人類界的個人性格等，都是這個。叔本華稱這個爲『伊代』(Idee)，伊代是離卻時間·空間·因果的制約的生活意志的表現。是客觀化的生活意志的段階，是事物的本質，是永恆的原型。在伊代之間，是常起爭鬬的。當高等的伊代征服劣等的伊代而占領其物質時就生現象。劣等的伊代，雖是全無意識的盲目的努力但高等的伊代卻是伴着知力的。知力是爲照着意志的前途，而點燈點火的意志奴隸。知力的基礎，就是腦髓。

倫理學說　叔本華以其根本思想的主意說爲基礎，倡厭世觀，而說解脫的方法。意志是盲目的努力，努力就是欲求，欲求是由缺乏之感而生的。無缺乏之感的地方，就無欲求，無欲求的狀態，就是意志的滅亡。盲目的意志以世界的本質爲限，就永久沒有充滿缺乏之感的。縱令一旦得了滿足，而新的欲求是更要起來的，努力的車輪，再開始回轉；如此而永恆相繼續。此缺乏之感，就是苦痛狀態，所以世界實在是無限的苦痛之巷。就是印度人所說的無明世界。苦痛是積極的，而帶着永續的性質的；快樂單不過是消極的，生於苦痛解除時的一時現象罷了。脫離這苦痛的世界，最惡的世界，而入於幸福的生活，就是吾人所懇切渴望的。怎樣纔得把那苦痛的世界脫卻呢？

現在若約說叔本華的解脫觀，那麼，排斥一切的欲求，而達到無爲，出世間，無情念的情態；換句話說：就是破棄個性，否定生活意志，而入於涅槃之域。他把他的方法分爲一時的解脫·永久的解脫的兩種。所謂一時的解脫，就是去個性沒入於伊代的觀念。伊代，就是現於個物的生活意志的客觀化，就是個物的本質。所謂伊代的觀念，就是生活的意志意識他自己。盲目的意志，如何而得意識自己呢？這就是由於隨意志而來的知力。知力雖是意識伊代的主觀，但他既是意志的所產物，並且是其奴隸，所以容易受意志的盲目的努力的支配。故伊代的觀念，是很困難的。所以常人脫一切的欲求，而耽於伊代的觀念的事，到底是不可能的。祇有美術的．哲學的天才，纔能達到這種境界。藝術和哲學，是以伊代為對象的。伊代的觀念，暫時卽去，沒有永久性，所以藝術的．哲學的天才的解脫，只不免是一時的解脫。永久的解脫法，在完全否定生活的意志。否定生活意志，就不得不自覺世界徹頭徹尾是苦痛，個體不外是一種本質的顯現，和生活的無價值。若生出如此自覺，則對於個性的執着，就完全消失。同情（Mitleid）就是一切動作的泉源。所以同情是至高的道德。然而同情只是個性一時被忘卻了。否定生活意志，就不能不依着修行（Askes）。把生活意志全止了的狀態，叫作『知的意志』（Erkenntnisswille），達到此狀態者，謂之聖徒。聖徒就是宗教的．道德的大才。

叔本華基於其解脫觀而述自殺觀，以為殺肉體乃是肯定那更有力的意志的行為，所以不是自殺。

世界的實體，若是盲目的意志，那麼如何生出知力呢？知力如何能一時的或永久的否定意志呢？伊代發現有秩序的階段，是什麼緣故呢？因果律存在於現象界，是什麼緣故呢？叔本華的學說，有許多矛盾和謬誤，這是多數學者所公認的；但在他應用哲學於美學，而生出新學說之點等，他也是歐洲哲學史上不可忘的偉人。

叔本華學徒　舉那受叔本華影響的學者的主要者，有福勞蔭斯太（Frauenstädt, 1813－1878），阪孫（Bahnsen, ＋1882），赫脫曼（Hartmann, 1842－1906），狄遜（Deussen, 1845－），美倫玳爾（Mailänder, 1841－1876），瓦格耐爾（Richard Wagner, 1813－1883），尼采（Nietzsche, 1844－1900）等。着眼於彼汎意志論的缺點，使他和赫格爾的汎理性論相調和的，就是赫脫曼。他的學說，於第十九世紀的哲學當中述之。

第二節　實在論派（海爾巴脫）

許多同一哲學者，都發展康德觀念論而倡唯心論；海爾巴脫（Johann Friedrich Herbart, 1776—1841）卻着眼於康德的實在論的方面，倡導拉比尼都的單子論和古代希臘的元子論等的思想，而組織多元的實在論。海爾巴脫生於德國蘇魯丹伯爾西市，入愛那大學受非希的之教，二十六歲時為哥丁弁大學講師，次被聘於哥寧斯堡大學，襲康德所擔任的講座，後再轉回哥丁弁大學，遂歿於其地。他所最長的，是教育學和心理學。以教育學博得名聲，至造一海爾巴脫學派。自『哲學概論』（Lehrbuch Einleitung in die philosophie, 1813），『心理學教科書』（Lehrbuch zur psychologie, 1816）『科學的心理學』（Psychologie als Wissenschaft, 1824），『一般實踐哲學』（Allgemeine praktische Philosophie, 1808）『自然律和道德的分析的說明』（Analytische Beleuchtung des Naturrechts und der Moral, 1836）等，始有很多的著書。

海爾巴脫把哲學分為論理學·形而上學·美學的三部門。這分類就是由他對於哲學目的的解釋所生出的結果。他把哲學研究的出發點放在經驗的事實之上。在由經驗的事實而來的諸概念內，相互矛盾的事也是不少的。他以去此矛盾為哲學的目的，稱這個為『概念的修整』（Bearbeitung der Begriffe），而將其方法分為三種。第一，是明概念間的區別，而確定其內容的論理的修整；第二，是除其存於可以理會自然界的一切概念間的矛盾的形而上學的修整；第三，是修整美·善·完全等價值觀念的美學的修整。這樣一來，哲學就生出前揭的三部門。在他的形而上學中，是含着自然哲學和心理學的；在美學中，是含着今日所說的美學以外的倫理問題·社會問題等的。所以自海爾巴脫的哲學體系言，那倫理學是屬於美學的一部的。因爲亘於此體系的全部而述彼之說，是不可能的，所以只把哲學上的根本思想和倫理學說簡單敘述於此。

哲學說　海爾巴脫把萬有的本體名爲實在（das Reale），以爲實在是不得認識的；認識的對象，只是止於現象的，但實在的存在是不得不明白把他承認的。怎麽說呢？吾人相信現象只是暫時存現的東西，暫時存現的東西，既已存在，那麽其存在必定有他爲根柢的實在。無根柢而能暫時實現，是萬不會有的。實在自身雖很難認識的，但若否定實在的存在，一切認識都成爲不可能的了。

海爾巴脫以實在爲無數的實素，依此實在相互的關係，而說明一切萬物的生成。以實在爲多元的海爾巴脫，是如何而知的呢？他以由經驗的事實而來的概念的修整爲出發點。在吾人經驗的現象界的事實，是含着種種矛盾的。承認潛在於此差別界之底的統一具體的實在，依實在的繼續的發展，而試爲現象界的說明的，就是赫格爾的辯證法。至於海爾巴脫，却用那說明差別界矛盾的關係法（Methode der Beziehung）。吾人認矛盾認變化，畢竟不外是種種的性質相互關係而生的東西。雖同性質的事物，其關係若不同，就要生差別。例如雖同爲直線，因其和圓之關係異，就或成圓徑，或成切線了。然而吾人所認的性質，是對於吾人而暫時實現的；而在暫現存在之所，必存有實在根柢無疑。故若承認無數之性質，就不能不肯定對於這個的無數的實在。海爾巴脫因此就成爲多元的實在論。

海爾巴脫所謂實在，就如愛勒亞學派的『有』一樣，有永恆不變的性質的；如拉比尼都的『毛拿多』一樣，是單純而無分量的單純而無分量，永恆而不變的性質，雖是實在的眞相；但在這實在暫現的現象界，多數的性質，若附屬於一物，或事物的性質若有變化者，是什麼緣故呢？又成爲有延長的物質，生出主觀和客觀的合一的精神即自我，是什麼緣故呢？存於現象界的如此矛盾，如何而解決呢？海爾巴脫以此附屬(Inhärenz)，變化(Veränderung)，物質(Materie)，自我(Ich)，爲形而上學的四根本概念，就以修整此概念而解釋含於其中的矛盾爲哲學上的重要問題。依他說，一物若有許多性質附屬者，並不是一實在包含多數性質，乃是若干實在成爲一個關係而集合的結果。換句話說，就是因使一物看作和種種他物相關係，故視若存有數多屬性。雪是由於和光的關係生出白的屬性的，和手的關係生出冷的屬性的。白和冷的屬性，並不是雪自身性質中之所固有的。所謂變化，畢竟也不過是實在和實在的關係之變化，而實在自身之性質，是並不變化的。實在就是單一無分量而沒有延長的東西。然在實在相互間，隔着這個的空間，是存在的。空間若不存在，那麼實在和實在之區別，就沒有了。所謂無數的實在是存在的話，就是在實在中間有空間存在的意味。實在集合而排列於空間之上時，就生延長生運動。這卽是無延長的實在成爲有延長的物質的原因。在物質界的延長，就是精神界表象的連續。所謂自我，要不外是此表象的連續。如以上所述，就是海爾巴脫以關係法來修整形而上學的根本的概念。

倫理學說　海爾巴脫以實踐哲學爲和純理哲學(形而上學)完全相異的價值判斷之學，總括價值判斷之學，叫做美學。道德的判斷，也是價值判斷之一種。以離却一切利害的公平無私的旁觀的態度來觀察自他行爲時，自然生出一種滿足或不滿足。由如斯見地，對於自他行爲感覺滿足或不滿足的行爲，就是道德的判斷，起了滿足的動作就是善，反於此的動作就是惡。而海爾巴脫以起此滿足・不滿足的感情的原因，爲意志自身的形式上的關係。恰如美是不存於物之感覺的方面而存於時間・空間上的形式的關係一樣，道德上的善也是不存於意志的內容卽意志的事件而存於其形式的關係。他的倫理學，就是意志如何的關係能與吾人以滿足與否的研究。他舉出五個型念作爲滿足吾人意志之形式的關係，卽道德價值的最單純的標準型念(Musterbegriffe)的第一，就是內面的自由(Innere Freiheit)。所謂內面的自由，是說意志和道德上的斷定相調和了的關係。第二是完全(Vollkommenheit)。就是說意志的活動有多樣統一的關係。第三，是好意(Wohlwollen)。就是自他意志的調和的關係。第四，是正義(Recht)。就是說兩個意志的相互不相犯的關係。第五，是公正(Billigkeit)。就是一個意志對於其他意志所做了的事與以報償的關係。

海爾巴脫由所揭的道德上根本原理的五個型念，更導出五個社會的型念(Gesellschaftliche Ideen)。社會的型念，就是許多人們接觸時所生出的第二次的型念；以爲依此型念，第一型念才能實現。所謂社會型念，就是社會(國家)制度(Staat)，教化制度(Kultursystem)，行政制度(Verwaltungssystem)，司法制度(Rechtsgesellschaft)，賞罰制度(Lhonsystem)。這種社會的型念，任何都是依前揭五個型念而生的；卽社會制度是由內面的自由型念，教化制度是由完全的型念，行政制度是由好意的型念，司法制度是由正義的型念，賞罰制度是由公正的型念而生的。

五個型念一致結合的東西就是德(Tügend)。故所謂有德之人，就是能身體這五個型念的修德所生的，就是本務（Pflicht）的概念。以本務爲實踐倫理的根本觀念，是誤謬的。道德的基本的原理，就是五個型念。教育是以德之養成爲目的的，達此目的所必要的，就是喚起多方的興味，養成堅固的性格。教育學和政治學就是道德學之分科，這是他所承認的。

海爾巴脫求道德的判斷的標準於意志的形式的關係，他不說內容卽客觀的標準，所以他的倫理說，是流於形式的·抽象的，和康德的倫理說，大略同其弊病。

海爾巴脫學派　海爾巴脫學說的繼承者，是很多的，舉其中最著名的，繼承形而上學的主要者，有德羅娓休（Drobish, 1802—1896），哈爾廷信（Hartenstein, 1808—1890），拉薩爾斯（Lazarus, 1824—），司坦太爾（Steinthal, 1823—1899），提萊（Thiele, 1813—1894）等。繼承心理學者，有拿羅維斯基（Nahlovasky），惠都（Waitz, 1821—1884），福爾克曼（Volkmann, 1822—1877）等。繼承美學者，有智謨爾曼（Zimmermann, 1824—1898）。繼承教育學者，有色爾勒（Ziller, 1817—1882），斯託義（Stoy, 1815—1885），林迪奈爾（Lindner），威爾蠻（Willmann）等。

第三節　心理學派

反對同一哲學者的思辯的研究，而根據心理學試行哲學組織的一派，稱爲心理學派。這學派的特色，在以心理的狀態的內面的觀察爲認識的出發點的地方。認識的統一，就是可由經驗認識之事實。以爲哲學是當從此事實的分析進行，想由心理學和康德達到同一的結論。這學派所最注重的，就是心理學。舉其代表的學者，有富里士

(Friedrich Jacob Fries, 1773－1843)，和比尼克 (Friedrich Eduard Beneke, 1798－1854) 等。

富里士　富里士是愛那大學的哲學教授。他是和其他康德學派的學者相同，承認在認識上有先天的形式的存在。然他以為先天的形式，是不能由思辨而發見的，只可由反省卽心理的分析而認識的。他想從經驗心理學的立脚地立證康德到達的結論。他又以為若是那為觀念認識的能力的理性，也和現象認識的能力的直觀及悟性同為確實，那麼理性觀念的認識，也和感性及悟性的自然的認識同有客觀的妥當性。他以為信仰也如知識之確實，脫開康德之說，而左袒於約可比的信仰哲學。然而除去以上二點外，差不多都是因襲康德之說的，所以他也數入康德學派中的一個人。

比尼克　比尼克是講哲學於柏林大學和哥丁弇大學的人。他是承襲富里士的心理學，而較富里士更加極端排斥思辯的認識的。照他說，所有一切認識的根本都是經驗。如哲學，也不外是一種經驗。所以以實驗心理學為基礎，不但是由內官而能認識自我的現象，並且也能意識自我自身，可以由此自己意識的比論而認識外界。由經驗起至形而上學，終就是哲學研究的順序。至如思辯哲學者由形而上學出發而下至於經驗，則如造屋而先起屋根的一樣。在重經驗之點，他的學說是接近於羅克的；在以自己意識為外界認識的基礎之點，卻接近於斯賓挪莎。

作為其心理學說的必然的結論，而比尼克的倫理說，就離卻康德的先天說了。道德律並不是先天的命令，是基於人類本具的自然性，依長久期間的經驗發展而來的東西。故人類精神發達，同時道德律的內容也不絕的變化。然而道德律在以精神的體制為根柢之點，是恆常不變的。所以道德律的權威，是必然的而且是相對的。道德的根本的要素，就是感情。幸福是所有人類之所欲，而有萬人共通的妥當性的。倫理的判斷的標準，就是幸福。在其重感情以幸福爲判斷標準之點，也是和康德的形式說顯著相隔的。然而從以至善爲渴望的道德上的要求，和統一斷片的知識的必要上，認神的存在，主張神的認識是單依信仰乃可能的，在這些點上，他就明明是康德學徒之一人了。

繼承他的學說者中間，可注意的，就是攸伯爾維（Uberweg, 1826—1871）和弗爾脫拉克（Fortlage, 1806—1881）。其他還有至近世而襲此心理學派的立腳地，根據實驗心理學而論哲學者之一派，生出所謂近世心理學派。但對於這個俟後再述。

康德以後的德國哲學（約表）

唯心論派

非希的
- 要旨
  - 1. 使現於康德哲學的二元（物自身和現象）歸着於絕對我的一元。
  - 2. 名自己的哲學爲知識學。
- 哲學說
  - 1. 絕對就是我（純我），所謂外物，所謂範疇，所謂物自身，也都是我的作用。
  - 2. 絕對我，就是無限的活動，就是活動的本源。
  - 3. 由絕對我的活動，就生出非我，即一切的萬物。

- 倫理學說
  - 1. 絕對我而生非我，就是爲使實現道德的活動。
  - 2. 有妨我的非我，而始有道德的活動（萬物都是爲道德的方便而存在的）。
  - 3. 道德的活動，就是努力向上……本務的一般形式＝請活動哟。
  - 4. 道德四等級……(一)本能的活動，(二)快樂主義的活動，(三)專制主義的道德，(四)眞道德。

西爾來爾
- 要旨
  - 1. 以道德的生活和美的生活爲人生至高的目的（倫理的·美的唯心論）。
  - 2. 人生至高的狀態，就是道德的衝動和感性的衝動的很調和的美魂。
- 學派
  - 1. 喬太（友人）
  - 2. 漢保得

羅曼提克派
- 要旨
  - 1. 十六世紀時，發於義大利和西班牙的文藝上的一種傾向，而在十八世紀時，就普及於各國了。
  - 2. 西爾來爾的美魂，依此派的人們，就除去倫理的要素，而成爲主觀的·美的唯心論。
- 學者
  - 1. 非希的，謝林格，休雷爾馬赫，赫格爾，叔本華等，任誰都是多少受其影響的。
  - 2. 特著名的，就是謔爾智兒，倡極端的主觀主義。

謝林格

- **要旨**
  - 1. 稱爲哲學的詩人，其說頗富於想像。
  - 2. 學說三變：(一)自然哲學時代，(二)同一哲學時代，(三)神智學時代。
- **自然哲學時代**
  - 1. 承認自然的客觀的存在。
  - 2. 自然就是於其自身有生命的未發展的精神。
  - 3. 萬有是由自然發展的，由自然的二重性(引力・拒力)而起障害，結果發生個物。
  - 4. 由和自然哲學同一的態度，而論認識・道德和藝術。
- **同一哲學時代**
  - 1. 絕對(世界的根本)就是同一，自然和精神也歸於一。
  - 2. 萬物悉爲絕對的顯現，悉爲同質，不過只有分量上・勢能上的差別。
- **神智學時代**
  - 1. 欲由絕對的同一，解決有限・不完全・惡的現象所生的理由。
  - 2. 在絕對卽神之中有消極的・自然的原理，以爲這就是不完全的原因。
  - 3. 在神之中，這消極的・自然的原理所以存在，就是因爲神還想遂行更進一層完全的發展。
- **純粹謝林格學派**
  - 克拉芮
  - 司徒齋曼
  - 阿斯托
  - 李克斯納

學派

- 廣義謝林格學派（協同研究者）
  - 自然哲學家
    - 司泰芬斯
    - 奧鏗
    - 休伯爾
    - 迦盧士
  - 同一哲學家
    - 瓦格耐爾
    - 克勞茲
    - 藻爾該
  - 宗教哲學家
    - 巴德爾
    - 愛森邁爾
    - 休蕾爾馬赫

要旨

1. 由謝林格的同一哲學出發，以論認識。
2. 於神學造詣深而被尊敬為神學者。

哲學說

1. 認識是由有機能力（感性）和知的能力（悟性）的協力而生的。
2. 知覺和思惟，並不是根本異其性質的，有機能力之優勢的認識是知覺，反於此的就是悟性。

休當爾馬赫

倫理學說

3. 知覺和思惟，對象也是同一的，知覺是雜多的認識，思惟只是統一的認識。
4. 以同一爲意識者是自我，自我是自己意識的根柢，神是世界統一的根柢。
5. 神的認識是不可能的，確認這個的就是感情。

1. 以爲道德律也是一種自然律，是理性的意志的法則。
2. 顯然注重個性，而注意於從來所閑卻着的道德的個人方面。
3. 把近世倫理學者所輕視的至善，當作重大的問題看待。
4. 至善是成果（目的），德是力（出發點），本務是活動（中間的行程）。

要旨

1. 把理性（論理的進行）認爲絕對的，想把世界解釋爲合理的。
2. 在絕對繼續的發展，有一定的法則存在。正—反—合＝辯證法。
3. 以絕對的研究爲哲學的對象，把哲學分爲論理學、自然哲學、精神哲學三部。

論理學

1. 是研究世界根本原理的理性還未實現化的純粹精神之學。
2. 論理學是範疇（思想開展形式）之學，同時是形而上學。
3. 由所謂有的最普遍的・抽象的而貧弱的概念，次第進於具體的，豐富的概念，而開展範疇全體的體系。
4. 以有・本質・概念三者爲範疇的基本，使許多範疇屬於其下。

赫格爾

- 自然哲學
  - 1. 以顯現於純粹精神之外界的自然爲研究的對象。
  - 2. 意識的精神所以現而爲無意識的自然，就是因爲在自然最高段階的人類發現自己故。
  - 3. 自然哲學的三部門
    - 1. 機械學。
    - 2. 物理學。
    - 3. 有機學
      - 1. 地質的。
      - 2. 植物的……類化和生殖。
      - 3. 動物的……自由運動和感覺。
  - 4. 人類是動物發展之極，而理性本來的自由始發現。
- 要旨
  - 1. 以純粹精神的發現的精神界爲研究的對象。
  - 2. 分主觀的精神，客觀的精神，絕對的精神三部。
- 主觀的精神
  - 1. 要旨
    - 1. 理性的本質若是自由，那麼人類本來也是自由的。
    - 2. 但不是起初卽自由的，是漸次發展的。
  - 2. 發展段階
    - 1. 靈魂（自然精神）被自然所左右，和動物相等。
    - 2. 生意識，感覺，感情，而認知自身。

- 精神哲學
  - 3. 精神
    - 1. 理論的精神(知)。
    - 2. 實踐的精神(意志)。
    - 3. 自由精神(理性的意志)。
  - 客觀的精神
    - 1. 要旨…理性的意志(自由精神)的客觀化的東西，有發現的段階。
    - 2. 發展段階
      - 1. 法律…營共同生活要緊的客觀制約。
      - 2. 道德…主觀的制約…良心的命令。
      - 3. 人倫
        - 兩者的綜合…道德的最高形式。
        - 發展段階
          - 宗教。
          - 社會。
          - 國家…國家至上主義。
  - 絕對的精神
    - 1. 要旨…精神至自意識爲絕對者。
    - 2. 發展段階
      - 1. 藝術…理性是直觀的表現。
      - 2. 宗教…理性是表現於感情和表象之形的。
      - 3. 哲學…理性是表現於概念之形的…最高段階。

叔本華

- 要旨
  1. 由主意說的立脚地而反對赫格爾論理的唯心論。
  2. 固執物自身和現象的區別，而以康德的繼承者自任。
- 哲學說
  1. 認識是感覺由知力範疇而被排列時而生，範疇只限於因果。
  2. 認識的對象，只限於現象界，然而世界是有由知力而獨立的物自身的領域。
  3. 物自身是非理性的，無意識的，盲目的意志……（生活意志）。
  4. 生活意志之作成段階而表現的定相叫做伊代，高等的伊代，是伴着知力的。
- 倫理學說
  1. 以主意說爲基礎，而倡厭世觀，論解脫的方法。
  2. 意志是盲目的努力（欲求），努力是由缺乏而生的，缺乏就是痛苦，所以世界是無限的苦痛……厭世觀。
  3. 解脫苦痛而入於幸福的事，是人類所渴望的。
  4. 解脫方法
     - 一時的解脫法
       1. 去個性，沒入於伊代的觀念。
       2. 在常人是困難的，只是有藝術的·哲學的天才者，才能够爲此。
     - 永久的解脫法
       1. 完全否定生活意志。
       2. 同情：個性的一時忘卻。
       3. 修行：生活意志否定法。

一學派
福勞蔭斯太阪孫，赫脫曼，狄遜。
瓦格耐爾，美倫玳爾，尼采。

實在論派

要旨
1. 着眼於康德實在論的方面，引出古代元子論和拉比尼都的單子論等的思想，而倡多元的實在論。
2. 長於教育學和心理學，就中教育學最負盛名。
3. 以哲學爲論理學，形而上學，美學三部，以倫理學爲美學之一科。

哲學說
1. 萬有的本體是實在，實在是不得認識的。認識的對象只限於現象，然而實在的存在，是無可疑之餘地的。
2. 實在是無數的實素，依此實在相互的關係而生成萬有。
3. 實在是單純而無分量的，然而這實在現於現象界時，便和其本質相矛盾的場合，是不少的。海爾巴脫把他依關係法修整之。

1. 實踐哲學是價值判斷之學，價值判斷之學是美學，道德的價值判斷之學的倫理學，也是美學之一部。
2. 道德的判斷，‖以離卻利害的態度，觀察自他行爲時所生的滿足不滿足。（善‖滿足，惡＝不滿足）。

- 海爾巴脫
  - 倫理學說
    - 3. 善惡是以意志的形式上之關係爲原因的，倫理學是意志如何的關係，可與吾人以滿足的研究。
    - 4. 意志的形式的關係（基本）＝型念……
      - 內面的自由……社會制度
      - 完全……教化制度
      - 好意……行政制度
      - 正義……司法制度
      - 公正……賞罰制度
      - 社會的型念。
    - 5. 所謂德，就是五型念一致結合的東西，本務就是在修德時生出來的東西。
  - 學派
    - 形而上學的方面……德羅娩休，哈爾廷信。
    - 心理學的方面……拿羅維斯基，惠都，福爾克曼。
    - 美學的方面……智謨墨爾曼。
    - 教育學的方面……色爾勒，斯託義，林迪奈爾。

心理學派

富里士
1. 反對同一哲學家的思辨的研究法，而試爲基於心理學的哲學組織。
2. 認識的先天形式，不能依思辨而發見，是只依心理的分析而意識的。
3. 理性的觀念的認識，也和感性及悟性的自然的認識相同，是有客觀的妥當性的。

比尼克
1. 承富里士的心理學，更極端的排斥思辨的認識。
2. 所有認識的根本都是經驗，如哲學也不過是經驗學的一種。
3. 以實驗心理學爲基礎，依內官而認識自我，依自己意識的比論而認識外界，這是正當的哲學的研究法。
4. 道德律是依經驗發展而來的東西（離却康德之說）。
5. 學說繼承者……攸伯爾維，弗爾脫拉格。

第十一章　十九世紀的德國哲學和倫理學

第一節　赫格爾學派的分裂

康德的深遠的批判哲學，雖引近世德國哲學入於全盛期，而使幾多偉大的學者相繼而起；但其中由十八世紀末葉至十九世紀初頭，聳動學界耳目的，就是赫格爾的汎理性論和叔本華的汎意志論互相對峙。赫格爾的哲學尤其成爲普魯士的官學。而其學說的繼承者很多，從他一八三一年死後的十年間，差不多風靡全歐洲的學界。

然而和他死後同時，在其學徒間，早就伏下分裂之兆。開他的分裂之端的，就是斯士勞(David Friedrich Straus, 1808－1874)的基督傳(Leben Jesu)。

赫格爾嘗述宗教和哲學的關係，以爲兩者是同其內容而只異其形式的東西。就是說哲學的形式是概念，宗教的形式是表象；又以宗教爲哲學的『舉揚的要素』(Aufgehobenes Moment)。舉揚的要素，是與其發展的劣等思想作爲優等思想的階梯。他主張舉揚有保存，向上，破壞，三義。赫格爾學徒的分裂，就是由此用語的解釋而生的。有進步傾向的學徒，就說着哲學和宗教的不可調和，以爲哲學就是破壞宗教上的信條而生的，所以在學問之中，是不包着信條的；有保守傾向的學徒，雖把哲學當作在宗教以上的東西，但因哲學而宗教也並非無用，在哲學中還可保有信條。在進步派和保守派之間，又生出中間派，而赫格爾學派，因此分而爲三。斯士勞比照德國國會的席次，而呼進步派爲左黨，呼保守派爲右黨。

左黨的主要學者，從斯士勞始，而有斐爾巴(Ludwig Feuerbach, 1804－1872)，波愛爾(Bruno Bauer, 1809－1882)，盧格(Arnold Ruge, 1802－1880)，斯提爾耐(Max Stirner, 1806－1856)等。斯提爾耐就是約翰·迦斯帕爾·休米德(Johann Kasper Schmidt)的假名。右黨的代表者，有該懈爾(Gäschel, 1781－1861)，迦普勒爾(Cabler, 1786－1853)，恒里須(Hinrichs, 1794－1861)，夏拉(Schaller, 1810－1868)，愛爾德曼(Erdmann, 1805－1892)等。又中間黨有羅孫克郎(Karl Rosenkranz, 1805－1879)，米克來脫(Michelet, 1801－1893)，馬爾赫奈開(Mgrheineke, 1780－1846)及伐托凱(Vatke, 1806－1882)等。茲把左黨代表者

之所見述於左。

斯士勞　斯士勞著基督傳，而討論福音書中的歷史究爲事實與否。福音書的紀事從來就有兩樣解釋。第一，是認他爲正確的事實的正統派的解釋。第二，是以爲這是耶穌的弟子故意做出來的無根事實的非正統派的解釋。斯士勞排斥是等的解釋，而作一新解釋。以爲福音書所記，也非事實，也非虛構，而是信仰所生的詩歌。就是信徒熱心宗教的想像，於無意識中歌出的寓言。所以福音書上的耶穌，並不是歷史上的耶穌，是信仰上的基督。知識和信仰是不可調和的，欲爲哲學家，就不能不完全離卻宗教的立腳地。他反對正統派的教義，遂傾向於唯物論。

斐爾巴　斐爾巴在他所著『基督教的本質』(Das wesen des Christentum, 1841)上，說宗教是人的想像的所產。所謂神，不外是把吾人的理想吾人的要求化爲人格者罷了。謂神爲全能，爲愛，是想像全能的東西，和愛的東西而附以神之名。神是人類依想像而造出的，所以是不存在於人類之外的。然則，宗教的中心就不是神而是人類了。他說神學就是人類學，而在人類學之外，是沒有所謂哲學的。他以爲人是被支配於自然的影響者。他的名言是『食物變成血液，血液變成心臟和腦髓，思想和精神物質。食物是人文和思想的基礎，人是從其所食的。』他的學說是最鮮明的表現出來唯物論的傾向。

右黨和中間黨所說無可紀載，茲從略。

其他赫格爾學派　在屬於赫格爾哲學系統的其他學者，以美學家著名的，有維爾戴爾 (Karl Werder, 1806－1893)，維霞 (F. Th. Vischer, 1807－1887)，蘇信古 (Zweising, 1810－1876)；出名的史學家有休維洛勒爾(Schwegler, 1819－1857)，徐來爾(Zeller, 1814－)，飛霞(Kuno Fischer, 1824－1907)等。由斐爾巴的自然論出發提倡社會主義的拉薩爾(Lassalle, 1825－1854)，馬克斯(Karl Marx, 1818－1883)，恩格爾斯(Engels, 1820－1895)等，也不能不數在赫格爾學派之中。

馬克斯生於托里爾。他的父親是猶太人。學於奔和柏林大學。當時他是熱心赫格爾的聽講者。卒業後，赴巴黎，和德國亡命者黑奈並恩格爾斯等相交接。一八四七年，蒞倫敦社會黨大會，就和恩格爾斯一齊作成了共產黨宣言。其後曾一度歸德國，但晚年卻住在倫敦，而注力於其主義的宣傳，和完成其著述。他是科學的社會主義的開創者，在近世思想史上為重要之人。他的唯物史觀，是由唯物論的見地而批判人類歷史的。但本書在此沒有餘裕來詳述他。

其他還有在英國和法國等，出來很多受了赫格爾影響的學者，但對於這個，俟後再述。

半赫格爾學派　在以上所舉者以外，還有調和那把神看作內在的赫格爾思想，和把神看作超越的基督教的思想，從經驗的立脚地企圖有神論(包含汎神論在內)的建設的一派學者。這一派受了赫格爾哲學的影響，但不完全受他的束縛，一方面又大反對他的思想，所以稱作半赫格爾學派。維塞(Christian Hermann Weisse, 1801－1866)，非希泰(Immanuel Hermann Fichte, 1796－1885)，菲夏爾(Karl Philipp Fischer, 1807－1885)，烏里契(Hermann Ulrici, 1806－1884)等，都是他的代表者。這裏所舉的非希泰，就是那大哲學家非希的之子，而通常稱為小非希的。

維塞是反對赫格爾的汎神論的唯心論，想把謝林格的神智學和雅哥伯·波邁的神秘說的意味加入於基督教的教義，以立倫理的有神論。小非希的是由其父非希的的知識論傾向於赫格爾的思想，更把神爲人格的解釋，遂歸到倫理的唯心論。烏里契是以確定的事實，尤其是自然科學的結果爲基礎，建設唯心的世界觀並人生觀，而證明神和自然信仰和知識的並非相離。他也把神解釋爲倫理的而和小非希的相等同歸於有神論。

此外有爲休蕾爾馬赫學徒的布臘尼斯（Julius Braniss, 1792－1873），在謝林格影響之下的桑格勒爾（Jac Sengler, 1799－1878），休美托（Leop Schmid, 1808－1869），胡伯爾（Johanes Huber, ＋1879），迦里愛爾（Mor Carriere, 1817－1895），史提芬孫（Steffenson, 1816－1888）有如小非希的受了老非希的的影響一樣的卡黎伯斯（Chalybaus, ＋1862），哈爾孟（Friedrich Harms, ＋1880）等，也可列入此學派之中。

第二節　唯物論的勃與

萌芽於十八世紀之終的自然科學的研究，至十九世紀而爲長足的進步，學術上的大發明，大發見，就繼續的出現了。拉汪介（Lavoisier, 1743－1794）在化學的方面貢獻關於燃燒的新說，拉馬克（Lamarck, 1744－1820）在生物學方面，發見生得習慣的遺傳的原則，拉普拉士（Laplas, 1749－1829）在天文學方面倡星雲說，來伊兒（Lyell, 1797－1875）在地質學方面，應用進化論而說明地質現象，美爾（Robert Mayer, ＋1878）貢獻勢力保存說，赫爾智（Heinrich Hertz, 1857－1894）又發表關於電氣的學說。在科學上如此成功，驚動世人的觀聽，而在自然科學者中，就生出把生理的現象用自然科學說明的人。於是一時風靡德國學界的唯心論的思辯哲學也就漸漸地生出衰頹的徵兆了。到了赫格爾學派間生出分裂，由從來極端唯心論的立脚地生出那如斯士勞和斐爾巴的唯物論的先驅；而想把一切現象皆依物質的機械的運動而說明的傾向，就猛然抬頭於德國學界了。一八五四年在哥丁弇開自然科學會，對於瓦格耐爾（Rudorf Wagner）所發表的『離物質過程而獨立的靈魂之存在』的論文，否格托（Karl Vogt, 1817—1895）就以『盲目的信仰和學問』爲題而試爲激烈的反駁。這就是唯心論對唯物論爭論破裂的嚆矢。以否格托之說爲機緣，而懋來蕭脫（Moleschott, 1822—1893），比西細耐（Louis Büchner, 1824—1899），珂藻爾伯（Heinrich Czolbe, 1819—），赫克爾（Häckel, 1834）等著名的唯物論者，就相繼而起了。

懋來蕭脫　懋來蕭脫在他所著『生命之循環』中，以拉伏攸爾之發見爲根柢，而說：『生命是物質由無機而有機，更由有機移於無機而行的永遠之循環。』當時學者多攻擊那認生命爲有機體的體力以外的東西而提倡最明白的唯物論，以爲沒有物質就沒有力，沒有力就沒有物質。思惟要不過是腦物質運動的結晶。

比西細耐　比西細耐承襲懋來蕭脫之說，而加以達爾文（Darwin, 1809—1882）和來伊兒的進化論，在後更容納拉馬克的生得習慣的遺傳說，就使唯物論的基礎益加鞏固。依他說，世界是由物質而成的，世界的秩序是因物質進化而生的，而世界也不是神，也不是自由，也不是不滅，也不是終局的原因。萬物無論是有生命者與否，全都是物質。所謂生命就是在便宜境遇之下，自發的生出的物質之結合。精神活動是由外界刺激而起於腦灰白質的運動，和電氣磁氣及其他物質運動，並不異其性質。他的著述，有『力和物質』（Kraft und Stoff, 1855）—

書。

珂藻爾伯　珂藻爾伯雖也如其他唯物論者，否定感覺的世界；但卻不像其他唯物論者，由自然科學的見地以論感覺的世界，而獨以道德的要求為理由。以為事實是看的方任憑怎樣都能說明的，所以把一切為自然論的說明，不必是拒絕超感覺的世界的存在。拒絕超感覺的世界存在的理由，乃是基於道德的要求。怎麼說呢？滿足自然界的，是至高的幸福。承認超感覺界，就是反於幸福的，因而就是不道德。因為把一切現象為機械的說明，乃適合於道德上的要求。

他又以知覺和感情，為最簡單的精神的要素，由此說明一切心的作用。知覺和感情，從久遠之時，就潛在於空間，這就是世界精神。腦髓作用就是使這世界精神成為現實的。由此現實化的世界精神（即知覺和感情）而生一切精神作用，所以一切精神作用，都是潛在於空間中的世界精神的顯現。而世界精神，是在空間有延長的，所以說吾人的精神作用，也是有延長的。這是以此心理說為延長說。

彼雖亦依唯物論根本思想的萬有的機械的說明，和精神作用的感覺的解釋，但和其他唯物論者的論據不同，而能思索到唯物論的根柢。他所留下的有『新感覺論』(Neue Darstellung, des Sensualismus, 1855)，和其他有名的二三種著述。

赫克爾　赫克爾是以由比較解剖學，古生物學，發生學等的研究而發見的事實為根據，依進化論的原理而說明宇宙發生的。照他說，一切萬物，都是從那由根本的實體進化的根本元子而發生的。若溯天體的發生和有機體的發生，都歸於此元子。例如有機物，是單一細胞進化的，而此細胞的原形質，就是由無機物的炭酸鹽而生的。所謂神，不外是根本的實體所具備的恒常的勢能感覺和意志是實體的屬性。所以在實體進化而來的自然界，無論什麼都不能不有感覺和意志即精神的存在。因而並不是起原於精神的。卵和精子有細胞精神，受胎的卵有胚胎精神，植物有纖維精神，動物有神經精神。人類的精神生於受胎的卵之中，由低的動物精神而次第進化。

要之，赫克爾之說，就是把實體和物體看作同一，把精神認作物體的普遍的屬性的唯物論的一元論。他有一部名著叫作『宇宙之謎』（Die Welträthsel Gemeinverständliche über monistische philosophie, 1899）。

第三節　新康德學派

及赫格爾哲學風靡德國學界，而康德哲學，雖一時衰歇；但到了一八六〇年，飛霞的『康德』出，學界的注意再集中於康德，所謂『歸向康德』的聲音，隨地而起。其次出於一八六六年蘭格的『唯物論史』，對於那在當時思想界中以不可侮的勢力而進行的唯物論，下決定的斷案，同時又與康德哲學復活以有力的動機。這樣一來，康德哲學又在思想界上生出極大的勢力，生出許多研究他而使他發展的學者。這等學者，總稱爲『新康德學派』。在新康德學派中，有以祖述康德自任者，和試行改正者二種。後者特稱爲『半康德學派』。在以祖述康德自任者中，也生出流於訓詁釋義之末，而只事字句穿鑿者，或繼承康德哲學一部分者的種種學派。又康德哲學的研究，不祇在德國，在英國，法國，義大利，荷蘭和其他各國，也都大有影響，在這幾國中也出了關於新康德學派的許多學者。列於北澤定吉氏『哲學大辭書』裏的新康德學派的分類，有如左表：

康德文獻學者

- 愛爾德曼(Benno Erdmann, 1851—)
- 華新格(Hans Vaihinger, 1852—)
- 李凱(Rud Reicke)
- 克爾巴(Karl Kehrbach)
- 安納爾德(E. Arnoldt)
- 阿提克(E. Adickes)
- 克勞茲(All. Krause)
- 哈因在(Max Heinze)

康德哲學者

- 蘭格(F. All. Lange, 1822—1875)
- 寇茵(Hermann Cohen, 1842—)
- 納陶爾蒲(Paul Natorp, 1854)
- 斯坦姆來爾(Stammler, 1856)
- 烏爾倫德(Vorländer, 1860)
- 斯陶丁格爾(Franz Staudinger)
- 伯蘭斯坦(Eduard Bernstein)

德國新康德學派

- 瓦爾闊曼(Ludwig Waltmann)
- 黎布滿(Otto Liebmann, 1840—)
- 富爾開托(Johannes Volkelt, 1848—)
- 文岱爾邦(Winderband, 1848—1916)
- 休爾在(Fritz Schultze, 1846—)
- 愛爾哈德(Franz Erhardt, 1864—)
- 實踐哲學者
  - 羅門德(Hur. Romundt, 1845—)
  - 朴爾孫(Frdr. Paulsen, 1846—1900)
  - 高爾獨秀米(Goldschmidt, 1853)
  - 蘭笛斯曼(Landesmann, 1821)
- 康德神學者
  - 李秀爾(A. Ritschl)
  - 赫爾曼(W. Herrmann)
  - 利普修斯(Rich Adebert Lipsius)
- 海侖霍爾(Helmholtz, 1821—1894)
- 羅克坦斯基(C. Rokitanski)

- 附受康德影響的哲學者
  - 藻爾耐 (C. F. Zöllner, 1834－1882)
  - 抹克 (Ernst Mach, 1838－)
  - 赫爾智 (Heinr. Hertz, 1857－1894)
- 附近於康德學派的學者
  - 雷因霍爾德 (Ernst Reinhold, 1793－1855)
  - 美爾笛格 (Reichlin. Meldegg, 1801－1877)
  - 美爾 (Bona. Meyer, 1829－1897)
- 英國新康德學派
  - 古林 (Thomas Hill Green, 1836－1882)
  - 凱爾德 (Edward Caird, 1908－)
  - 開特 (John Caiad, 1802－1898)
  - 保拉多爾 (Bradley)
  - 鮑桑球 (Bernard Bosanquet)
  - 烏爾士 (William Wallace, 1843－1897)
  - 亞達謨遜 (Robert Adamson, 1852－1902)
  - 郝第遜 (Shadwarth, H. Hodgson)
  - 瓦特 (James Ward)

- 德國以外的新康德學派
  - 法國新康德學派
    - 黎納溫 (Charles Renouvier, 1818–1903)
    - 拉西列 (Jules Lachelier, 1832–)
    - 鮑突爾 (Emile Boutreux, 1845–)
  - 義大利新康德學派
    - 泰斯塔 (Alfonse Testa, 1784–1860)
    - 康托尼 (Carlo Cantni, 1840–)
    - 陶科 (Felice Tocco, 1845–)
  - 荷蘭新康德學派
    - 亨邁爾 (Paul van Hemert)
    - 秦開爾 (J. Kinker, 1764–1845)
    - 盧易 (Le Roy)
    - 巴凱爾 (J. A. Bakker)
    - 修雷德 (Joh. Frd. Ludw. Schröder, 1779–1845)

蘭格　蘭格生於早林根，是做過馬魯布爾西大學教授的人。他的名著『唯物論史』(Geschichte des Materialismus, 1866)，是把唯物論的價值爲正當的批判，一面承認唯物論的價值，一面又把唯物論的萬能說推翻了。他說：唯物論是排斥目的觀的，而要把世界爲機械的說明的。因而也把精神現象看得和自然現象相同，認爲是受必然的法則支配的。最好是把腦和神經的官能由於必然的法則說明之。然而像那把神經系統的物質的進行置於精神的進行，和因果的關係上的那樣事，就很是謬見。意識並不是有機的進行之一節，乃是由他方面觀察那進行。意識的進行是主觀的狀態有機的（物質的）進行是客觀的狀態。自然科學者只注目於客觀的有機的進行。把意識的進行雖也可以說他不過是有機的進行，但於兩者之間，認有因果的關係，是不當的。唯物論在為學問的研究法上雖然有價值，但把他看作世界觀和哲學體系，就不得不陷於自相矛盾之域了。運動和意識是同一物的兩方面。然我等表象的現實界，不過都是我等體制（Organization）之所產罷了。不單是外界，就是吾等的感覺器官，神經系，和腦髓，都祇是對於意識而存在的。自然科學者雖把一切看作物質的進行，然物質的進行也是我等體制之所產。我等只能認識此現實界，由機械的法則而說明之。我等不得認識那絕對的實在。我等於是就不禁要在現實世界之上，建設價值和理想的世界。這就是美術，宗教，哲學發生的原因。理想的世界並不是科學的真理的世界，不是道德的價值的世界。認識和理想，是異其根柢的，科學和哲學，是不可混同的。蘭格學說，承認唯物論的價值，可作為科學研究的方法，同時在世界唯物論的解決上，加以堅銳的駁擊。

新康德學派的特色，承認康德的認識論，把認識的範圍限定於經驗世界；說超越現象的實在之認識為不可能，並拒絕形而上學的可能了。他和唯物論者，在想把世界一切為機械的說明的一點上雖異其旨趣，但在汲取自然科學精神之點，不能說其間沒有相似的。

第四節　實證論和意識一元論

實證論　略和新康德學派起於同時代，也如新康德學派重經驗而排斥形而上學的，就是實證論者（Positivisten)。實證論或稱作積極論，是對於看具體的實驗觀察較抽象的思辨爲重者的命名，但其意味，也未必用於一樣。柯謨托的實證論，米爾和斯賓塞的實證論各有各的意味，有如謝林格和巴德爾之說，也被呼爲超自然的實證論。在此所述的德國實證論，是依臘斯(Ernst Laas, 1837－1885)黎耳(Alois Reihl, 1844)，抹克 (Ernst Mach, 1838－) 愛維拿柳 (Richard Avanarius, 1843－1896) 等所倡的感覺的認識論。

臘斯稱根據知覺的哲學爲實證論，而斷言在實證論以外，沒有哲學。依他說，知覺是意識的根柢，因爲一切精神作用，都是知覺的變形，所以若除外知覺，那就也無主觀，也無客觀，也無精神，也無物體。如不基於知覺的形而上學，畢竟不過是一種迷信，沒有什麼科學的基礎。道德也似科學，是應當在感覺界中研究的。善之價值，是不當求於超感覺界的。

黎耳也和臘斯相同，只承認那以感覺的事實爲基礎而出發的認識論有科學的性質，而斥形而上學爲非科學的哲學。

愛維拿柳以純粹經驗爲認識的對象。所謂純粹經驗，就是直接得來的經驗。既不生主觀客觀之別，也不生所謂意識或表象的名稱。認識是周圍事物動於我的神經中樞，而是神經中樞把他發表的活動。若究其周圍之事物，和神經中樞(我)及神經中樞的發表(經驗)的關係，他的性質就自然明白了。

意識一元論　由新康德學派出發，而加上實證論者的意味，以直接經驗爲實在，而以之爲認識的對象者，就稱作『意識一元論』(Bewusstseinsmonismus)或『內在哲學』(Immanente Philosophie)。他的代表者，有秀普(Schuppe, 1836—)，雷謨開(Rehmke, 1848—)，梭爾代倫(Schubert Soldern, 1852—)，考富滿(Max Kauffmann, +1896)等。

秀普說實在卽爲意識的內容，像那不能成爲意識內容的實在，是不可思議的。意識的內容，就是豫想既已意識的自我，從此個體意識，更引出一般意識。他說：一般意識就是抽象的自我，並不是脫離個體意識而獨立，而具體的存在的。乃是遍滿於個體我的個人意識的本質。個人意識是此一般意識的異時異地而表現的。對於一般意識的實在，就是脫離個人意識而獨立的客觀世界。在此世界上的制約，結合於吾人的意識，而認識對象。故秀普由唯我論出發，遂至認客觀世界的實在。

雷謨開說精神和物質並不是對立的兩個實在。外界和內界相同，也是精神之所產。精神不存在時，物質也就不可思議了。若精神的存在確實，那麽外界的事物也和內界的表象，感情，努力一樣，也是確實存在的。

梭爾代倫和秀普之說，是從不同的見地而倡唯我論的。以爲吾人要知意識以外的任何事物，都是不可能的。但既已知的東西，便獨立於個人我之外而存在。在認識論的範圍內，唯我論是難避的。然而若從形而上學和實踐的立場去考察，那唯我論就不能成立了。所謂形而上學的唯我論，就是把我的腦，我的心元子，在過境的事物之中，而認世界的存在爲現象的；所謂實踐的唯我論，就是個人我支配世界的萬物，而得自由改造他。這類的唯我論，到底不能成立；只在認識範圍以內，可以抱着這種唯我論。

意識一元論把實在和意識看作同一的，所以一個個都陷入唯我論，不得出自我範圍的一步，而生出如非希的以自我代絕對我的結果。然而在他想拿意識爲基礎而說明一切之點，和蘇格蘭的哲學者和人格的唯心論者的主張，頗有相契合之點。

第五節　新哲學的組織

在康德以後，有壟斷德國思想界的兩個潮流：一是非希的，謝林格，赫格爾等思辨哲學者所倡的唯心論；一是以自然科學者爲中心而起的唯物論。受自然科學的精神的影響而起的新康德學派，實證論，內在哲學等，其立論的根柢，雖多少有點不同，但在排斥超越現象界的實在界的認識，拒絕形而上學之可能，以哲學爲只限於認識論的一點，不得不認其有共通思想潮流。因爲這種新哲學發生，赫格爾派的思辨哲學，雖然失墜其勢力，但在一方面，又有提倡調和自然科學者的機械觀，和思辨哲學者的目的觀的唯心論；而和認識論並行，而試爲形而上學的建設的新哲學體系表現出來了。屬於這系統的學者，有多蘭地侖保 (Trendelenburg, 1802-1872)，費西耐 (Fechner, 1801-1887)，羅齊 (Lotze, 1817-1881)，赫脫曼 (Hartmann, 1842-1906)，文德 (Wundt, 1832-1919)，伯爾格曼 (J. Bergmann, 1840-)，倭鏗 (Rudolf Eucken, 1846-)，黎布曼 (Liebmann, 1840-)，富爾開托 (Johannes Volkelt, 1848-)，愛爾哈德 (Fr. Erhardt, 1864-)，卜塞 (L. Busse, 1862-)，斯皮克爾 (Spicker, 1840-) 等人。

一　多蘭地侖保

多蘭地侖保生於維發，修哲學和文獻學於基爾，來比錫，柏林諸大學，其後爲柏林大學的教授。他是從古典研究人哲學，而對於赫格爾和海爾巴脫加銳利的批評的。在他的學說中，特可注目的，就是論理學和倫理學。

他定論理學的目的說：「論理學就是以論認識和由一切之學而立的必然爲目的的。」他排斥離內容而祇論思惟形式的形式論理學，和離開知覺而論純粹思惟的赫格爾的辯證法。以爲眞論理學是在認識成立上承認有必要的實在和思維的對立，而研究這兩者是如何而結合的。然則結合實在和思惟的是什麼呢？他以運動爲其結合的原理，運動之現於外界的是實在，現於內界的是思惟；所以說實在和思惟即認識的主體和客體是共通的。他想試行形式論理學和形而上學的論理學的調和，而由運動的概念，演繹出(一)數學的範疇，(二)實在的物理的範疇，(三)有機的範疇，(四)倫理的範疇，(五)樣式的範疇的五個範疇。

他的倫理說，是基於有機的世界觀的完成說。他把世界當作目的論的觀察，以爲至高的目的觀念爲倫理化，就可得神的概念。依他說所謂道德的本務，就是目的的實現。所謂目的的實現，就是完成人的本質。換句話說，就是由感性的進於理性的，以實現眞善美。爲達此本務，個人就有集而組織國家的必要。國家就是倫理的有機體，國家的基礎，就是權力。以此權力爲中心，而期感情和知力鞏固的統一，就是國家的目的。他的國家雖是如柏拉圖所說，是理想的普遍的人；但不像古代國家觀念完全不認個人的價值，個人權利也是不能不尊重的。國家（即倫理的有機體）爲使其團體和個人保存向上而設的規定，就是所謂道德律和法律。合法和道德，不像康德，說是可區別的，亦不像赫格爾，說是可依人倫而調和的；他乃採取亞里士多德和柏拉圖的見解，想依法律關係以見道德的要素。然人不單是政治的動物，并是歷史的動物。倫理範圍只限於國家和公民，那是很狹隘的。

他的論理學和倫理學得之於亞里士多德的地方，是很多的，所以被稱為十九世紀亞里士多德的復興者。

二　費西耐

費西耐生於麥斯科，修醫學於來比錫大學，後在同校教授物理學，晚年卻專從事於著述。他是物理學者，但哲學心理學等的造詣也很深，尤其在心理學上，他是有名的精神物理學的主倡者。關於哲學和倫理學的著述，有『Zendavesta, 1851』『精神物理學原理』(Elemente der Psychophysik, 1860)『黑暗觀對光明觀』(Die Tagesansicht gegenüber der Nachtansicht, 1879)，『至高善論』(Über das höchste Gut, 1848) 等書。

哲學說　費西耐的哲學就是說：『神是在一切之中的(汎神論)，一切都是有段階的排列的活物，而精神和物質，就是同本質異現象的(並行說)。』精神和物質是同一的進行，恰如圓，由外觀之，就是凸，由內觀之，就是凹；同一的進行，在其自身現為精神，對外就現為物質。所以在物質的進行所存的地方，必伴着精神的進行，而在世界中，沒有一個是無生無心的東西，任如何下等動物，植物，及地球，天體，都完全有這精神的活動的，不過意識的程度相異罷了。不像物理學者和唯物學者的所想，說世界是無色無音而黑暗靜寂之境，乃是由最小至最大，為段階的排列的光明世界。他把前述的物理學者和唯物論者的世界觀稱為黑暗觀；把自己的立腳地稱為光明觀。他把物質和精神看作同一物的兩面。然而他是否定在其間的因果關係的。在精神的進行和物理的進行之間，求函數關係，是有名的精神物理學。他的汎心論的並行說，不用說，是得自斯賓挪莎的地方很多了。

倫理說　費西耐倡樂天的人生觀，這是由他的光明觀生出來的必然的歸結。一切都是由同本質而成的，所以是受同法則的支配的。支配一切的物質的原理，就是安定的追求；對於此的精神的原理，就是調和的追求。那麼存在於宇宙的萬物，雖必要具備着固有的安定和調和，可是在最下等的物體，也有不意識其原理的。發展的段階愈望上升，則愈明顯，至神即充分被實現。在此原理十分實現的地方，就有絕對的快樂（善）。存於神以下的不善，在神不過是實現絕對善的手段罷了。所以存於現實界的不善，只不過是消極的性質。

他由樂天觀進而倡着幸福說，以爲世界是絕對的快樂實現的過程。助成此過程，就是吾人的任務。所以道德律，可以拿所謂幸福增進的話表現出來。所稱幸福，並不是個人的幸福，而是全世界的幸福。是從神的意志，而實現世界的目的的。因爲這種道德律是一致於理性法則的，所以從理性而活動，即是道德的行爲。

世界的發展，有一定的理法，萬物是必然的被支配於此理法的；所以吾人的意志，也沒有絕對的自由。吾人的意志是依內部的必然的關係而決定的，由外部來左右他的自由，是不能够的。然而決定這個的，就是自己的人格。在由自己的人格決定意志而服從的地方，有道德律的根據，而道德的責任，就由此發生。

三 羅齋

使拉比尼都，海爾巴脫及物理學者的實在論，和赫格爾，非希的及謝林格等的唯心論相調和，而倡目的論的唯心論的偉大哲學家，就是羅齋。他在來比錫大學修醫學和哲學，爲同大學的教授，更轉於哥丁弁大學和柏林大學，後歿於柏林。在哲學上的著述，有『哲學體系』(System der philosophie, 1874)『小宇宙』(Mikrokosmos, 1856)；倫理學上的著述，有『實踐哲學講義』(Vorlesungen über die Grundzüge der praktischen Philoso phie)。他是在生理的心理學上有了不少功績的人，也有心理學上的著書。

哲學說　羅齋的形而上學說『萬物都是有心的』(汎心論)『萬物都是關係的存在，』這是他的根本思想。所謂『有』物，不單是被知覺之謂，而是有相互關係之謂。所以當我不意識之時，他人意識之當一切都不意識時，物自身的相互關係依然存在。離卻關係的純粹的『有』是抽象的產物，就是赫格爾的所謂『非有』。所謂物是什麼？就是變化狀態的支持者。變化的狀態雖得知覺，但爲其支持者的東西，是不易知覺的。感到在變化狀態底下，有恆常的支持者的，只有吾人的意識。所以物若是眞正實在，那就可以由比論而把他看作精神了。在本質上雖有無數段階，但存在的東西一總都是有心的。關係就是相互的作用。然則物如何而得相互作用呢？物若是完全獨立的實在，那相互作用就不能不終於不可能了。若相互作用行，那麼物就不是獨立的實在，乃是唯一實在的狀態或部分。唯一實在的部分，若是相互作用，那麼，他的絕對者就作用於自己之上了。這樣無限的無制約的實在，就是宗教上之所謂神。神是最高絕對的人格。世界並不是神的本性的必然的開展，而是依屬於神的意志的東西。

羅齋於認識論上討論空間和範疇的主觀的事情。依他說，表象並非外界刺激的模寫，而是其結果。認識也是一種相互作用，和一切事物相互關係一樣，都是依吾人的精神和外界的相互關係而生的。所以這兩者特殊依屬於精神的地方是很多的。因而表象並不是忠實地把客觀界寫出的。然而實在界雖不原樣表現，但表象自身卻有價值。若依外界的刺激，而在精神中不生出表象的世界，那麼，世界實是寂寞無意味的東西了。

倫理學說　羅齋以至高善的觀念，爲世界的目的和根柢。然而由此至高善，如何而成立世界，到底不是吾人的知識所容易說明的。所謂至高善是什麼？就是福祉。他以爲福祉不以行爲爲限，並把無關心的狀態也含包於其中。在以善爲世界的根柢，和以倫理學爲形而上學出發點之處，使人想起非希的的思想。但他不像非希的，以活動自身爲目的，並以他爲理想實現的手段；乃在至善的觀念上加上美的要素的意味，把世界解爲倫理的美的。

他以善的研究，爲倫理學的目的。善（卽福祉）若是具體的說來，就是於外得幸福，於內得心的平和。使善實現的方法，就是努力於世界終局目的的達成。欲達世界終局目的，就須服從良心之所命。良心命我等爲何呢？幸福論者以最大的幸福答之，克己論者以欲望之否定答之。因爲無快不快的感情，而讚賞善而非難惡的事，是不可能的，所以道德律含着幸福，是顯明的事。善和幸福畢竟是同一而不能分離的東西。和幸福無關係的行爲，是沒有道德的價値的。

行爲和動作相異，是發於自由意志，而有一定目的的。凡附與行爲以道德的評價，乃是以意志的自由爲前提的。雖也有人倡道吾人意志是從精神組織而來的因果法則，而必然的決定的，但自由是以必然爲豫想的。因豫知甲的結果爲乙，所以爲得乙的結果，而就意志甲。自由和必然，並不是二元的對立。

我等良心所最賞讚的行爲，就是博愛。所以博愛人而增進其幸福，並圖社會的福祉，卽是倫理的大本。

四　赫脫曼

調和叔本華的汎意志說和赫格爾的汎理性說，而組織新同一哲學的，就是赫脫曼 (Eduard von Hartmann, 1842—1906)。他是柏林人，十七歲時，入近衞騎兵隊，而升進士官，但五年之後，因病出隊，就專從事於哲學的研究而受學位。德國歷代哲學者，差不多都是大學的教授，而他卻是爲民間的一私人而發表研究的。在十九世紀後期他和文德並稱爲大哲學者。在許多著述中，以『無意識哲學』(Philosophie des Unbewussten, 1896)爲最有名。

赫脫曼若與文德相比較，雖是比較的形而上學的色彩濃厚的哲學家；但還顯然受了時代思潮的影響，如『無意識哲學』就是力圖由自然科學所得的材料，以正確其立論的根據。這書從社會上博得多大賞讚的理由之一，就是存於這一點上。

哲學說　赫脫曼以宇宙的本體爲無意識者(das Unbewusste)，而以意志和理性爲其屬性。他先述宇宙中本體的存在，以爲吾人若不依表象，雖不能認識外界；但以表象的起原，爲只在於吾人的心中，這是謬誤的。吾人在依五官而得感覺之際，必感着某程度的抵抗和壓迫。外界若無何等的實在，就不能說明爲何生出抵抗和壓迫。由如斯的事實而推論，萬有本體的實在，就明瞭了。認識是依外界的刺激，和應於此的內容作用而成的；所以時間，空間，範疇，是不可單看作內界形式的。內界的活動和外界的活動，是有關係的。換句話說，直觀形式及範疇的存在，不以現象爲限，客觀界也是有實在的。他的認識論的立脚地，是把外界事物當作毫無疑義的實在之素樸的實在論，和那說外界是依吾人精神上所具的形式而組織的新康德學派的絕對的唯心論，綜合起來的，這是最顯明無疑的。

宇宙的本體若爲實在，那麼這本體是什麼呢？就是相連而來的問題。叔本華以宇宙本質看作盲目的意志，但由盲目的意志，如何生出反對的辨別的表象的？這是不易說明的。赫脫曼於茲以爲：『意志和理性是相對的原理，而不是根本的原理。宇宙的本體也不是意志也不是理性，而是以意志和理性結合爲內容的具體的一元之絕對。』他就名其絕對爲無意識。宇宙的本體，是無意識的，意志和理性，任何也不過是其屬性罷了。實體的本質，爲現象而顯現就是盲目的意志壓倒理性的結果。然而意志是不得絕對的支配理性的，須臾理性就克服意志，再復於無意識的舊態。由無意識出發而歸於無意識，就是世界發展的過程。

倫理說　依赫脫曼說，所謂道德的本務，不外是助成世界發展的過程。一切現象，都是意志壓倒理性的結果，而由無意識生出來理性克服意志而復歸於無意識，這就是世界發展的過程。所以助成此過程，即以無意識的目的，爲自我的目的，耐着現在的苦痛煩悶，而達於普遍的解脫，就是道德的本務。現在的世界，是盲目的意志壓倒理性的結果所顯現的。所以並非是善美的世界，寧爲苦痛和充滿不幸的最惡世界。然而須臾理性就離卻意志的制御，而歸於無意識的舊態了。即自然是向於終局的目的，而着着進行的。如個人在現世所受的苦痛，不過是世界救濟的手段。現在的吾人，雖不能說是幸福，但在未來所可達的狀態，必是幸福無疑的。

總起來說，赫脫曼的世界觀，對於個人是厭世觀，對於宇宙全體是樂天觀。對於現在的狀態，倡厭世觀，對於未來的狀態倡樂天觀。他就把這立脚地稱爲進化的樂天觀。

五　文德

以自然科學和實驗心理學的結果爲基礎，採取許多思辨哲學者的思想，想把十九世紀的知識，組織在一大體系之下的，就是文德。他生於巴頓州的尼開魯，學於邱萍根，哈德堡和柏林諸大學，由哈德堡大學的額外教授，經瑞士球黎西大學教授，更轉來比錫大學教授，而於一九二〇歿於其地。他是十九世紀哲學之代表者。他的學問賅博而深遠，忠於經驗的事實，而長於思索，彷彿如古代亞里士多德和近世拉比尼都。他在學界的功績，是統合自然科學和精神科學的成果，作出那滿足他所謂悟性和情意的要求的世界觀和人生觀，除把那依羅齋費西耐而開拓的十九世紀的理想哲學放在更加一層鞏固的地盤之上外，又建設科學的心理學，開創民族的心理學；在心理學的進步發展上，給與很大的貢獻。一八七八年他在來比錫大學所附設的心理學實驗室，就是世界上心理學實驗室的嚆矢。他的著述，從『哲學體系』(System der Philosophie, 1889)，『哲學概論』(Einleitung in der Philosophie, 1901)，『論理學』(Logik, 1880)，『倫理學』(Ethik, 1886)，『心理學概論』(Grundriss der Psychologie, 1896) 等始，是很浩瀚的。尤其他晚年著作的『民族心理學』，是亘於言語，藝術，神話和宗教，法律，文化並歷史等的廣汎範圍，而以民族精神的所產爲心理學的研究的，凡十一卷八千頁，七十七歲時，公刊第一卷，直到八十八歲共費了十年間的勞作。他到老年而能完成此大事業，是很值得驚歎的。敍述文德學說的全部，不是一小冊本書所能的，所以只把他的哲學根本思想和倫理學說述如左。

哲學說　文德以綜合各個科學的知識，而組織無矛盾的體系之學爲哲學，把哲學分爲『知學』(Erkenntnislehre) 和『原理學』(Principienlehre) 二科；更把原理學分爲『自然哲學』，『精神哲學』，和『本體論』三部。知學即是認識論。

認識論　文德以直接經驗(Unmitelbare Erfahrung)爲認識論的出發點。所謂直接經驗，是主觀和客觀卽表象和對象不相對立的意識的根本的事實。認識是依外界的刺激和吾人的思惟作用的協力而生的。其中任何東西，都不能單獨存在或活動的。所以從思想上雖得分形式和內容；但形式和內容，並不能相離而存在的。內容和形式所具的活動(卽直接經驗)，是爲一切複雜的知識之源的意識的根本的事實。在此直接經驗中，依受着意志感情的支配與否，而分爲主觀和客觀的對立。主觀和客觀，有如康德的解釋，並不是從最初就對立的。認識的必然的，普遍的要素的直觀形式和範疇，是經驗的發展出來的概念；雖不如康德所謂，是先天的固定的，但此概念所生之源，是在乎吾人直觀作用和思惟作用的本質。所以於此意味，而以直觀形式和範疇爲先天的話，也未必是不當的了。他從直接經驗出發而述直觀形式和範疇所生的由來，而使休謨所嘗試的範疇起原的問題，復活於認識論上。

形而上學　文德也如康德，把悟性和理性區別，但非如康德在兩者之間附着本質上的差別，只不過認其程度上的差別罷了。依文德說，理性的對象，也和悟性相同，是現實界而不是超感覺界的物自身。因而形而上學和科學，並不是絕對的異其性質的；不過科學是以現實界爲部分的研究，而形而上學是綜合的考察全體的罷了。他把形而上學的考察的結果所生的觀念分爲三種：第一，是關於時間，空間，物質，因果的宇宙的觀念；第二，是關於個體精神和團體精神的心理的觀念；第三，是統一宇宙的觀念和心理的觀念的本體的觀念。

文德就依本體的觀念，而試爲內的經驗(卽精神界)和外的經驗(卽物質界)的統一的說明，以內容，形式所具的活動(卽直接經驗)爲認識的根本的事實的文德，更推此活動的原理，爲宇宙的本體，試爲萬有的解釋。宇宙的本體，是包含精神上和物質上的作用的一大活動。在活動以外，而認實體或本質，乃是謬論。宇宙的本體是活動，所以物質和精神，都不是異其本質的東西。因而吾人內的本質，是能夠移而把這個看作一切的本質。吾人的精神作用，在爲全體而有統一的以外，在各要素間，也是各各都有統一的，自然界也是有段階的統一的。統一有疏密之差。由疏的狀態，移於密的狀態，就是進化發展。他在以活動爲根本原理的立脚地上雖屬於主意說，但他的主意說，認統一原理的段階，是和叔本華不同的。又他的發展說，和斯賓塞的機械的自然的進化說，也大不相同。

文德又以神的存在難證明，說天啓之不足信。以爲若神而有可信的價値，也只有倫理的，道德的根據。

倫理學說　文德的倫理學說，是基於他的發展說的，發展說乃是他形而上學的中心思想。他討論道德的起源，以爲道德的觀念並不是人類先天本有的，也不是由文明突然現出的；乃是生得的萌芽，依社會的生活而發展的。他是以民族的心理學爲倫理學研究的出發點的。他的研究法，是倂用經驗和思辨的兩法。發見道德原理，用經驗的方法；說明倫理現象，用思辨的方法。

關於道德的目的，是批判從來諸說，而採進化的倫理說的。依文德說，關於道德的目的的從來立脚地，有權力說和目的說。在權力說之中，有把道德律的由來歸於神的外的權力說，和歸於實踐理性的內的權力說；但權力說，是可看作目的說的變形的，所以道德的目的，畢竟是歸於目的說的。在目的說中有幸福說和發展說，而各各分爲個人的，普汎的二種。文德把從來諸說爲如上的分類，而先吟味幸福說：以爲普汎的幸福說(卽功利說)總可還原於個人的幸福說。個人的幸福說，就是基於所謂『人是好快樂的』心理的事實，而以個人的幸福爲目的，拒絕在行爲上有道德的規範的。更吟味發展說，以爲個人的發展，若不豫想其他何等原理，那就成爲沒有內容的純形式的概念。這都是他所排斥的，而歸到普汎的發展爲吾人所當追求的道德的目的之結論。普汎的發展，只是在團體的精神生活上纔能求得的。外乎普遍的，客觀的精神生活，那就沒有價值。因爲這樣，故個人也有價值。發展普遍的精神生活，始得到眞的幸福。若求個人的，主觀的幸福，結局吾人就不得不陷於悲觀了。精神生活的發展，是無限的。因而依個人的努力，使道德的理想完全實現，是不可能的。向理想而進行的不斷的努力，即是道德的本質。使吾人趨向理想的動機（即道德的動機）是以感情爲根源的。感情有利己的感情，和同情的感情。於此感情上結合知的要素即感覺及觀念，而成爲道德的動機，更現而爲意志活動。動機因結合於感情的知的要素的種類，而生出（一）感性的動機，（二）悟性的動機，（三）理性的動機的種別。

近世心理學派　如文德以心理學爲根據，而說認識論，論理學或形而上學的近世哲學者，對於非里斯和比尼克的心理學派，總稱爲『近世心理學派。』屬於這學派最著名的學者，除文德以外，不能不舉伯倫東（Franz Brentano, 1838—）爲第一了。伯倫東的弟子，有斯同普（Carl Stumpf, 1848—）美農格（Alexius Meinong, 1853—）李普士（Theod Lipps, 1851）等。此外愛賓哥侯斯（Herm Ebbinghaus, 1850—1905）敏斯揵伯爾（Hugo Münsterberg, 1863—）霍魯茲（Ad. Horwitz）澤亭（Th. Ziehen）秋爾佩（Oswald Külpe, 1862—）努曼（Erunst Neumann, 1798—1895）笛爾太（Wilhelm Dilthey, 1833—）等諸人，也可列入其中。

第六節　新羅曼提克派

在十九世紀的普遍主義主知主義實證主義之旁，不斷的流着一個反動的思潮。這反動的思潮，就是依文學家，藝術家，思想家等種種人們而倡出的。他的主張，是極雜多的，但在標榜着個人主義，主意主義，主觀主義，尊重天才而反抗時勢之點，差不多是一致的。代表這種傾向者，總稱爲新羅曼提克派。新羅曼主義的主觀論，個人主義的傾向，在赫格爾學派的斐爾巴和波愛爾雖已表現了；但到以斯提爾耐（Max Stirner）的假名而出名的迦斯帕爾·休米德（Kasspar Schmidt, 1806—1856），唯物論的利己主義的色彩就更加一層鮮明了。他說吾人所有的東西一總都是吾人的財產，吾人之力就是吾人的權利；如所謂道德，是愚人之所爲，正義是幽靈的觀念，都是極端的話。受新羅曼提克派的影響而起的最偉大者就是尼采（Triedrich Wilhelm Nietzsche, 1844—1900）。

尼采　尼采最初志在做僧侶，入奔大學和來比錫大學修神學，卒業後暫就僧侶職，但無何去職後，在瑞士巴塞爾大學中講文獻學，因萌精神病的徵兆，專力靜養，無效，遂蒙不救的精神錯亂而死於悲慘之境。他詞藻豐富，行文縱橫，遺下很多著述。其中『悲劇的由來』（Die Geburt der Tragödie, 1872）『善惡的彼岸』（Jenseits von Gut und Böse, 1886），『査爾圖斯托臘如是觀』（Alsosprach Zarathustra, 1883）等書，是最有名的。

尼采的思想，是以叔本華的主意說爲根柢，採取柯謨托的實證論，達爾文的自然淘汰論，馬爾克斯的唯物史觀，休米德的極端的個人主義，而以權力意志爲最高至上的原則的強者本位主義。他不把其學說爲組織的敍述，乃以寸鐵殺人的警句，縱橫無盡，熱嘲痛罵。他的筆鋒，嘗能刺到讀者的肺腑。

爲尼采根本思想的權力意志的觀念，是把叔本華的生活意志說爲積極的改造的。叔本華是以世界的本體，爲盲目的生活意志，而說否定此意志的解脫方法的。然而尼采卻排斥叔本華的消極的解脫觀，而以生活本能的滿足爲人生的目的。所有生物，都有生存的欲望，想發揮自己的能力。道德畢竟不外是以此生活本能爲根源而發生的。人生的目的，在擴張自己的權力，滿足生活的本能。如人是從猿進化而來的一樣，將來就不得不超人，這就是有名的尼采的『超人論』(Ubermensch)。善是有力，惡是力弱。勉力擴大自己權力，强者勝而弱者敗，乃是自然淘汰的理法。教人要剛健，要勇敢。攻呀！戰呀！勿怕神，勿怕死，卑怯是最惡最醜的。他的人生哲學是極端的自我肯定，是偉人道德的高潮，是絕對的個人主義，是破壞主義，且是無政府主義。他雖肯定本能，但以作情慾奴隸者爲愚，所以不是純然的本能滿足主義。

尼采以如此思想爲基礎，而觀察現代的道德，宗教，制度，文明等，下銳利和峻酷的批評，費全力去打破和破壞他。現代是弱者占多數，借神和國家的權威，迫害優者和强者，而滅眞人滅超人的墮落世界。現代的道德，就是奴隸的道德。基督教就是奴隸道德的普及者。如原罪之說，在神之前，以人爲平等的話，就是由那不合理的虛妄的教理，以使人類卑屈，以使人類無氣力。他罵倒一切，想全然排斥從來的道德，而極力主張須出離善惡的彼岸，圖謀一切價值的改變顚倒。例如『犯罪可也，所有進步，都是犯罪成功的結果。』『瀆神可也，因神是已死的了。』……等言詞，不絕的出於其口。他是以反道德家自誇的。

尼采的思想，是個人主義，權力主義，破壞主義，無神論，唯物論。他是十九世紀時代生出的最偉大的病的天才。

第十二章　十九世紀的法國哲學和倫理學

第一節　啓蒙思潮的反動

由英國進來的羅克的觀念論和牛頓的自然科學的機械觀相結合而風靡啓蒙時代的法國的唯物論的，感覺論的思潮，雖至十九世紀還在繼續，而出了如迦巴尼斯(Cabanis, 1757－1808)，戴士圖(Destutt de Tracy, 1754－1836) 等的感覺論者，唯物論者。他們的反動，又有神學派，唯心派，折衷論派的三學派起來，於是近代法國的思想界遂呈着活氣了。

屬於神學派學者中的主要者，有鮑納德(Louis de Bonald, 1754－1821)，思脫勒(Josef de Maitre, 1753－1821)，臘美尼(F. R. de Lamennis, 1782－1854)等。

屬於唯心派的學者中，孟·玳·畢蘭 (Main de Biran, 1766－1824)，高拉爾(P. Royer Collard, 1763－1845) 等，是著名的。畢蘭是注重主觀的自發性和自己意識的能動作用，而反對以心意現象爲完全受動的說明的感覺論者。高拉爾是認生得的觀念的存在，而排斥以經驗說明一切之說。高拉爾的功績，就是把蘇格蘭哲學移植於法蘭西。

折衷論派起自屬於唯心論派的寇孫 (Victor Cousin, 1792－1867)，又引起玖富羅 (Theèd Jouffroy, 1796－1842)，達米倫(Damiron, 1794－1862)，卡奈(Paul Janet, 1823－1899)，盧諾維(Charles Renouvier, 1818－1903)，魯維孫 (Felix Ravaisson, 1813－1900) 等很多學者。這學派雖缺乏獨創之見，但把古今哲學諸

譯至法國，尊重哲學史的研究，而於法國哲學發達上，給與不少的貢獻。

寇蓀繼承畢蘭的唯心論，想把他和蘇格蘭哲學及德國哲學相調和。照寇蓀說，研究哲學，最初不可不依觀察，分解，歸納而闡明意識的事實。這是心理學的任務，所以心理學可謂爲哲學的基礎。他是以萬有的原理，爲非人格的理性。他述此理性的性質說：若在自發的狀態，就可以直接的理解絕對，惟在反省的狀態，始能成爲主觀的東西。他又以此宇宙原理爲基礎，而述倫理說。以爲吾人的理性，是有辨別善惡的能力的，吾人的意志，是有避惡就善的自由的。所謂本務，就是這自由的意志依從理性的辨別而避惡就善。

玖富羅也認本能，感情，欲望，理性，意志，諸能爲本有，而以實現人之爲人的目的爲道德。吾人始而受欲望的支配，只管尋求快樂而不已，但欲望滿足，並不是得眞快樂的原因；所以理性就發達而制御欲望。及至理性發達，自覺那萬物的終局目的，就生出所謂想要達到他的眞的道德。

第二節　柯謨托

反對以宇宙的目的和精神的自由爲根本主義的折衷派，而開創依實驗和觀察以精查事實，發見存於其間的自然律的實證哲學的，就是柯謨托(Isidore Auguste Marie Francois Xavier Comte, 1798－1857)。柯謨托生於蒙德邦(Montpellier)，經鄉里的學校，而於十七歲時，入巴黎諸藝學校，發揮其非凡的天才。但因反對教師而被開除，歸故里列於蒙德邦大學學籍，爲熱心傾聽講演者。其後來巴黎，和社會黨領袖聖西門(Saint Simon, 1760－1825)相識，受他的感化很多。但六年之後，因不調和而絕交。一八二五年，實證哲學的組織完成，就在自宅裏開講。因神經過勞的結果，成爲神經衰弱，在晚年他的性格常帶神祕的色彩，從門下生受了非常的尊崇。他是十九世紀法國思想界所產出的大偉人。實證哲學的組織，社會學的建設等，不但是於哲學上有不朽的功績，幷且以數學家著名。他的著述重要者，有『實證哲學』(Cours de philosophie positive, 1840—1842)，『實證政治學』(Système de politique positive, 1851—1854)等。

哲學說　實證論的要旨，以認識的範圍爲只限於現象，以爲學問的目的，在依實驗和觀察，統一精查過的事實，而發見出來自然律。依他說，有如宇宙的本體和事物的本質等，是不可知的。吾人的認識，是止於現象世界的。所以學問的目的，是依實驗和觀察以精查當前的事實，而認識存於現象和現象間的因果的關係的。換句話說，就是統一經驗，而發見自然律。因而一切的認識，都是關係的認識，是相對的認識。由此實證論的見地的柯謨托，就把形而上學的思辨悉爲排斥了。然而他的實證論，是不可和經驗說混同的。實證論的對象，並不是事實自身，而是事實的法則。

實證的認識，就是認識最高的階級。然而吾人的知識，並不是一直就到此階級的。吾人的知識是經三段的順序而開展了的。

第一，是神學的階級。在此時期，可爲自然現象說明的基礎的事實的觀察，是極狹隘的，所以依想像力而造出的神，或靈魂的動作，而一切自然現象，就能說明了。這階級更分爲(一)庶物崇拜，(二)多神教，(三)一神教的三級。在庶物崇拜的階級，以爲自然物悉如人類的有靈魂者；在多神教的階級，自然物被看作受那不可見的許多的神的支配者到了一神教的階級，創造世界的唯一的神，就被認爲保存萬物的。萬物的超自然的，擬人的說明，就是神學的各階級共有的特色。

第二是形而上學的階級。在此時期，是依所謂自然力的半人格的假定，試行說明世界。所謂自然力，例如生活力，化學力，醫治力，就是潛伏於現象之底的特有力。在這現象之底的特有力實在與否，是吾人所不能認識的。故所謂自然力，要不過是抽象的概念罷了。要以如斯的抽象的概念爲實在，把世界爲本體論的解釋，就是形而上學的階級的特色。

第三是實證的階級。至此階級，就是捨半人格的假定，而以明白那存於事實間的法則爲滿足。近世的科學，就是如斯發達而來的。以實證的研究之結果爲體系的組織，就是實證哲學的任務。

所有學問雖都是經前述三段而進步的，但達到實證的階級的時期，是有遲速的。凡簡單的，根本的，可先達到這個階級，凡複雜的受他學科補助的，便要慢慢的纔能達到。柯謨托從歷史的順序，把諸科學分類爲：（一）數學，（二）星學，（三）物理學，（四）化學，（五）生物學，（六）社會學。柯謨托以社會學爲實證哲學的中心，而由數學至生物學，都看作社會學研究的準備。又他是以心理學爲生物學和社會學的一部分，而把倫理學放在社會學之中。

這樣偏重經驗的唯象的科學的實證論的倡導者的柯謨托，他晚年的思想，又顯然成爲主觀的宗教的傾向。

倫理學說　柯謨托以實證論爲基礎而說倫理學，倡極端的愛他主義。以爲吾人若認識現象間存在的法則，那就可以豫知現象將來的開展，而不能不先爲之豫備。知所爲的就是先見。他這樣一來，就以倫理學爲社會學的一部，把他作實證的硏究，並置重於功利，以增進人類幸福爲道德的目的。

照柯謨托說，人是生而有利己的性情和社會的性情的。社會就是人類的利己性情和社會的性情相爭，後者打勝前者的結果而始生出的。社會是人類捨去卑的動物的活動，依高的理性的活動而進步的。所謂理性的活動，就是依人類行爲的指導者的理性，而與感情以一定的方向。所謂道德，畢竟不外是去利己，而爲社會爲人類盡力。

柯謨托的愛他主義，就變宗教之形，而成爲人道教。原來柯謨托的實證哲學，是重知的硏究的主知說，但其思想的根柢，從最初就有一種宗教的，神祕的傾向。在柯謨托以爲知的硏究，不過是人類幸福增進的一種手段，並不以爲人類幸福只是依學術硏究而得的，乃是認信仰的必要。然而他的思想，到了第二期，卽稱爲批評家的主觀的，感情的時期的時代，又轉換學術和信仰（卽知識和感情）的地位，至重感情，而以知識隸屬之。他以爲若不使感情支配思惟和行動，那麼精神的統一調和，是不易希望的。從他的實證論所來的愛他主義的倫理說，就感情化而成爲一種宗教了。這就是人道教。人道教就是排斥世界絕對的認識的實在論的變形，所以是不認如通常宗教的神，乃稱人道的抽象的概念爲神。所謂人道，是由無數個人而成，而絕對的超越個人的，寧可譯爲人類或人性的概念。人道教此外更以空間地球，宇宙和歷史上的偉人爲崇拜的對象。人道教雖又說靈魂的不滅，但其所稱靈魂不滅，就是被後世人們長久記憶的。要之，人道教就是『以稱爲人道的抽象的概念，爲人格化的一神教』柯謨托進而定出關於人道教的儀式和僧侶職掌的細則，一時出了很多的遵奉者。

柯謨托以後的法國哲學家　在出於柯謨托以後的法國哲學者中，列舉其最著名者，有泰尼（Hippylyte

Taine, 1828—1893)，盧楠（Erunst Renan, 1823—1892)，佛來（Alfred Fouillée, 1889—1912)，盧撓維(Charles Renouvier, 1818—1903)，鳩幼(Jean Marie Guyau, 1854—1888)，卡奈（Paul Janet, 1823—)，鮑突爾(Emile Boutroux, 1845—)，柏格森(Enri Bergson, 1859—)等。然而在本書，是不能把這些人們的思想一一敘述出來的。

第十三章 十九世紀的英國哲學和倫理學

第一節 蘇格蘭的常識哲學派

起於十八世紀的蘇格蘭常識哲學，到十九世紀，還出了很多知名的學者，在英國思想界，稱爲一方之霸。十八世紀的常識哲學者，反對經驗哲學的分析的研究，認判別正邪善惡的常識是本有的，並以這個常識爲基礎，而試行哲學和倫理學的組織。但在十九世紀的這派學者，引導康德哲學以改造傳統的常識哲學，使其面目一新，成爲很深遠的學說。在十九世紀的此學派代表學者，有馬肯圖秀(James Mackintosh, 1764—1832)，華爾(William Whewell, 1794—1866)，哈密爾敦(William Hamilton, 1788—1856)，曼沙爾(Henry Longneville Mansel, 1820—1871)，迦爾斗德（Calderwood, 1831—1897)，維提（John Veitch, +1894)，巴爾法（Balfour)，凱士(Thomas H. Case)等。就中最有名的，就是哈密爾敦。

哈密爾敦 哈密爾敦生於格拉斯哥，入格拉斯哥大學和牛津大學學醫而失敗，爲辯護士又失敗，遂委身於學藝，爲愛丁堡大學歷史和論理學教授，後卽歿於該地。

哈密爾敦受康德哲學的影響，而改造黎得之說，承認知覺和思惟的直覺的自明，同時又倡相對的認識說。他有如德國心理學派，是以意識爲最根本的事實，依其分析，以論外界的認識和認識的界限，而倡所謂『條件說』(Doctrine of conditioned)。依哈密爾敦說，意識是一切認識的根據。不外是直接直覺的認識，故不能下定義，只得觀察或比較意識的事實，而定出意識活動之所由生的一般條件。他揭出知覺和思惟，當作意識的根本的條件，以爲：『外界的知覺和內界的思惟，是必然的，自明的，任何人也不能疑其眞。然而吾人所得知覺思惟的一切事物，和吾人的感官有關係，被認識於主觀和客觀對立之下，存在於時間空間之間，而爲具有一定的分量和一定的性質的相對的有限的東西。有如無條件無制約的本體，是不得認識的。』他把黎得和康德的立腳地，如此調和起來，更因襲康德之說，以爲無條件絕對的神的存在，是不得認識的，祇是可信的。

哈密爾敦把形而上學(卽廣義的精神哲學)分爲三科：第一，是硏究事實卽意識的現象之經驗心理學，卽精神現象學。第二，是看作支配現象的法則的法則學。第三，是推斷現象之不可知的原因的本體論卽演繹心理學。在第二法則學之中，是含着窮究認識的法則的論理學，窮究感情的法則的美學，窮究意志的法則的倫理學。於以上之中，哈密爾敦有系統的論說過的只有精神現象學和論理學。

曼沙爾　曼沙爾是哈密爾敦的弟子。比較哈密爾敦更接近康德，而極端發展他的不可知論。他分形而上學爲窮究意識的事實之心理學，和決定其存於事實及意識以外和實在的關係的本體論二種。在心理學上，區別直觀和思惟，以直觀爲直接被與的個物的意識，以思惟爲適用於某種事物的一般概念的意識。以爲意識活動，是由二要素而成的。其一，是主觀的形式的要素；其二，是客觀的要素。他又在本體論中，說吾人之所知覺思維，只到有限的事物而止，不能達到存在自身或本質自身。

本書不能把蘇格蘭哲學者的學說完全敍述出來，所以祇介紹迦爾斗德的倫理學說而已。

迦爾斗德　迦爾斗德生於皮布爾士，長而學於愛丁堡大學，後爲同大學的道德哲學教授。他在其所著『道德哲學』(Moral Philosophy, 1872) 之中，述道德的判斷標準，爲客觀的一定的東西，而提倡合理的直覺說。他說：『善惡的差別是只存於吾人的行爲的。善惡就是行爲的特質，而行爲的善惡，是由客觀而定的。吾人的良心，是對照於一種原理而斷定的，並非是吾人所感得的。故隨知識的進步，而善惡的區別雖可明瞭，但知識自身，並不是善惡判斷的標準。』他還敍述本務論，以爲吾人盡本務與否，不能不由三方面考察，而舉出（一）對照於良心否，（二）有那種力量否，（三）有機會否三項。

第二節　功利說的發達

和蘇格蘭哲學相並行，而流行於十九世紀英國思想界的一大思潮，就是功利說。雖同站在經驗論，實在論的立腳地上，然蘇格蘭哲學者，則想引康德的思想，改造從來的常識哲學，而組織思辨的唯心論；反之，功利論者卻吸引那啓蒙時代的英國哲學的潮流，而始終不出乎經驗的，實際的範圍。蘇格蘭哲學者，把道德的判斷標準，歸於自明的原理；反之，功利論者卻舉出所謂最大多數的最大幸福的目的，以爲善惡的標準。由倫理學說上觀察起來，十九世紀的英國思想界，是直覺說和快樂說的對立。

以快樂爲人生目的的倫理學說，是在古代希臘發其源，哲人派的高爾袞，基來奈學派的亞里斯提溥，愛辟克魯斯學派的愛辟克魯斯等，任何都是屬於此系統的。其後這種思想又屢次現於倫理學史上，至近世的英國，遂成爲最顯然的發達，成爲組織的系統的一大學派。英國功利說的鼻祖，究竟是應當推舉何人呢？往往因學者而異其見解。細鳩維克雖以康朴蘭德爲英國功利說的先驅，但其思想的萌芽，是已現於霍布士，羅克，休謨等人了。到了格，塔凱，普萊等，就更加顯明。格是以人類幸福爲道德的標準，而把此標準的由來，歸於神的意志；塔凱 (Tucker) 是以自家的滿足和公益爲行爲的動機；所謂公益就是與隣人以快樂的最大量。承襲塔凱的普萊 (Palay, 1743－1805)，也以增進公益爲道德律，以道德律歸於神的命令。以上的人們，任何都以幸福爲人生的目的，在幸福上只認分量的差別；在以神的命令爲道德律的由來，是有共通之點的。神是欲求人類的幸福而創造人類者，故神以增進人類幸福來命令吾人。所謂吾人的本務，由於神的命令而來的這種功利說，特稱爲『神學的功利說』。改造普萊的神學的功利說，而爲學術的組織的，就是邊沁。使功利說爲堂堂的學說，而開其發達端緒的，就是邊沁的功績。所以在嚴密的意味上，以邊沁爲英國功利說的鼻祖，任何人都是沒有異議的。

一　邊沁

邊沁 (Jeremy Bentham, 1748－1832) 生於倫敦，十二歲時，就入牛津大學修法律學。他的父親，要使他就辯護士職務，但因爲不適性格，乃變其志埋頭於哲學的研究；且以立法之革新，爲其畢生目的。在他的著述中最有名的，就是『道德及立法原理序論』(Introduction to the Principles of Morals and Legislation, 1789)。

邊沁說『天然是把人類放在快樂和苦痛二條件之下的。對於吾人，而指定其當爲，限定其不當爲的，就是這二條件。』他以此心理上的事實爲基礎而定倫理上的原理；以爲生快樂的行爲是善，生苦痛的行爲是惡，求善避惡，就是道德。以行爲善惡爲因快樂而定的這種原理，他就名之爲『功利原理』(Principle of utility)。

邊沁是在快樂和苦痛的感情上，不設下性質的區別，只認其分量上的差等。因而想以快樂的分量來作行爲的評價。他用『最大多數的最大幸福』的簡單的話來示現善惡正邪的標準。生最大多數的最大幸福的行爲，就是正和善，反於此的行爲，就是邪和惡。然而他計算快樂分量的方法，是什麽呢？他舉出下列四種，以爲快樂苦痛的價値的增減的四要件：就是(一)強度，(二)繼續，(三)確否，(四)遠近。所謂強度，就是指着感受快苦的強弱而言；所謂繼續，就是指着感受快苦的時間長短而言；所謂確否，就是指着快苦來時眞確與否而言；所謂遠近，就是指着快苦遠在未來或近在極近而言。以上是考察快樂苦痛的自身價値時的要件；但此外就快樂苦痛的發動傾向上攷察價値時，就不能不併考察(一)『生產力』(二)『純潔性』的二要件。所謂生產力，就是說快樂苦痛的發動，有沒有使同一種類的快樂苦痛發生的機會；所謂純潔性，就是說快樂苦痛的發動，有沒有生起反對感覺的機會。又把快樂苦痛的價值，關係於多數人員而考察時，又不能不把『延長性』加入一要件之中。所謂延長性，就是快樂苦痛影響範圍的廣狹要之。邊沁是由強度，繼續，確否，遠近，生產力，純潔性，延長性等各方面以考察快樂苦痛，而承認生最大多數的最大幸福的行爲是正當的。

邊沁舉出四種制裁，以爲勸善避惡的動機：(一)天然的制裁，(二)法律的制裁，(三)社會的制裁，(四)宗教上的制裁。他把宗教上的制裁加入行爲動機之一，就是認宗教是有勸善懲惡之力的。他否定那結合個人的利益和公益的全能者的存在，故不認那如來世賞罰的超經驗的事實。在此點上，邊沁之說是顯明脫離神學的功利說了。然以公益爲目的的道德律，卻很能規律個人，是什麼理由呢？他把這個歸於經驗。吾人依經驗而知謀公益就是與以最大幸福。反乎此事實時，就是誤了利害計算的結果。

二　介姆士·米爾

補邊沁的缺陷，而使功利說普及於世間的，就是邊沁的朋友介姆士·米爾（James Mill, 1773—1836）。米爾是蘇格蘭人，他的父親，是以使用兩三個職工的製靴店爲業的。十七歲受其鄰近貴族的補助，入愛丁堡大學研究希臘語和哲學。卒業後，雖暫爲雜誌記者而活動，但後爲印度史的編纂，經九年的歲月而始完成。他最初是以宗教家的活動爲目的而受教育的，但對於神的愛生出了懷疑，遂成爲不可知論者，由宗教遠離，傾其全力於社會改良，和法律改正的事業。他的著述，有『精神現象的分析』（Analysis of the Phenomena of the Human Mind, 1929）一書。

介姆士·米爾的功績，就在由心理學上確立功利說根柢的一點。邊沁一面承認人類是依快樂苦痛而被支配的利己的生物，而舉出所謂最大多數的最大幸福的原理爲道德律；而利己的性質的人類能夠有利他的行爲，原因在於經驗。他的說明，是極不明瞭的。邊沁所暗假定，而還未現於表面的功利說的根柢，至米爾就把他依心理學說而說明了。

米爾的心理學說，屬於以觀念聯合的原理，來說明一切精神現象的聯想說，因襲休謨和赫德里，而使其說更爲進步。米爾以爲精神現象可和物理現象，依同一方法，爲歸納的研究的。物理化學可依原子運動的法則，來說明物質的究竟；故心理學也不能不依同一方法，與精神現象以終極的說明。米爾舉出觀念聯合的法則，作爲支配精神界的普遍原理，想依觀念聯合的法則，來說明一切精神現象。

米爾分解精神現象的結果，就以感覺爲精神現象的根本的要素，以爲觀念就是感覺的變化。他以爲一切精神現象，都是此簡單要素的結果。在同一空間或同一時間之中，兩個觀念現出來時，是必於其間生結合的。即思考或知覺此一方，則他一方也必定可以知覺或思考的。兩個觀念生於接近之時，就不得不聯結了。這就是觀念聯合的原理。

不但精神現象的知能的方面是由感覺和觀念而起的，就是活動的方面的欲求和意志，也是由感覺和觀念而起的。欲求就是快樂的觀念，暗中關係於將來事物而生的東西。快樂觀念喚起發動的觀念，而生出動機，由此動機出來而達到爲目的的快樂時，就稱二者的聯合爲意志。意志是依這聯想而動的，所以說意志自由，是全無意義的。

米爾依觀念聯合的作用，來解決邊沁所遺留下來的問題，以爲利己性質的人類，而爲那以最大多數的最大幸福爲目的的利他行爲，就是基於觀念聯合的法則，以爲圖他人的快樂，就是自己的快樂的聯想的結果。如此聯想，益加強固，同時達到把自己的快樂和他人的快樂爲同一看待的狀態。

米爾除倫理學上的功利說以外，還把經濟學上的價值說，政治學上的自利說等，一個個都放在心理學說的基礎上去討論。

介姆士·米爾的心理學說，還有很多的缺點，這是蔣·斯圖·米爾等很多學者所指摘的。

三 蔣·斯圖·米爾

至介姆士·米爾之子蔣·斯圖·米爾（John Stuart Mill, 1806—1873），而邊沁的功利說就達到絕頂了。米爾自幼時就沒有受學校教育，從他父親直接學希臘語，拉丁語，十二歲時，已讀了很多古典。一八二〇年從邊沁之弟薩米愛爾·邊沁渡法國，在蒙德邦大學研究了一年的科學。其後任英國印度部的文書審查官，公餘之暇，仍從事於著述。他是極博學而精通經濟學，論理學，倫理學的。有論理學大系，經濟學原論等很多的著書，而述倫理學說的，就是『功利學』（Utilitarianism, 1861）。

米爾以經驗爲唯一的起源來說明認識，以爲卽如自然的齊一和因果律的根本原理，也不是吾人先天的本有的，乃是依過去的經驗而成的。他完成歸納法，認他爲達到確實認識的方法。依他說，歸納法是由發見原因以說明現象的，換句話說，就是依現象而說明現象的。這樣一來，他就和其他的認識論者相同，以認識的範圍爲限於現象，說自然本質的不可知，而爲超越認識的東西。他又分外物和精神，以爲前者是恆常的可被知覺的可能性，後者是恆常的可知覺的能力，又引出自我的觀念，作爲人格的統一者，以爲意識自己的現實的可能的意識狀態的統系。

他又效法邊沁，以『最大多數的最大幸福』爲道德判斷的標準。以爲幸福，是人類欲求的唯一目的。人類是欲求幸福的。他以此事實爲證據，就求功利說的根據於人生。對於幸福的欲求，是根據於人性而來的。故個人的幸福，就是個人的善，一般的幸福（卽公益）就是由個人集合而成的團體的善。而個人的最終目的，不是個人的善而是公益。自已的快樂，雖是比例於公益的增加而得的；但因現實世界不完全的結果，而個人的快樂和公益相反的場合，也就不少。在如此世界中，爲得公益，有不能不犧牲個人的快樂的。卽得幸福之道，惟在捨棄幸福。反對以幸福爲唯一的道德標準者，列舉人在幸福之外，還以德爲欲求，故德亦謂爲道德的標準；然而欲求德畢竟就是爲欲求幸福的。德本來不是行爲的目的，乃是作爲幸福的手段，幸福的一部，而欲求之的。然因觀念聯合的結果，作爲手段，而欲求的德，漸次就變爲目的了。吾人欲求德的事實，並不能成爲粉碎功利主義的根據的理由。

米爾反對邊沁，認快樂有性質上的區別。以爲人計量其他事物時，是由許多性質和分量的二方面考察的。然而祇有快樂單由分量方面計量，是不合理的。快樂也是不能不考察性質上的差別的。人無論得如何多量的快樂，也是不能滿足於像獸類那樣的生活的。不滿足的人，較滿足的豚爲優的。不滿足的蘇格拉底，不較優於滿足的愚人？謂快樂有性質上的差別，然而以怎麼樣的快樂爲高尙的快樂呢？米爾說：『經驗過兩個快樂的一切人，至少也爲大多數人，若選擇其一方的快樂，以爲那是無關係於道德上的感情，那麼這個快樂，就爲比較有望的快樂。』可見人是欲求那比劣等的快樂更要高等的快樂的。然而世上往往現出反對的事實，是什麼原故呢？例如有明知害健康，而耽於飲酒者，是什麼道理呢？米爾答道：『高尙的快樂，是和軟弱的植物一樣的，若不注意保護，就容易失其生命。一旦感知高等的快樂者，終至選劣等的快樂，乃因爲沒實驗高等快樂的機會，遂至不能感知他。

米爾又說道德的行爲的動機，是由制裁而來的。因此又把制裁分爲「外的制裁」和「內的制裁」。所謂外的制裁，就是說由人類同胞或宇宙的主宰等而受的賞罰。邊沁所揭出的四個制裁，卽屬於此。內的制裁，就是隨那反於本務的行爲，而起於心中的一種感情。所謂良心，就是這感情的最純正者。然而在實際上，如恐怖，同情，愛情，名譽心，宗教心等其他感情，依聯想而和此感情相結合的場合，是很多的。離卻人心，而制裁就不存在了；故這個制裁，是一切制裁中的基礎制裁。良心雖是在人性中有了萌芽，而自然發生的；但不是生而完成的，乃是由經驗而發達的。良心的根柢就是社會的感情。故功利道德的究竟的制裁，就很可以說是這種感情了。

米爾在快樂上，設下性質上的差別，雖是想把功利說變爲常識的，但同時又失卻論理的基礎。怎麼說呢？就是爲區別快樂的性質，就要快樂以外的標準，這就是傾覆快樂說的根據。而且米爾述說個人的快樂和公益不調和，所謂由捨幸福而得幸福的話，就是把克己說混同於快樂說，這也可以看出他的學說的破綻。

四　細鳩維克

出於米爾之後，調和功利說和直覺說，而提倡直覺的功利說的，就是和新康德學派的古林相對立，在十九世紀英國倫理學界馳盛名的細鳩維克(Henry Sidgwick, 1838—1900)。他生於約克夏，入劍橋大學，二十一歲時，以優等成績卒業。卒業後，爲多里尼地大學助教授，教希臘語，拉丁語等；又入大學院研究倫理學，政治學，四十五歲時，就爲劍橋大學的教授。彼常對於許多學說，執着批評的態度，倡立己說的事比較很少；他是力避立學派而造門徒的，所以今日繼承他的學說的差不多沒有人。在他許多著述中，『倫理學方式』(Methods of Ethics, 1874)一書最爲人所喜讀。

細鳩維克也是承襲邊沁和米爾父子之說，而提倡以最大多數的最大幸福，爲道德的判斷的標準的功利說的。然而他的功利說，和邊沁並米爾父子之說有完全相異的特色。

邊沁倡功利說，雖從各方面受了種種的非難；但其非難的主點：（一）快樂的分量，是不容易比較或計量的；（二）快樂並不是同性質的；（三）欲自己快樂的吾人，爲何不能不求多數人的快樂的三點。解答第一和第二點的，就是米爾父子。解答殘餘的第三點者，就是細鳩維克。他對此問題，以爲吾人求自己的快樂同時是欲他人的快樂的。也求自己的快樂，也求他人的快樂，乃是適於人類本性的合理的行爲。故求自己的快樂，並不是不道德。只爲求自己的快樂，不顧他人的快樂時，才是悖德。從這一點上說來，他的學說，常被稱爲『合理的功利說』。

細鳩維克想在直覺的基礎上建設功利說，並想使功利說和直覺說互相調和。他舉出（一）公正的原理，（二）仁愛的原理，（三）裁智的原理，三者作爲直覺的自明的原理。而以此三原理爲可以達到最大多數的最大幸福的手段。所謂公正的原理，就是所認爲正當的行爲，他人亦暗中認爲正當。所謂仁愛的原理，就是說除在判斷他人的善比自己的善小的場合，或知之得之之度比自己的善爲不確的場合以外，皆應當圖他人之善如同圖自己之善。所謂裁智的原理，就是說把將來的善也和現在的善看作同一，而不可偏輕偏重之謂。由實踐上看起來，就是謂現在的小善雖是確實，但並不優於將來大善的形式。公正，仁愛，裁智，就是依於抽象的直覺而直接認識的自明原理。

使吾人達到最大多數的最大幸福的，就是這三種原理他這樣一來，就使功利說和直覺說相調和，並把良心和公益結合起來了。這就是他的倫理說所以被稱爲『直覺的功利說』的原因。他的學說，受着坡托拉的影響，是極大的，自不待言。

細魏維克雖倡導功利說和直覺說的調和，但斷言自利說和功利說的調和，是經驗上不可能的。在現存狀態之下，所有種種制裁，是不足使幸福和本務一致的。自利和他利，到底是不相調和的。他更依同情的發達，而駁斥自利和利他的一致說。

第三節　進化論的倫理說

一　進化論

刺激十九世紀的思想界，而促起一大革新的，就是進化論。所謂進化論，就是反對萬物創造論，而說萬物進化的學說。存於今日世界的許多生物，並非如彼宗教所言，都依造物主之手而一度創造的；是由極單純而粗劣的生物漸次進化而生出如今日複雜而精細的許多種類的生物。我們所應當注意的進化論的主倡者，就是達爾文(Charles Robert Darwin, 1809—1882)，拉馬克(Jean B. P. A. M. de Lamark, 1744—1829)二人。在先也不是沒有發表關於生物進化說的。有達爾文的祖父愛拉士謨・達爾文(Erasmus Darwin, 1731—1802)著『生命學』(Zoonomia)，就說到身體所享性質的遺傳，和雌雄淘汰的法則等。然而使進化論組織爲一種學說的，就不得不歸功於前述的達爾文和拉馬克了。

達爾文　達爾文生於英國的休柳斯伯里，學於愛丁堡和劍橋等大學。二十二歲時，便乘比谷爾號軍艦，而周遊世界各地，努力於生物學的研究。二十三歲時，卜居倫敦附近，專心埋頭研究。三十四五歲時，始悟自然淘汰之理，爾後重以十數年的研究，就發表有名的『種原論』(Origin of Species, 1859. 馬君武譯爲物種原始)。依他說：『生物是依自然淘汰的作用，而適者生存，不適者滅亡；生存者也因周圍的情況，而漸次變遷的，古生物就是由在地球上發生時，經過可驚的長年月，而至於今日的。』達爾文不過述明生物變遷的理由，而世間往往以爲達爾文之說，是說明下等生物變遷而爲高等生物(卽人類)的經過，這是完全誤解的。

拉馬克　拉馬克是法國的自然科學家。生於巴森廳，幼年爲兵，從退伍卽學植物學，倡述關於植物分類法的新說，其後始爲關於無脊椎動物的新研究，述進化之理的著書有『動物哲學』(Philosophie Zoologyine, 1809)。依他說：『凡存在地球上的生物，都是歸於一的，而無無機物，有機物的區別，一總都是得依自然的法則而說明的。故世人所稱爲生的，不過是物理的現象，決不是自然以外的東西。存在地球上的動植物，是由無機體而漸次發達至於今日狀態的，並非由於自然以外的天帝所創造。更不像鳩威埃之說，是經過數次改造的。』拉馬克以爲下等生物進化至高等生物的原因，惟在用與不用，及他的結果的遺傳。他說凡生物的器官，用着他就發達，不用就萎縮，他的結果，就遺傳於其子孫。這樣一來，更經世代，某一器官便單獨的顯然發達了。

拉馬克發表用不用之理，雖比達爾文還早，但當時被位置高而學問博的鳩維埃之說所壓倒。及達爾文倡自然淘汰說，而拉馬克的眞價值，始爲世間所公認。

出於達爾文拉馬克之後，而使進化論更加發展的學者中可特記的，就是威士曼(Weismann)，烏爾士(Wallace)，赫胥黎(Huxley)，格雷(Gray)，伯羅愷士(Brooks)，蘭凱士塔(Lankester)，乃格里(Nageli)，赫克爾(Haeckel)，黑爾托維(Hertwig)，葛爾東(Galton)，德微利斯(Hugo de Vries)等。就中葛爾東是以祖先形質的遺傳而論進化的；威士曼是說生殖質的連續的，德微利斯是以偶然超異而說明進化的這都是學界上永不可忘的。

生物學上進化論的提倡，影響到哲學，心理學，美學等所有一切學術。卽倫理學也不得不受其影響。建設進化論的哲學，把進化論的原理適用於倫理學，而與快樂說以科學的根據的，就是斯賓塞。

二　斯賓塞

斯賓塞(Herbert Spencer, 1820—1903)生於塔比。他的父親是一田舍教師。他幼時只從其父受數學的教育，差不多沒有入過正式的學校。十七歲任鐵道土木職，前後從事八年間，後又轉於文筆事業。從那時，他就努力傾心於進化論哲學的研究。一八六二年始出版『綜合哲學體系』第一卷的『第一原理』(First Principles)；爾後繼續出版『生物學原理』(Principles of Biology, 1864—1867)，『心理學原理』(Principles of psychology, 1870—1872)，『社會學原理』(Principles of Sociology, 1876—1879)，『倫理學原理』(Principles of Ethics, 1879—1893)。此外還遺有很多的著述。他以八十四歲的高壽，歿於不列敦。

哲學說　斯賓塞以進化論的思想為根據，統括一切科學，樹立一家哲學體系，稱為『綜合哲學』(Synthetic

philosophy)。斯賓塞採用那認爲生物學上專有的法則的達爾文的進化論，以爲哲學上的基礎。在其尊經驗，重實利，而以經驗世界爲哲學研究的對象之點，是和法國的柯謨托並稱爲『實證論的雙璧。』他雖把知識的範圍，限於經驗世界，但於此經驗世界之外，卻承認本體的存在。他說本體是不可以相對的知識而說明的『不可知』(The Unknowable)。故他的哲學，並不是純然的經驗論唯物論。他的綜合哲學，分爲第一原理，生物學原理，心理學原理，社會學原理，倫理學原理的五篇。

他在第一原理上，論不可知的本體。以爲無論歸納的探究科學的原理，或演繹的分析認識能力的性質，但吾人的認識之並非絕對的，乃是很顯明的事。例如若追究時間，空間，物質，運動，力，識源，感覺，意識體，自我等，就要承認那不易說明其本質和由來的絕對象徵。又若把個個事實一般的收納下去，那麼，便達到那完全不可說明了解的最一般的事實了。所有思維，都是規定關係的，所以超越關係的絕對，是思維所不可及的。絕對的實在，是明白的然而吾人的認識，是比較的，相對的東西，故不得知絕對的本質和由來的。絕對是不可知的實在。

欲在認識的界限上，總括知識，以求普遍的事實者，就是哲學。普通的知識是不統一，科學的知識是部分的統一，哲學的知識是完全的統一。在現象世界，最普遍的事實，就是物質和運動的進化與退化。恒存於物質和運動的，就是力；以物質不滅的法則和運動連續的法則爲始，而許多法則，都是依此而生的。斯賓塞就以物質和運動力的根本事實爲基礎，而由無機的自然界，論到有機界，精神界，社會的現象界。

在生物學原理上說明有機界進化之理。依他說：生物是依間接和直接作用，次第發達而生新種的。下等動物，大概是依間接作用而發達的。即依自然淘汰，而適者生存的。高等動物，是有維持生活必要的幾多機能的，所以一方順應外界的間接作用，一方順應內界的直接作用而發達的。在機能上生變動，在構造上起變化，就使之遺傳下去。

在心理的原理上，把心理學分爲客觀的，主觀的二部。客觀的心理學是依肉體的活動的外的觀察而說精神生活；主觀的心理學是依內的分析而研究意識的。前者是生理學的一部分，後者是獨立的一科學。心理學的對象，只是限於意識現象的。如統一意識的精神的實體不可知的事實，就不屬於心理學的範圍了。精神生活是由極低度的反射運動和本能作用而漸次發達；經感情，記憶等而至於理性和意志等的。在其最低的程度的活動，和生活活動只有僅少的相異。

在社會學原理上，把社會看作成於自然的一個有機體。社會雖是有機體，但和生物的有機體是不同的。生物的意識，不存於一部分，是備具於中樞機關的；社會的意識不存於全部，是各部分各有意識的。故國家是爲個人而存的，當保護個人的生活狀態的。不用說，國家是不當犧牲個人的，是當極力尊重個人的自由，而不可妄加干涉的。強迫干涉中央集權，是妨礙文明進步的。要使文明進步，就是牽制軍國主義，以圖產業的發達。將來或必定是軍國主義衰而產業的時代興盛的。

倫理學說　斯賓塞的倫理學，是綜合哲學的一部分。他在『倫理學原理』上倡進化論的倫理說。斯賓塞所倡進化論的倫理學的特色：第一，是引入進化的理法，以說明道德的觀念的起原；第二，是提出由社會學上得到的所謂維持保存社會的客觀的標準，而補充從來的快樂說之二點，是最爲顯著的。

斯賓塞說明良心的起原，以爲良心是依聯想及其他法則，由原始的感情而生的，這是左袒功利論者的經驗論；同時又承認既已成立的良心，可以遺傳於其子孫，而採用直覺論者的先天說。要之，良心由個人看起來是發生於先天的；由種族看起來，是發生於經驗的。這是他想調和直覺說和功利說所含的根本思想。

斯賓塞以快樂爲人生目的，即道德的標準。於是他的學說，就屬於功利說的系統。但並非如其他功利論者，以快樂爲直接的目的，卻提出生快樂的客觀的標準。依他說：所謂善行爲，是適於自己保存的，助長子孫發展的，完全同胞生活的；換句話說，贊助個人和種族的發展的，是善行爲，反於此的，是惡行爲。善行爲是適於人類生存的法則，惡行爲是反於此的。所以行善行爲就生快樂，爲惡行爲就感痛苦。快樂並不是當爲快樂而求的東西，是圖謀個人和種族發展的結果，而自然得到的。求快樂而避苦痛的功利說，和認道德爲先天的要素的直覺說，在這一點上也有互相接觸的樣子。

斯賓塞在『倫理學原理』中的『倫理的歸納』篇上，廣集那存於文明諸國的道德事實，而加以研究。在『個人生活的倫理』中，由生物學的見地，而說明道德。以爲吾人的精神，是依屬於身體的；所以道德的條件，也被支配於物理的必然。更於『社會生活的倫理』，把『社會學原理』中所力說的社會有機體說引出，極力論爲社會而犧牲個人的善爲非理，而主張個人主義，而揭出正義，當作爲社會生活的根本。依進化論所說，則人類的行爲，就是動物行爲的進化。正義的觀念，就是萌芽於此動物的行爲；至人類而漸次發展。爲後繼者而犧牲自己的利害，爲共同生活而制約自己爲種族保存而拘束個體的法則等事，就出現了。在正義的感情之中，雖包含利己的，利他的兩者，但最根本的，就是利己的感情。利他的感情，是順應社會的生活的結果所生的。

斯賓塞又把倫理學分爲『絕對的倫理學』『相對的倫理學』二種。絕對的倫理學，是指示理想社會的理想行爲的；相對的倫理學，是指示在未達到理想之域的現存社會，須如何行動才是正當的。

在斯賓塞的哲學體系，倫理學是占着最重要的地位的；其他生理學，心理學，社會學等，差不多都是倫理學的準備。

斯賓塞學說的繼承者　繼承斯賓塞學說的最有名者，就是斯提朋(Stephen)。他是繼承斯賓塞之說，而倡科學的倫理學的。科學倫理學的主要任務，就是研究道德的事實，而歸納的發見法則。如屬於認識範圍外的道德本體，並非科學的倫理學的對象。他和斯賓塞不同，顯然注重社會的方面，以社會的健康，爲道德的判斷的標準。即增進社會健康的行爲是善，反於此的行爲就是惡。增進社會健康的行爲，何故是善呢？斯提朋把他歸到吾人的幸福。社會若健康，那麽吾人也是必然得到幸福的。在以終極目的爲幸福之點，他的學說也是顯然屬於快樂說的系統的。

第四節　英國新康德學派

初把德國哲學輸入英國的，就是羅曼提克派的詩人柯來里濟(Coleridge, 1772－1834)和加立伊爾(Carlyle, 1745－1881)。柯來里濟是以介紹謝林格爲主，加立伊爾是以介紹非希的爲主的。其後德國哲學，逐日輸入英國，兩國的思想就漸次接觸了。蘇格蘭哲學家哈密爾敦和曼沙爾等，是依康德學說，而試爲常識哲學的改造；牛津的哲學者古林，開特，保拉多爾等，是把康德哲學深深研究，而倡唯心論的。牛津諸學者研究康德學說，是不採康德之說，而由赫格爾的立脚地以希望把他改造的，所以呼爲英國新康德學派，或英國新赫格爾學派。

一　古林

在英國新康德學派中超羣出衆的，就是古林（Thomas Green, 1836—1882）。他倡自我實現論，和細鳩維克的直接快樂說，斯賓塞的進化的倫理說相同，鼎立於十九世紀的英國倫理學界。他生於約克夏州的巴金，學於牛津大學巴里奥．加爾地，而爲巴里奥．加爾地的倫理學教授。他的著述中『倫理學序論』（Prolegomena to Ethics, 1883）是最出名的。

古林在『倫理學序論』第一卷中論形而上學。他像斯賓塞，排斥從科學出發的自然論的道德說，而於形而上學試爲倫理說的組織。

哲學說　古林的形而上學，就是絕對的唯心論。他說宇宙有超越時間空間的唯一精神的原理存在，一切萬物都是這宇宙精神的顯現。古林欲達此宇宙精神的存在，就從經驗的事實的分析而出發。倡進化論的自然論者，以爲吾人的認識是屬於自然的過程的。然而自然不外是經驗世界的一部分，所以拿自然過程說明認識的事，是不可能的。認識的成立必定要承認精神的原理的存在。卽認識是依主體的精神，統一感覺而成立的。他說若認識的主體是精神，那認識的對象的自然界也就不能不包含着精神的原理了。怎麽說呢？認識的主觀和對象，在全然異其性質的場合，那爲主觀的精神，就認識不出來這爲對象的自然界。認識的主體，是有同一性的，所以認識的內容，無論如何變化，也常能保持系統的統一。在認識之中，存着雜多統一的原理，故在自然界，也依樣的存着雜多統一的原理。要之，宇宙是組織的體系的渾一體。果然這樣，宇宙就不能不有系統的統一。古林呼此宇宙的統一者爲『神的自意識』(divine self-consciousness)。吾人的自意識，是統一精神界的，神的自意識，是統一宇宙的。吾人的精神和自然界，都是這神的自意識的顯現。神的自意識，是超越時間空間的永久的絕對的宇宙精神。此永久的精神，如何而爲吾人精神的顯現？這就不是有限的吾人所能答出的問題了。

倫理學說（自我實現說）　古林由絕對的唯心論出發，而倡自我實現說。人生的目的，就是自我的實現（self-realization）。所謂自我的實現，就是脫物理的組織的制限，而再現永久精神。吾人的精神，就是宇宙精神（卽神的自意識）的顯現，因而是具有神性的。發揮此神性，就是自我實現。所以自我實現，是可能性的實現。人有種種欲求，充此欲求時，就生出自己滿足。自己滿足就是善。自我實現就是永久的自己滿足。因而自我實現，就是道德的至高善。自我實現，是藉社會而行的。個人的善，就是社會的善，卽洽善。實現出來的自我，是怎麼樣的呢？吾人的自我，還在實現的中途，而並沒有完全實現，所以吾人不能敍述他。

古林論意志的自由，以爲吾人的行爲，是由動機而來的，動機是依那反應於性格的境遇的方法而決定的。而吾人的性格，不是依自然律而決，是依自己而決的，所以說吾人的意志是自由的。

古林的倫理學說，及於我國的影響，也是不少的。以人格的完成，爲人生的目的；不把道德的活動的原據，求於人類以外，以『洽善』為至善，而圖謀個人和社會的調和等，有幾多可以特記的長處；同時宇宙論的不備，自我實現的意義稍不明，混同心理的善和倫理的善，哲學說（絕對的唯心論）和倫理學說（人本主義）之間含着矛盾等：皆是他的短處。

二　開特和保拉多爾

英國的新康德學派，除古林以外，還有愛多維德·開特，景·開特，保拉多爾，鮑桑球，烏爾士，亞達譔遜，郝第遜，瓦特等，已在十九世紀的德國哲學中列舉了；但還有其他如馬爾提納（Martineau, 1805－1900），亞布屯（Upton），夫賴薩（Fraser），林德塞（James Lindsay），馬克斯·米遊拉（Max Miuller）等；在神學者中而受着德國哲學的影響，反對經驗論者，也很不少。

開特（Edward）　開特是在一八七六年試行康德『純理性批判』的註釋和批評的。是從批判的唯心論的立脚地加康德哲學的批評而最成功的。其後他又公刊『宗教的進化』（Evolution of Religion, 1890－1892）一書。

依他說，認識是包含主觀客觀兩要素，待統一的意識的存在而始可能的。怎麼說呢？因為主觀和客觀的對立，已經以含着反對的兩要素的第三要素的存在為豫想的。這統一的意識，就是認識的恆常的要素，而主觀和客觀的兩要素，不過是其顯現罷了。他又以為宗教上的原理，為意識的一要素，而含於極簡單的經驗之中。以所有合理的存在為宗教的，而論有限和無限的關係，以為『若離開有限的限定而想他生出無限，那是誤謬的。無限是包含有限，而說明有限的原理的無限並不是有限的不定的根柢，是自己決定的原理，而在有限之形中顯現自身。」他說神不是可以標號表象的，而是可以思惟的。

保拉多爾　保拉多爾也是採用康德的批判哲學的。他在其所著『假現和實性』(Appearance and Reality, 1893) 中承認在現象世界之外有絕對的實在之存在。現象界包含着種種自相衝突，吾人依事物，時間，空間，變化，因果，活動等，而理會宇宙。但這等觀念也不外是含着自相衝突的現象。能得除去此現象界的矛盾的，就是絕對的實在的存在。絕對就是無矛盾的自家正合的東西。現象世界的個物，是屬於一切絕對，而全體保着諧和的。所以絕對同時是個體，是體系。然則絕對的具體的內容是怎樣的？保拉多爾以經驗答覆他說：絕對是包括一切的經驗。所有一切雜多，都是包含於此中的。要之在心理的存在以外，就無一物之存在，所以說感覺的經驗，是成爲全體而實在的。

他在前著『倫理學的研究』(Ethical Studies, 1876) 中敘述倫理學說。依他說，自我的本質，是包括的，同時是豐富的全體，所以使自我在包括的全體中調和發展(卽實現自我)的事，就是道德的熱望。

第十四章　十九世紀的美國哲學

第一節　美國哲學的發達

美國的建國，是一六二二年。因建國爲日很淺，比較其他歐洲諸國，美國的思想界，是不振的；但近年來顯然呈現活潑生氣，繼續出了很多可注目的偉大學者。

建國後立即傳到美國的思想，就是羅克和巴克勒的哲學，並錦·甲爾文的神學。當時的學者，有愛德華(Jonathan Edwards, 1703—1758)，姜遜(Samuel Johnson, 1696—1772)，富蘭克林 (Benjamin Franklin, 1706—1790) 等。這是美國最初的學者。

其次輸入的，就是蘇格蘭的常識哲學。由此系統而出的學者中，有馬可·柯秀 (McCosh, 1811—1891)，倭富安(Upham, 1798—1867)，惠倫登(Wayland, 1796—1865)，希考克(Hickok, 1798—1886)，朴爾太(Noah Porter, 1811—1892)等。

至十八世紀後期，獨斷論在美國思想界盛行於一時，但對此反動，在清教徒中，就發生那以精神為唯一的實在，輕悟性而重理性，與神祕的直觀以至上權的超越論 (Transcendentalism)。他的重要代表者，有柏勞文蓀(Brownson, 1803—1876)，亞爾加特(Allcatt, 1794—1888)，意馬孫 (Rulph Waldo Emerson, 1803—1882)等。就中可認為此派中心人物者，就是意馬孫。因此，就把這派學說呼為『意馬孫說。』

由十九世紀之初，歐洲諸國哲學，就漸次普及，依寇蓀等所倡的法國唯心論，康德，菲希的，謝林格，赫格爾等的德國純理哲學，達爾文，斯賓塞，拉馬克等的進化論，古林，開特的自我實現說等，任何都在美國學界上，出了很多的祖述者。赫格爾哲學的繼承者，赫黎斯 (William T. Harris)，厄威脫 (Everett)，華斯東(John Waston)，斯泰勒(Bride Sterett)；立於進化論影響之下的德拉伯爾(John W. Draper, 1811—1882)，肥斯克(John Fisk, 1842—1901)，毛爾幹(Lewis H. Morgan, 1818—1881)，華爾德 (Ward)，格定古斯(Giddings)；在古林和開特的唯心論上加上赫格爾，叔本華，非希的等的思想，而成獨立的體系的羅斯（Josiah Royce）等，都是美國近時錚錚的學者。

在美國最盛的，就是心理學的研究。新心理學的研究，受英國經驗論和德國實驗心理學的影響，極其全盛，出了很多有名的心理學家。但此輩學者中發表哲學上的意見的也很不少。詹姆士（William James, 1842－1910），臘德（George T. Ladd），斯坦勒·霍爾（G. Stanley Hall, 1846－），巴德文（J. Mark Baldwin）等，都是最有名的。

第二節　實用主義

依皮爾士和詹姆士所提倡，而與世界思想界以多大的影響者，就是『實用主義』（Pragmatism）。實用主義的名稱，始用於皮爾士，但把此用語弘布於哲學界的，卻是詹姆士之功。皮爾士是數學家，但於哲學爲常有興味的人。在一八八七年十一月發行的『通俗科學月報』上，始依此用語，而敘述其自說。皮爾士區別康德哲學中的 Praktisch 和 Pragmatisch，把那所謂幸福的經驗的事物爲動機的法則，稱爲 Pragmatisch 的法則，不把經驗的事物混入動機之中，而發見那和由義務觀念所生的道德的法則相對立法則，擴充其意，凡以行爲或其效果爲主的哲學說，就附以『實用主義』之名。依皮爾士說，實用主義以他的學說是否適於一定目的爲標準，而決定其學說的眞僞。至詹姆士把這個名詞用到自說上，而實用主義漸惹美國學界的注目，轉而入於英國，出了如西勞的著名學者。學說一旦普及，同時實用主義的用語上又加了種種的意味。西勞在美茵德雜誌上舉出七種定義。又如

Lovejoy，說實用主義有十三種異說。然而反對以眞理爲客觀的確定，而說是從主觀的要求，時時刻刻決定的，就是通於此說的根本思想。西勞說：『眞理是當有實際的效果的，』這話就道破此說的要旨。把眞理和有用看作同一的學說，決不是新的學說，從古代蘇格拉底和亞里士多德，至近世英國經驗論者羅克，巴克勒，休謨等，都是屬於這思想的。所以詹姆士於其所著『實用主義』上，附以別名叫作『對於古思想法的新名。』實用主義不過在從來的經驗論上加以新衣罷了。在對於絕對主義而倡人本主義，對於主知主義而倡主情意主義，且加味進化論的思想之點，是和從來思想不同的。

詹姆士　詹姆士生於紐約。他父親是神學家。他少年時代，從其父在歐洲，輾轉移於各地，受了甚不規律的教育。也不定專攻科學，在柏林大學，罕巴達大學和其他大學，學了化學，解剖學，生理學，比較動物學等。在羅倫士科學校爲實驗心理學的指導，在罕巴達大學教授哲學。著書很多，其中最有名的，就是『心理學原理』(Principles of Psychology)，『到信仰的意志論』(The Will to Believe and Other Essays)，『實用主義』(Pragmatism)等。

詹姆士的哲學，是以認識問題爲中心的。依他說，認識的主觀(即個體的自我)就是意識。就是以吾人身體爲中心，依情意活動，而爲統一的種種經驗內容的一羣。並不是在經驗背後而支持其內容的本體。意識並不是固定的東西，是不絕的進展而移行流走的。詹姆士名這個爲『意識之流。』他所謂意識之流，並非如柏格森所謂純粹持續的經驗的形而上學的性質，而是流於時間和空間之間的心理學的過程。統一意識的情意活動，是選擇外界的印象，而只認識適於自己的；所以我等是不能照樣認識其客觀世界的，只認識在情意活動上有利害關係的事實。不單是知覺，論理的思惟作用，也不是超越經驗的特殊作用，不過是自我的活動罷了。所以觀念和概念，也不能不說是情意之基於利害關係而構成的。然而學問的知識和理想就是依此觀念和概念之力而成立的。即把觀念和複雜的經驗統一整理起來而學問的知識以成；使想像力活動，企圖經驗的改造，而理想以成。學問或理想，其自身是沒有什麽絕對價值的，他的價值，是依現於經驗的結果而決定的。即越是有效的東西，越有更多的價值，價值多的就是眞理。這樣一來，有用和眞理就因詹姆士而結合起來了。詹姆士更進而從此實用主義的立脚地，說宗教上的眞理，論科學上的眞理，而結論到神，惡魔，天國，地獄等的觀念，和科學上的新知識，完全都是由這人間情意的要求而生的。

詹姆士以外，主倡實用主義者，也很不少。其中特可舉的，就是美國的杜威和英國的西勞。西勞認眞理有程度上的區別，而把否定絕對眞理的實用主義的主眼點，爲更加明瞭的解說，而提倡人本主義。如溥羅塔高拉所謂：「人是萬物的尺度」，柏拉圖所謂超個人的絕對眞理，吾人是不易達到的。縱令能得達到於此，吾人也是不能知其爲絕對的眞理的。所以他說，認識這樣的眞理，是無益而且有害的，使相對主義的主張更加明白。

本想在此章後，更設一章，敍述最近的倫理學說，因爲種種事情，就擱，姑在此處暫爲擱筆。　著者

附錄

西洋倫理學史年表(甲)

古代(第一)

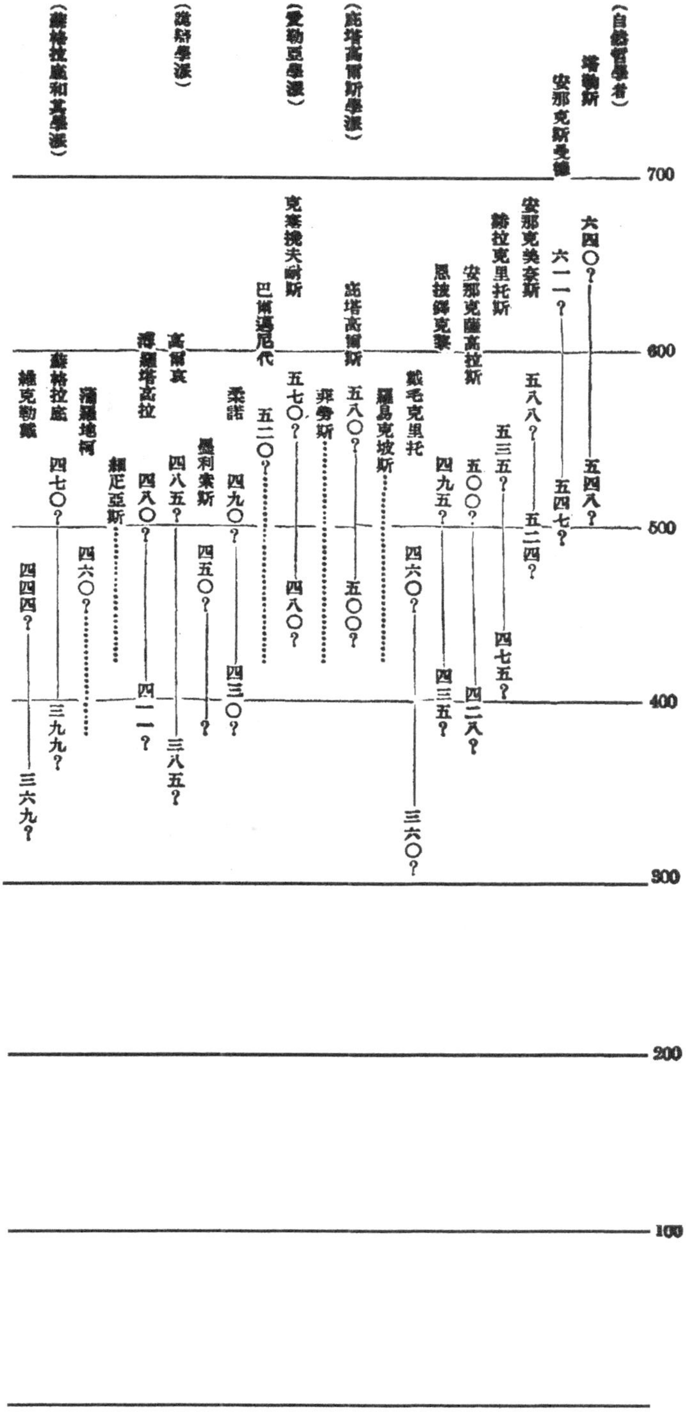

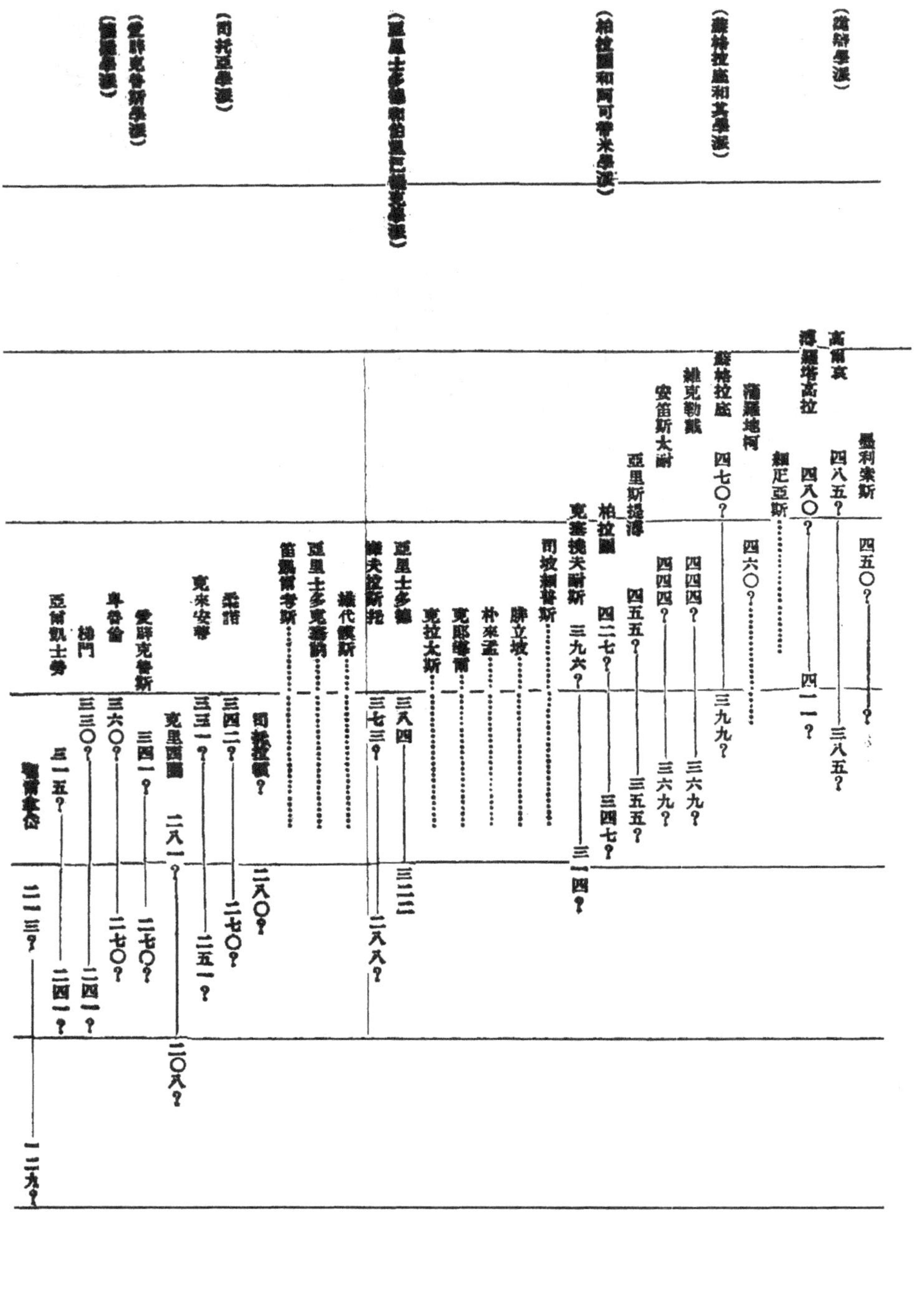

1198 1196 1194 1192

古代(第二)

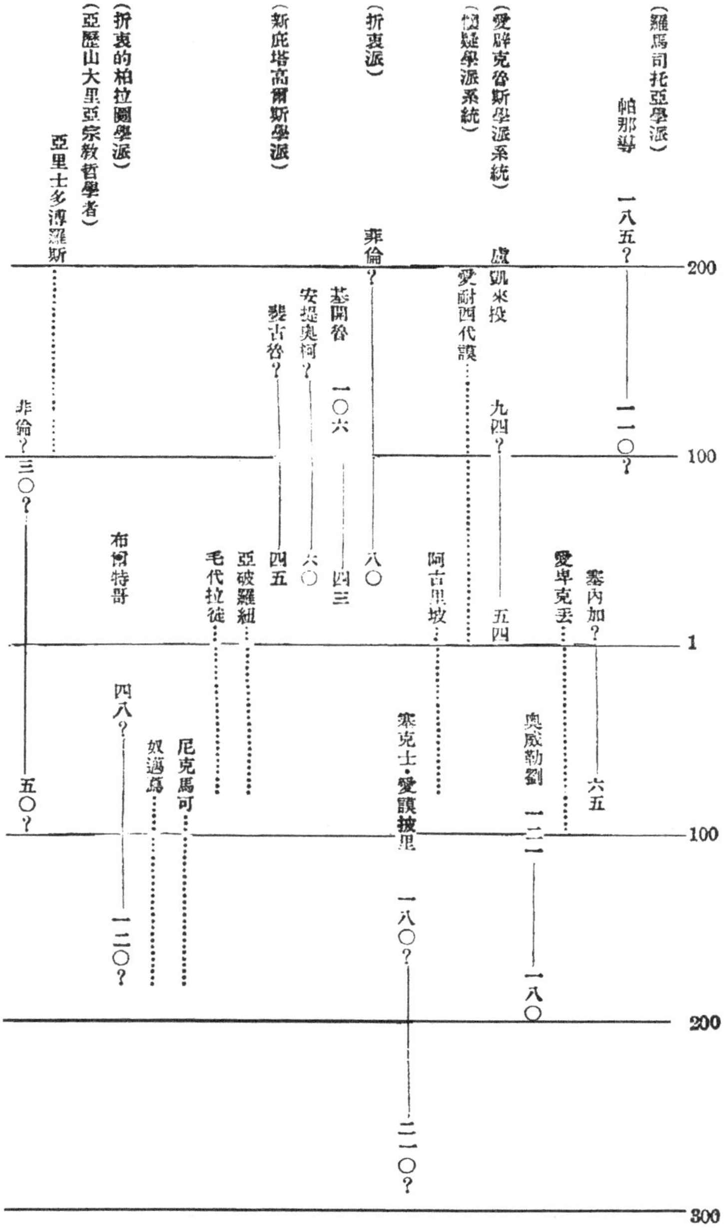

1204 1202 1200

古代（第三）

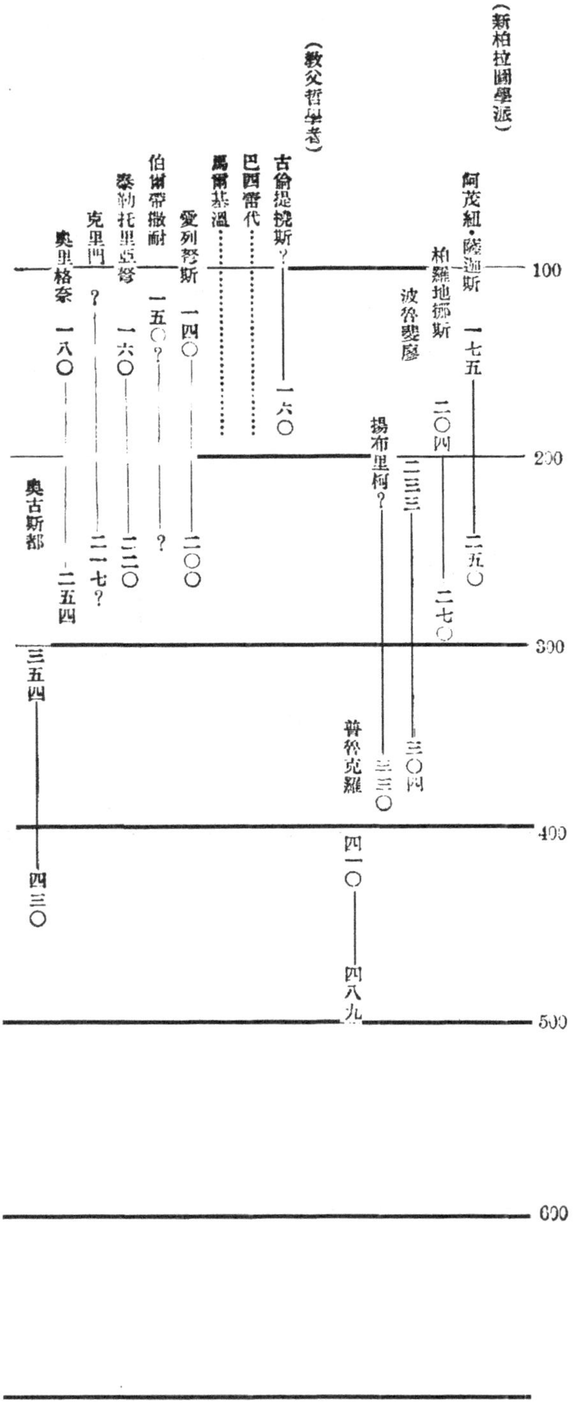

（新柏拉圖學派）
（教父哲學者）
阿茂紐·薩迦斯
一七五
二五〇
柏羅地挪斯
二〇四
二七〇
波弗斐廖
二三三
三〇四
揚布里柯？
三三〇
普羅克羅
四一〇
四八九
古倫提撓斯？
一六〇
巴西雷代
馬爾基溫
愛列羿斯
一四〇
二〇〇
伯爾帶撒耐
一五〇？
？
泰勒托里亞修
一六〇
二二〇
克里門
？
二一七？
奧里格奈
一八〇
二五四
奧古斯都
三五四
四三〇
100
200
300
400
500
600

中世(第一)

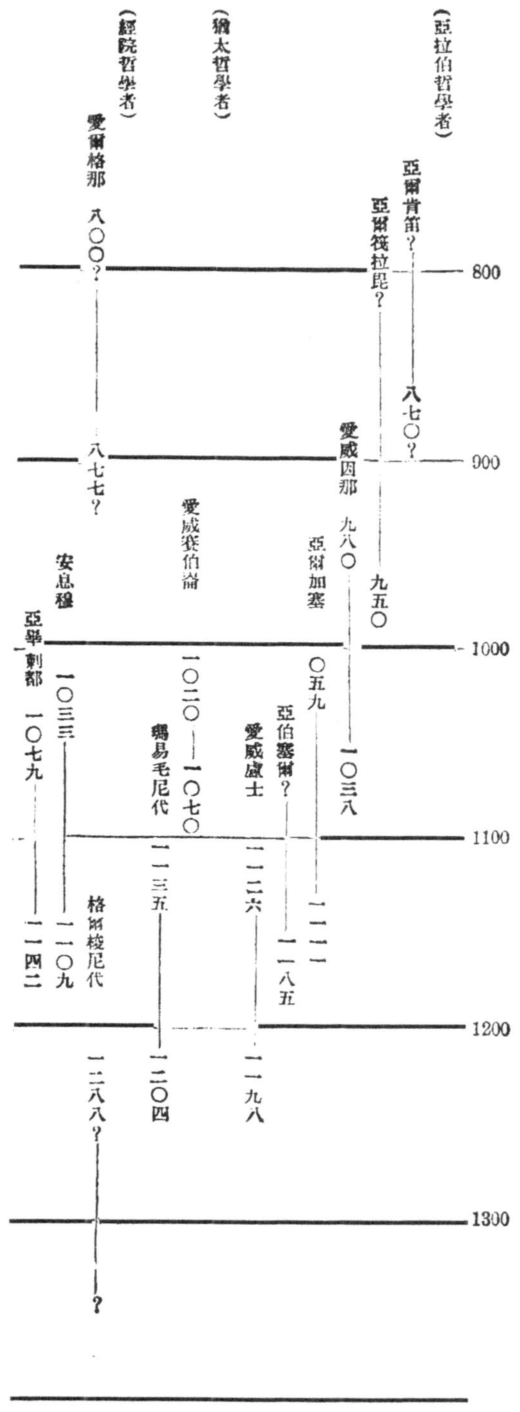
(亞拉伯哲學者)
(猶太哲學者)
(經院哲學者)
亞爾肯第 ?—八七〇?
亞爾筏拉昆 ?—九五〇
愛威因那 九八〇—一〇三八
亞爾加塞 一〇五九—一一一一
亞伯塞爾 ?—一一八五
愛威盧士 一一二六—一一九八
愛威塞伯崙 一〇二〇—一〇七〇
瑪易毛尼代 一一三五—一二〇四
愛爾格那 八〇〇?—八七七?
安息穆 一〇三三—一一〇九
亞畢剌都 一〇七九—一一四二
格爾梭尼代 一二八八?—?
800
900
1000
1100
1200
1300

中世(第二)

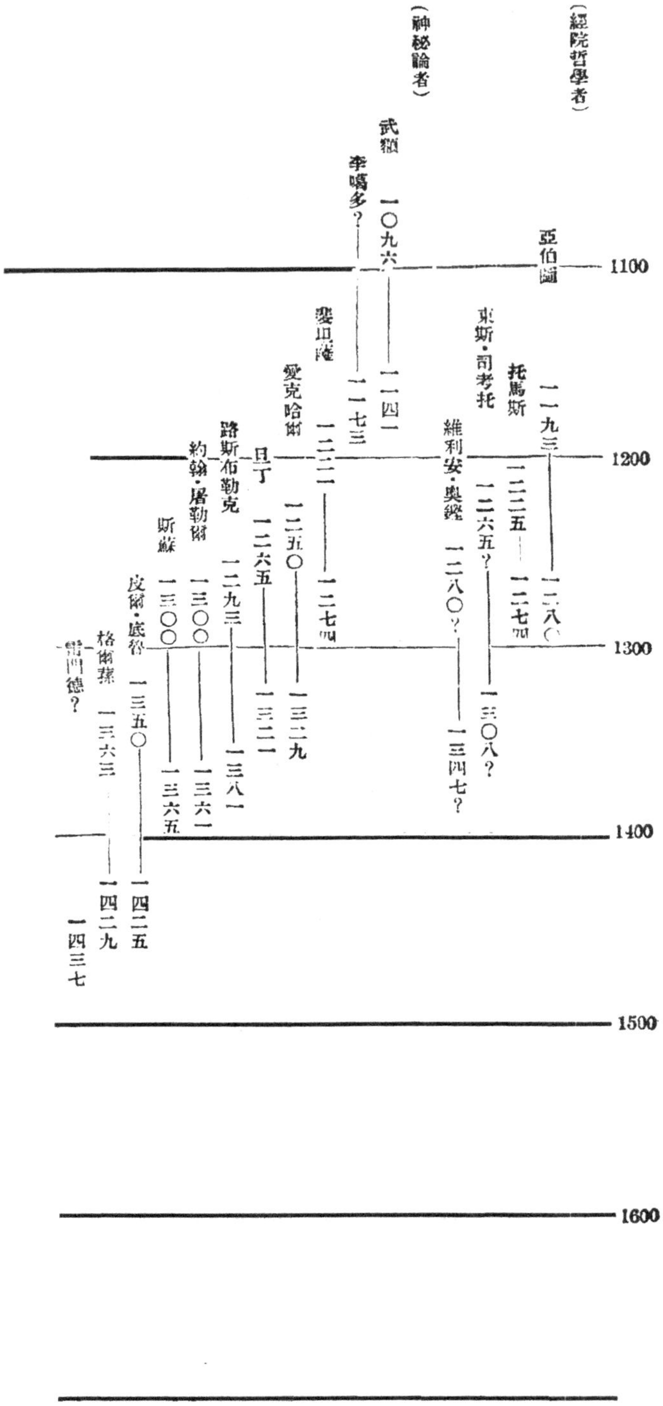
(經院哲學者)
(神秘論者)
托馬斯
一一九三
一二八〇
路斯布勒克
斯蘇
一三〇〇
一三六五
一三六一
1100
1200
1300
1400
1500
1600

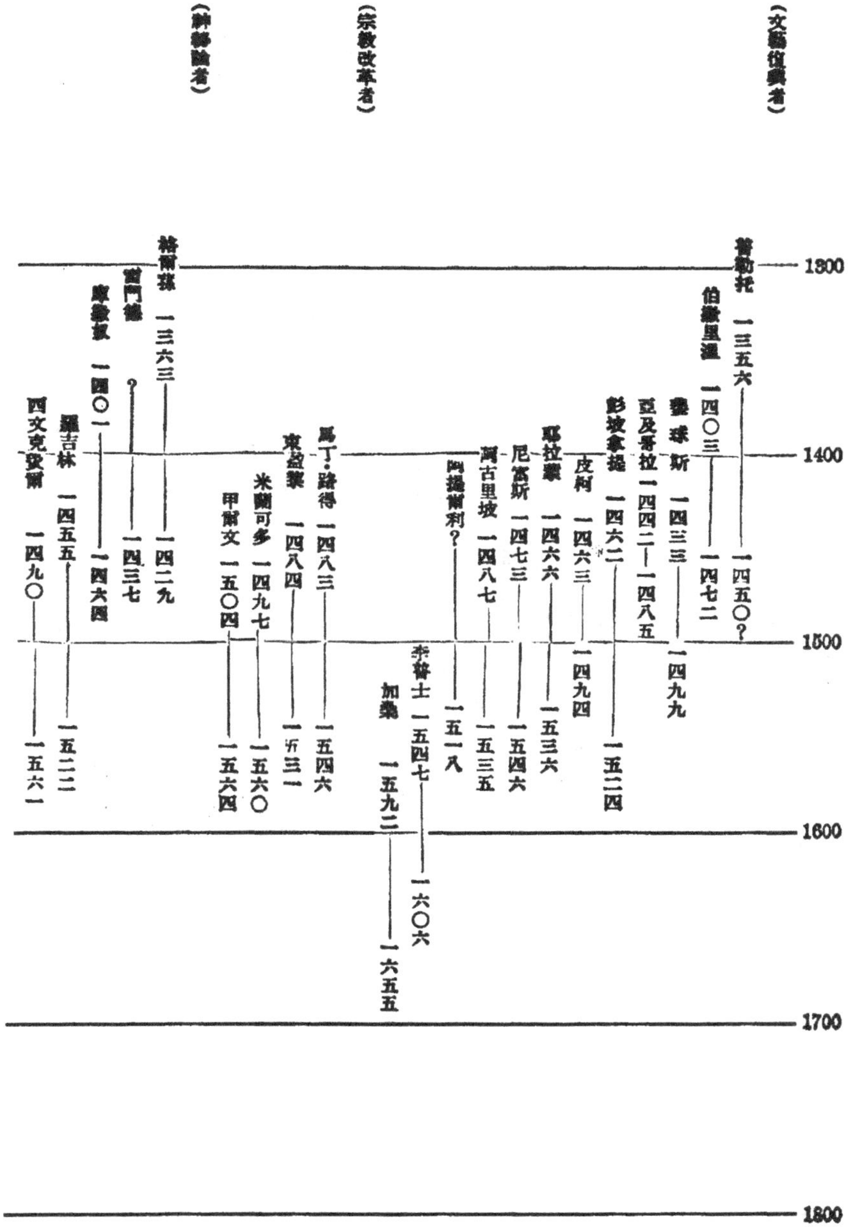
(文藝復興者)
(宗教改革者)
(神秘論者)
1300
1400
1500
1600
1700
1800
喬勒托 一三五六—一四五〇?
伯薩里溫 一四〇三—一四七二
斐球斯 一四三三—一四九九
亞及哥拉 一四四二—一四八五
彭波拿提 一四六二—一五二四
皮柯 一四六三—一四九四
耶拉摩 一四六六—一五三六
尼宮斯 一四七三—一五四六
阿古里坡 一四八七—一五三五
阿提留利? 一五一八
李普士 一五四七—一六〇六
加桑 一五九二—一六五五
馬丁·路得 一四八三—一五四六
東益黎 一四八四—一五三一
米蘭可多 一四九七—一五六〇
甲爾文 一五〇四—一五六四
格爾孫 一三六三—一四二九
雷門德 ?—一四三七
庫薩奴 一四〇一—一四六四
羅吉林 一四五五—一五二二
西文克斐爾 一四九〇—一五六一

(國家學者)

庫薩奴 一四〇一—一四六四
羅吉林 一四五五—一五二二
西文克斐爾 一四九〇—一五六一
法蘭克 一五〇〇—一五四五
華格爾 一五三三—一五八八
波邁 一五七五—一六二四

(自然哲學者)

馬克拔利 一四六九—一五二七
托馬斯·摩亞 一四八〇—一五三五
鮑旦 一五三〇—一五九七

哥白尼 一四七三—一五四三
波拉塞爾斯 一四九三—一五四一
加爾達挪 一五〇一—一五七六
太勒薾 一五〇八—一五八八
帕托里士 一五二九—一五九三
鮑魯諾 一五四八—一六〇〇
(卡利里) 一五六四—一六四二
康帕奈拉 一五六八—一六三九
(開布爾) 一五七一—一六三〇

(懷疑論者)

毛塔尼 一五三三—一五九二
夏倫 一五四一—一六〇三
桑徹 一五六二—一六三四
瓦尼尼 一五八五—一六一九
巴斯加 一六二三—一六六二
塔爾·伯爾 一六四七—一七〇六

1226 1224 1222

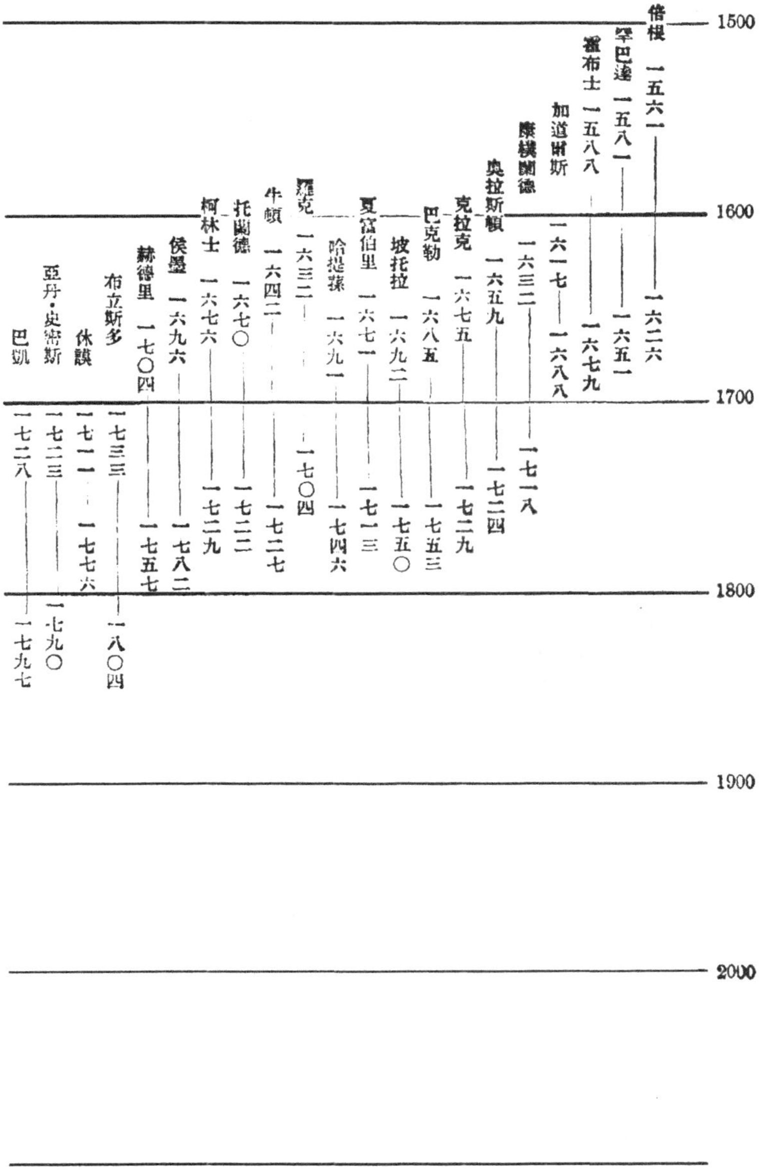
1500
1600
1700
1800
1900
2000
倍根 一五六一—一六二六
罕巴達 一五八一—一六五一
霍布士 一五八八—一六七九
加道甯斯 一六一七—一六八八
康樸蘭德 一六三二—一七一八
奥拉斯頓 一六五九—一七二四
克拉克 一六七五—一七二九
巴克勒 一六八五—一七五三
坡托拉 一六九二—一七五〇
夏富伯里 一六七一—一七一三
哈提蓀 一六九一—一七四六
羅克 一六三二—一七〇四
牛頓 一六四二—一七二七
托蘭德 一六七〇—一七二二
柯林士 一六七六—一七二九
侯墨 一六九六—一七八二
赫德里 一七〇四—一七五七
布立斯多 一七三三—一八〇四
休謨 一七一一—一七七六
亞丹·史密斯 一七二三—一七九〇
巴凱 一七二八—一七九七

夏富伯里 一六七一—一七一三
哈提森 一六九一—一七四六
羅克 一六三二—一七〇四
牛頓 一六四二—一七二七
托蘭德 一六七〇—一七二二
柯林士 一六七六—一七二九
侯墨 一六九六—一七八二
赫德里 一七〇四—一七五七
布立斯多 一七三三—一八〇四
休謨 一七一一—一七七六
亞丹·史密斯 一七二三—一七九〇
巴凱 一七二八—一七九七
鮑雷士 一七二三—一七九一
黎得 一七一〇—一七九六
士圖華德 一七五三—一八二八
哈密爾敦 一七八八—一八五六
迦爾斗德 一八三一—一八九七
曼沙爾 一八二〇—一八七一
普萊 一七四三—一八〇五
邊沁 一七四八—一八三二
介姆士·米爾 一七七三—一八三六
約·斯圖·米爾 一八〇六—一八七三
(達爾文) 一八〇九—一八八二
斯賓塞 一八二〇—一九〇三
古林 一八三六—一八八二

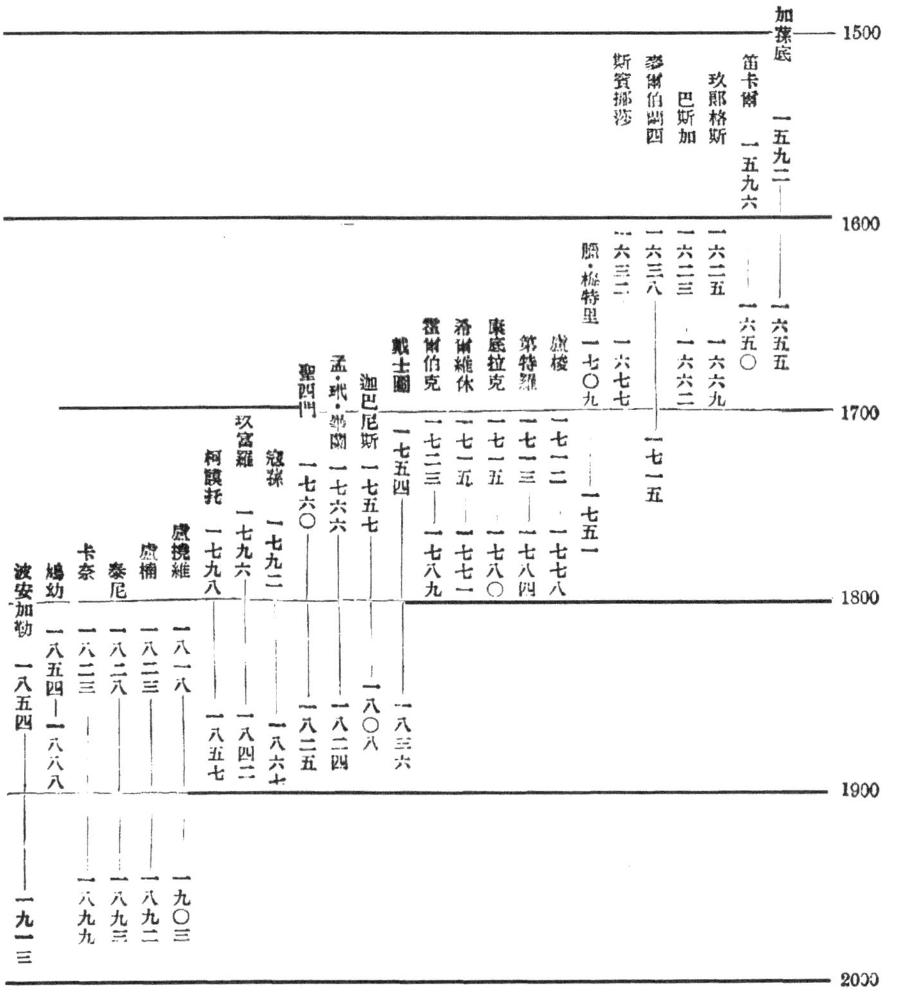

1238 1236 1234

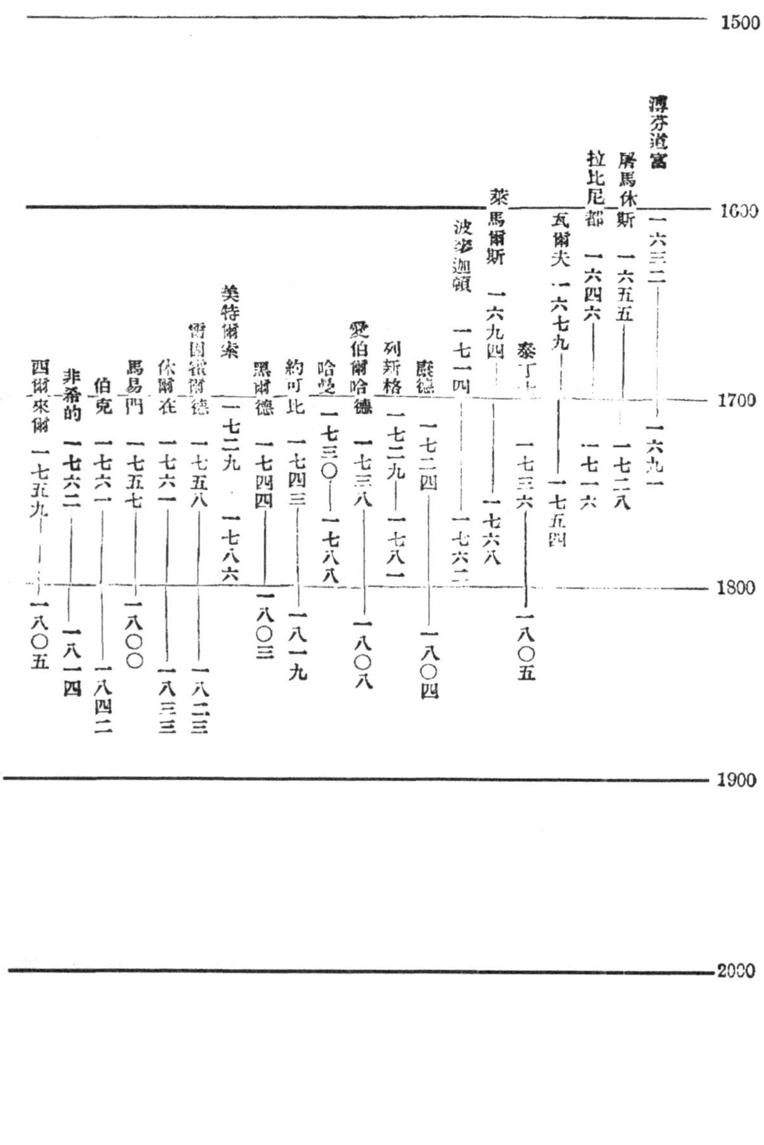
1500
1600
1700
1800
1900
2000
薄芬道富 一六三二—一六九一
屠馬休斯 一六五五—一七二八
拉比尼都 一六四六—一七一六
瓦爾夫 一六七九—一七五四
萊馬爾斯 一六九四—一七六八
泰丁士 一七三六—一八〇五
波麥迦頓 一七一四—一七六二
康德 一七二四—一八〇四
列新格 一七二九—一七八一
愛伯爾哈德 一七三八—一八〇八
哈曼 一七三〇—一七八八
約可比 一七四三—一八一九
黑爾德 一七四四—一八〇三
美特爾桑 一七二九—一七八六
雷因霍爾德 一七五八—一八二三
休爾在 一七六一—一八三三
馬易門 一七五七—一八〇〇
伯克 一七六一—一八四二
非希的 一七六二—一八一四
西爾來爾 一七五九—一八〇五

賚因霍爾德	一七五八	一八二三
休爾在	一七六一	一八三三
馬易門	一七五七	一八〇〇
伯克	一七六一	一八四二
非希的	一七六二	一八一四
西爾來爾	一七五九	一八〇五
譃爾智兒	一七七二	一八二九
謝林格	一七七五	一八五四
瓦格耐爾	一七七五	一八四一
休留愛爾馬赫	一七六八	一八三四
赫格爾	一七七〇	一八三一
斯士勞	一八〇八	一八七四
斐爾巴	一八〇四	一八七二
愛爾德曼	一八〇五	一八九二
羅孫克郎	一八〇五	一八七九
馬克斯	一八一八	一八八三
恩格爾斯	一八二〇	一八九五
菲夏爾	一八〇七	一八八五
非希泰	一七九六	一八八五
叔本華	一七八八	一八六〇
比尼克	一七九八	一八五四
富里士	一七七三	一八四三
海爾巴脫	一七七六	一八四一
赫爾智	一八五七	一八九四

非希泰 一七九六——一八八五
菲夏爾 一八〇七——一八八五
叔本華 一七八八——一八六〇
富里士 一七七三——一八四三
比尼克 一七九八——一八五四
海爾巴脫 一七七六——一八四一
赫爾智 一八五七——一八九四
懋來爾脫 一八二二——一八九三
闞格 一八二二——一八七五
黎布滿 一八四〇——
富爾開托 一八四八——
愛爾德曼 一八五一——
寇茵 一八四二——
納陶爾蒲 一八五四——
臘斯 一八三七——一八八五
愛維拿柳 一八四三——一八九六
抹克 一八三八——
多爾地命保 一八〇二——一八七二
費西耐 一八〇一——一八八七
羅齋 一八一七——一八八一
赫脫曼 一八四二——一九〇六
文德 一八三二——一九一九
倭鏗 一八四六——
尼采 一八四四——一九〇〇

1250 1248 1246

西洋倫理學史年表(乙)

年代	
前三〇〇〇	埃及建國。
一三〇〇	拉密斯二世治世（埃及文化最盛時代）。
一一〇〇	德利亞族南下。
九五〇	希伯來王索羅門治世。
八二〇	李柯爾高斯立法。
六四〇—五五八	·塔勒斯。
六一一—五四七	·安那克斯曼德羅斯。
六〇六	亞西里亞帝國滅亡。
五九四	索倫立法。
五八八—五二四	·安那克美奈斯。
五八〇—五〇〇	·庇塔高爾斯。
五七〇—四八〇	·克塞攜夫耐斯。

年代	
五五〇	波斯建國。
五三五—四七五	·赫拉克里托斯。
五二〇	·巴爾邁尼代生。
五〇九	羅馬行共和政治。
五〇〇—四二八	·安那克薩高拉斯。
四九五—四三五	·恩披鐸克黎。
四九〇—四三〇	·柔諾（愛勒亞學派）。
四八五—三八五	·高爾袞。
四八〇—四一〇	·溥羅塔高拉。
四八〇	德爾摩比勒和撒拉米之戰。
四七七	特羅同盟。
四六九—三九九	蘇格拉底。
四五〇	羅馬十二銅表。

四四九—四二九	派里克萊斯執政（亞泰奈文化之極盛）
四六〇—三六〇	·戴毛克里托。
四五五—三五五	·亞里斯提溥。
四四四—三六九	·維克雷代。
四三一—四〇四	伯羅奔尼撒戰役。
四二七—三四七	柏拉圖。
三九五—三八七	哥林多戰役。
三八四—三二二	亞里士多德。
三六〇—二七〇	·卑爵倫。
三六七	利西紐法典確定（羅馬執政官制平等法律）
三四七—三三九	司坡細普斯主宰阿可帶米學派。
三三九—三一四	枯塞訥克拉太主宰古阿可帶米學派。
三三八	加羅尼亞之戰。
三四一—二七〇	·愛辟克魯斯。
三四二—二七〇	·柔諾（司托亞學派）
三三六—三二四	亞歷山大帝治世。
三〇一	伊布索之戰。
二八七—二六九	司托拉頓主宰伯里巴提克學派。
二七二	羅馬的義大利全土平定。
二七〇—二四一	亞爾凱士勞主宰中阿可帶米學派。
二六四—二三二	克萊安蒂主宰司托亞學派。
二六四—二四一	第一波伊尼戰役。
	克里西圃主宰司托亞學派。
一八五—一一〇	·巴那愛提奧斯。

一六〇—一二九	迦爾拿俗主宰新阿可帶米學派。
一四九—一四六	第三波伊尼戰役。
一三五—五〇	·坡斯道紐。
六〇	第一三頭政治。
五八—五一	愷撒的加里亞征伐。
四八	巴薩洛斯之戰。
四三	第二三頭政治。
四—後三〇	耶穌·基利斯督。
後三〇—五〇	·菲倫（亞歷山大黎亞的）。
六四	尼羅帝迫害基督教。
七〇	猶太國滅亡。
七九	波辟市（義大利港）爲火山噴燒埋沒。
一六一—一八〇	馬爾克斯·奧威勒劉治世。
二〇四—二七〇	·柏羅地挪斯。
三二三—三三七	君士坦丁帝治世。
三二五	尼愷亞宗教會議。
三三〇	君士坦丁堡奠都。
三五四—四三〇	奧古斯都。
三九五	羅馬帝國分裂。
四一〇—四八五	普魯克羅。
四三一	愛婓愛梭。
四五一	加達羅魯之戰。
四五一	加爾西頓宗教會議。
四七六	西羅馬帝國滅亡。
五二七—五六四	入斯底尼安一世治世。
五二九	亞泰奈教校閉鎖。
五七一—六三二	謨罕默德的生涯。
七三二	都羅之戰。

七八六－八〇九　哈倫・亞爾・拉西德治世（薩拉遜文化極盛時代）。

八〇〇－八七七　司科托・愛爾格那。

九六二　建設神聖羅馬帝國。

九八〇－一〇三八　愛威因那。

一〇三三－一一〇九　安息穆。

一〇九六－一二七〇　十字軍時代。

一〇七〇－一一二一　夏謨鮑的維廉。

一〇七九－一一四二　亞畢剌都。

一一二六－一一九八　愛威盧士。

一一三五－一二〇四　瑪易毛尼代。

一一九八－一二一六　伊諾森三世治世（教皇權至絕頂）。

一二〇九　富蘭提斯康教團成。

一二一四　多米尼康教團成。

一一九三－一二八〇　亞伯圖・馬格納。

一二一五　英國發布大憲章。

一二二一－一二七四　玻拿朋土拉。

一二二五－一二七四　・托馬斯・亞基那。

一二五六－一二七三　德國大空位時代。

一二九四　路加・倍根歿。

一二六五－一三〇八　・東斯・司考托。

一三〇九－一三七六　法王（教皇）阿威尼溫幽囚（教皇權全失墜）。

一二六五－一三二一　日丁・亞利該里。

一二五〇－一三三九　・愛克哈爾。

一二八〇－一三四七　・維利安・奧鏗。

一三五六　德意志帝國制定黃金文書。

一四〇一－一四六四　尼哥拉・庫撒奴。

一四一五　焚殺宗教改革者甸斯。

一四二九　蔣奴·達爾谷出現。
一四四二—一四八五　路獨爾夫·亞及哥拉。
一四五〇　古廷伯爾發見活版術。
一四五二—一五一九　廖那德·達·文曲。
一四五三　君士坦丁堡陷落。
一四五五—一五二二　約翰·羅吉林。
一四六二—一五二四　彭坡拿提。
一四六六—一五三六　耶拉蒙。
一四六九—一五二七　麻克伯利。
一四八〇—一五三五　托馬斯·摩亞。
一四八三—一五四六　路得。
一四八四—一五三一　東盈黎。
一四九二　哥倫布發見亞美利加。
一四九七—一五六〇　米蘭可多。
一四九三—一五四一　坡拉塞爾斯。

一四九八　威斯柯·達·加馬至印度。
一五〇八—一五八八　太勒蕭。
一五〇四—一五六四　甲爾文。
一五一七　路得唱宗教改革。
一五一八　東盈黎改革宗教。
一五一九—一五二二　麥志侖週航世界。
一五二九—一五九三　巴托里茲。
一五三〇—一五九七　鮑旦。
一五三三—一五九二　毛塔尼。
一五三四　英國改革宗教。
一五四〇　羅約拉設立耶穌教會。
一五四一　甲爾文改革宗教。
一五四五—一五六三　德林宗教會議。
一五四八—一六〇〇　喬爾登·鮑魯訥。
一五五七—一六三八　亞爾圖秀。

一五五八—一六〇三　英國耶利薩伯斯治世（英國確立新教主義）。
一五六一—一六二六　法蘭西斯·倍根。
一五六四—一六一六　西愛克斯皮亞。
一五六八—一六三九　康普奈拉。
一五七五—一六二四　雅哥伯·波邁。
一五八三—一六四五　·格羅丢（國際法建設者）。
一五七九　烏的利克同盟（荷蘭獨立）。
一五八八　亞爾馬達敗滅。
一五八八—一六七九　霍布士。
一五九二—一六五五　加孫底。
一五九六—一六五〇　笛卡爾。
一五九八　南托發布勅令。
一六〇〇　英國創設東印度公司。
一六一八—一六四八　三十年戰役。

一六二五—一六六九　玖郎格斯。
一六二三—一六六二　巴斯加。
一六二八　英國人民權利請願。
一六三二—一六七七　斯賓挪莎。
一六三二—一七一八　康樸蘭德。
一六三二—一七〇四　羅克。
一六四三—一七一五　路易十四世治世。
一六三八—一七一五　麥爾伯蘭西。
一六四八　三十年戰役告終。
一六四九　克倫威爾的共和政治。
一六七一—一七一三　夏富伯里。
一六七五—一七二九　克拉克。
一六七九—一七五四　瓦爾夫。
一六八二—一七二五　俄羅斯彼得大帝治世。
一六八五　廢止南托勅令。

一六八五—一七五三　巴克勒。
一六九一—一七四六　哈提孫。
一六九四—一七六八　萊馬爾斯。
一六九四—一七七八　福祿特爾。
一七〇〇—一七二一　北方戰役。
一七〇七—一七一四　西班牙繼承戰役。
一七〇一　巴朗丁堡侯踐普魯孫王位。
一七〇四—一七五七　赫德里。
一七〇九—一七五一　臘·梅特里。
一七〇九　波爾多瓦之戰。
一七一〇—一七九六　托馬斯·黎得。
一七一一—一七七六　休謨。
一七一二—一七七八　盧梭。
一七一三—一七八四　第特羅。
一七一四—一七六二　波麥迦頓。

一七二三—一七八九　霍爾伯克。
一七二三—一七九〇　亞丹·史密斯。
一七二四—一八〇四　康德。
一七二九—一七八一　列新格。
一七三〇—一七八八　哈曼。
一七四〇—一七四八　奧大利繼承戰役。
一七四三—一八〇五　普萊。
一七四三—一七九四　拉汪介（法國化學家）。
一七四三—一八一九　約可比。
一七四四—一八〇三　黑爾德。
一七四四—一八二九　拉馬克。
一七四八—一八三二　邊沁。
一七四九—一八三二　喬太。
一七四九—一八二九　拉普拉士（法國數學星學家）。
一七五六—一七六三　七年戰役。

一七五九—一八〇五　西爾來爾。
一七六〇—一八二五　聖西門。
一七六二—一八一四　非希的。
一七六八　瓦特發明蒸汽機關。
一七六八—一八三四　休蕾愛爾馬赫。
一七六九—一八二一　拿破崙·波那帕爾托。
一七七〇—一八三一　赫格爾。
一七七二　第一回分割波蘭。
一七七二—一八二九　謔爾智兒。
一七七二—一八三四　柯來里濟。
一七七三—一八三六　介姆士·米爾。
一七七三—一八四三　富里士。
一七七四—一七八三　亞美利加合衆國獨立戰爭。
一七七五—一八五四　謝林格。
一七七六—一八四一　海爾巴脫。

一七八八—一八五六　哈密爾敦。
一七八八—一八六〇　叔本華。
一七八九　帕斯提酉破獄（法國大革命的烽火）。
一七九二　法國廢止帝制，建設共和政體。
一七九二—一八六七　寇蓀。
一七九三　路易十六世死刑，恐嚇政治。
一七九三　第二回分割波蘭。
一七九五　第三回分割波蘭。
一七九五—一八八六　蘭格（德國史學家）。
一七九五—一八八一　加立伊爾。
一七九六—一八八五　非希泰（小非希的）。
一七九八—一八五四　比尼克。
一七九八—一八五七　柯模托。
一七九九　列國對法同盟成（英國彼得

首倡)。

一七九九 拿破崙第一執政。

一八〇一——一八八七 費西耐。

一八〇四——一八七二 斐爾巴。

一八〇四 拿破崙稱帝。

一八〇五——一八九二 愛爾德曼。

一八〇五 答拉哈牙海戰。

一八〇六 神聖羅馬帝國滅亡。

一八〇六 大陸封鎖令。

一八〇六——一八七三 蔣·斯圖·米爾。

一八〇七 福爾敦運轉蒸汽船。

一八〇九——一八八二 達爾文。

一八一二 拿破崙征伐俄羅斯。

一八一四 拿破崙放流愛爾巴島。

一八一五 滑鐵盧之戰。

一八一五 維茵公會。

一八一五 神聖同盟。

一八一七——一八八一 羅齋。

一八一七——一八九五 否格托。

一八一八——一八八三 馬克斯。

一八一八——一九〇三 黎訥温。

一八一八——一九〇五 派茵。

一八二〇前後 拉廷亞美利加諸國獨立。

一八二〇——一八九五 恩格爾斯。

一八二〇——一九〇三 斯賓塞。

一八二一——一八三二 希臘獨立戰爭。

一八二一——一八九四 海侖霍爾。

一八二二——一八九三 懋來蕭脫。

一八二三 大總統發布門羅教令。

一八二三——一八九一 黎抱。

一八二四—一八九九　比西細耐。
一八二四—一九〇七　飛霞。
一八二八—一九一〇　托爾斯泰。
一八二八—一九〇六　易卜生。
一八二八—一八七五　蘭格。
一八三〇　史提芬孫運轉火車。
一八三〇　七月革命。
一八三〇　比利時獨立。
一八三二—一九一九　文德。
一八三四—一九一九　赫克爾。
一八三六—一八八二　古林。
一八四二—一九一〇　詹姆士。
一八四二　寇茵。
一八四三—一九〇四　塔爾德。
一八四四—一九〇〇　尼采。

一八四五　鮑突爾。
一八四六　倭鏗。
一八四六　保拉多爾。
一八四七　海侖霍爾，愛耐爾格發表保存則。
一八四八　二月革命。
一八四八—一九一六　文倍爾邦。
一八五一　路易拿破崙的克代塔。
一八五四—一八八八　鳩幼。
一八五四—一九一三　朴安加勒。
一八五四—一八五六　克利謨戰爭。
一八五四　納陶爾浦。
一八五六　巴黎公會。
一八五九　柏格森。
一八五九　義大利獨立戰爭。

一八六〇	義大利建設王國。
一八六〇——一八六五	南北美戰爭。
一八六六	普奧戰爭。
一八七〇——一八七一	德法戰爭。
一八七一	德意志帝國統一。
一八七七——一八七八	俄土戰爭。
一八七八	柏林公會。
一八八二	德奧義三國同盟。
一八九一	俄法同盟。
一九〇四	英法協約。
一九〇七	英俄協約。
一九一四·	歐洲大戰。

註　表中所附黑點·係生年死年不詳明的符號。

敬啟

『民國專題史』叢書，乃民國時期出版的著名學者、專家在某一專題領域的學術成果。所收圖書絕大部分著作權已進入公有領域，但仍有極少圖書著作權還在保護期內，需按相關要求支付著作權人或繼承人報酬。因未能全部聯系到相關著作權人，請見到此說明者及時與河南人民出版社聯系。

聯系人　楊光
聯系電話　0371-65788063
2016年3月28日